DARPA
前沿科技创新管理

FRONTIER
TECHNOLOGY
INNOVATION MANAGEMENT
OF
DARPA

杨彬 著

国防工业出版社

·北京·

内 容 简 介

本书是对美国国防高级研究计划局（DARPA）颠覆性创新管理模式奥秘的一次探究。通过研读各类相关文献、评论与研究报告，对 DARPA 发展历程、组织管理、项目资助及其特有的创新文化进行了深度解析，试图以专业、客观视角揭示其举世瞩目的创新成就背后的故事。尽管每段成功都有其发生的历史唯一性，但不可否认的是，DARPA 在前沿创新领域所采用的科学管理方法依然可以为我国国防科技领域创新管理带来借鉴和启迪。

本书文字风格朴实，内容环环相扣，观点清晰明确，结构逐层递进；既适合大众阅读，又适合科技管理人员参考。希望本书能用兼具感性与理性特征的词句表达，还原 DARPA 的传奇历程，为读者带来些许深思与启迪。

图书在版编目（CIP）数据

DARPA 前沿科技创新管理 / 杨彬著. -- 北京：国防工业出版社，2025.4. -- ISBN 978-7-118-13477-3

Ⅰ. E712.1

中国国家版本馆 CIP 数据核字第 2025ML9819 号

※

国防工业出版社出版发行

（北京市海淀区紫竹院南路 23 号　邮政编码 100048）

雅迪云印（天津）科技有限公司印刷

新华书店经售

＊

开本 787×1092　1/16　印张 23¼　字数 400 千字

2025 年 4 月第 1 版第 1 次印刷　印数 1—3000 册　定价 158.00 元

（本书如有印装错误，我社负责调换）

国防书店：(010) 88540777　　书店传真：(010) 88540776
发行业务：(010) 88540717　　发行传真：(010) 88540762

自　　序

从最初构思提纲到本书正式出版，历时约两年半时间，整个写作过程中经历过数次讨论与更改，时至今日，依然觉得文笔表达不够完美，虽不算遗憾，仍有些许不甘。

本书的撰写是一次探秘国防科技颠覆式创新管理的尝试，因其承载着上一辈国防科技工作者大半生的从业感悟而显得格外与众不同。对于自己而言，这同时是一本有着特殊意义的书。它代表了对过往经历的回首和一段机缘的到来，以及人生一段新故事的开始。不惑之年选择新的角色，经历些许波折后重新出发，有机会能够做一点对我国国防事业有所帮助的事，出人生第一本书，个人已是十分幸运。从年少立志做一名学者，到中年商场无畏打拼，再到追求成为一名智者，人生变换，或许本该如此。但依然坚信，几番磨琢方可成器，毕世耕耘自有功绩。

言语无法表达所有。感谢本书撰写及出版过程中家人的鼓励、朋友的支持与同事的帮助，更由衷感激再次引领我走回国防科技创新研究领域的师长和前辈。在他们身上，我看到了家国情怀与文人风骨，感受到了无私付出与厚重担当。钦佩之余，我辈自当继承发扬。

最后，希望本书的出版可以引发更多读者的思考与共鸣，借此为国防强盛略尽绵薄之力。对我辈而言，足矣。

作者按

2025 年 3 月

FRONTIER TECHNOLOGY
INNOVATION MANAGEMENT OF
DARPA

前　言

本书研究的对象美国国防高级研究计划局（Defense Advanced Research Projects Agency，DARPA），是美国国防部（Department of Defense，DoD）下属的颠覆性技术创新管理机构。自 1958 年成立以来，DARPA 在 60 余年的发展历程中创造了许多成就[①]，已成为前沿科技创新的标志[②]。

普通人或许对 DARPA 并不熟悉，但人们的日常生活早已离不开该机构所创造的各类技术成果。从计算机网络、个人电脑、全球定位系统（Global Positioning System，GPS）和先进半导体制程工艺的发明，到隐身飞机、无人机和微机电系统（Micro-Electro-Mechanical，MEMS）的出现，最初都源于 DARPA 资助的颠覆性创新成果。如今我们每天都在使用的互联网，其原型便源于 DARPA 在 20 世纪 60 年代所开发的"ARPA 网"[③]；我们普遍使用的汽车导航功能，离不开 DARPA 对于全球卫星定位设备微型化的贡献；此外，正是得益于 DARPA 在智能语音处理技术领域的研究，才使得语音助理功能成为各种智

[①] Regina E. Dugan and Kaigham J. Gabriel, "'Special Forces' Innovation: How DARPA Attacks Problems," *Harvard Business Review*, October, 2013, https://hbr.org/2013/10/special-forces-innovation-how-darpa-attacks-problems.

[②] William B. Bonvillian, Richard Van Atta and Patrick Windham, The DARPA Model for Transformative Technologies (OpenBook Publishers, 2019), pp. 1.

[③] 现代互联网起源于 DARPA 信息处理技术办公室（IPTO）20 世纪 60 年代开发的世界上第一个计算机远距离封包交换网络 ARPAnet，该网络原为军用分散指挥系统，设计初衷为保证美国在遭受核打击时依然具备一定的通信生存和反击能力。该网络 1969 年首次投入使用，1970 年向非军用部门开放，1983 年正式分为军用和民用两个版本。参见"ARPANET"，November 7, 2024, https://www.britannica.com/topic/ARPANET。

能终端设备的标配。目前，全世界已逐步走出新冠疫情的阴霾，在疫情防控过程中 DARPA 资助的研发成果同样发挥了重要作用。2013 年 10 月，DARPA 通过"自主诊断使能预防和治疗（Autonomous Diagnostics to Enable Prevention and Therapeutics，ADEPT）"项目授予了美国莫德纳（Moderna）公司约 2500 万美元的资助，用以开发基于信使核糖核酸（mRNA）技术的新型疫苗[①]。在 DARPA 的帮助下，莫德纳公司于 2019 年成功开发出世界上第一款基于 mRNA 技术的新冠抗体疫苗，该抗体疫苗于 2020 年和 2022 年分别获得了美国疾病控制和预防中心（Centers for Disease Control and Prevention，CDCP）的推荐与食品药品监督管理局（Food and Drug Administration，FDA）的正式批准[②]。如今，莫德纳公司已经向全世界提供了超过十亿剂的疫苗产品，为有效控制疫情扩散作出了重要贡献[③]。

DARPA 是现代前沿科技创新史上的一个传奇。它被普遍认为是美国政府组织中最为成功的研发机构[④]，并引起世界很多国家对其进行深入的研究和效仿。通过深入考察 DARPA 60 多年的发展，我们发现，它的成功包含很多历史偶然因素。众所周知，DARPA 的成立就是由历史事件触发，其发展道路也并非完全依照自身所愿。比如，不是出于自身意愿而是受到外界限制的原因，该

[①] 2005 年，美国科学家卡塔琳·考里科（Katalin Karikó）和德鲁·韦斯曼（Drew Weissman）提出了利用更改 mRNA 以增强人体免疫力的方法，他们也因这一成果获得了 2023 年诺贝尔生理学或医学奖。出于研制风险考虑，这一方法从未被大型制药公司所采用。直到 2019 年，莫德纳公司生产出世界上第一种使用 mRNA 基因技术的有效疫苗，才使该技术再次引起关注。参见 Daniel Schoeni, "DARPA's role in the development of mRNA vaccines," SSRN, June 26, 2023, https://papers.ssrn.com/sol3/papers.cfm?abstract_id=4495566. 与 Paul Sonne, "How a secretive Pentagon agency seeded the ground for a rapid coronavirus cure," July 30, 2020, https://www.washingtonpost.com/national-security/how-a-secretive-pentagon-agency-seeded-the-ground-for-a-rapid-coronavirus-cure/2020/07/30/ad1853c4-c778-11ea-a9d3-74640f25b953_story.html。

[②] "About us," Moderna Corporation, 2024, https://www.modernatx.com/about-us/our-story。

[③] "Interim recommendations for use of the Moderna mRNA-1273 vaccine against COVID-19," World Health Organization, first issued January 25, 2021, https://iris.who.int/handle/10665/341785。

[④] William B Bonvillian, Richard Van Atta and Patrick Windham, The DARPA Model for Transformative Technologies (OpenBook Publishers, 2019), pp. 103.

机构没有自己的实验室，这些因素反而成为 DARPA 取得成功的促进因素。同时，DARPA 能够取得如此高的成就，绝不仅仅是偶然因素促成，而是其遵循科技创新客观规律不懈探索的必然结果。这些偶然因素及 DARPA 在创新管理上的探索，正是我们需要深入研究和借鉴的。

DARPA 与生俱来的强烈使命感，对其成功有着十分重要的作用。该机构的成立由苏联第一颗人造卫星——"斯普尼克"成功发射所引起，并在成立之初被美国国防部赋予"防止竞争对手技术突袭，同时给予对手技术突袭"的使命，且这一使命一直延续至今①。DARPA 成立后，美国再未遭受过类似"斯普尼克"事件的技术突袭；相反，美国不断给竞争对手制造了上述诸多技术突袭。同时，DARPA 的发展并非一帆风顺，对使命的坚持成为了该机构创新发展和克服困难的强大动力②。初期发展阶段，DARPA 在研究方向确定和项目推进上面临着来自军兵种等的多方阻力；在后续几十年的发展历程中，DARPA 也曾多次进行任务调整，甚至面临严重的生存危机。但是，DARPA 对其使命的坚持却从未动摇③，推动该机构不断创造颠覆性成果。如今回顾来看，可能连美国自己也没有想到，成立 DARPA 这一专门从事颠覆性技术创新的管理机构，对该国保持前沿科技创新领域的领先地位发挥了关键作用。

DARPA 遵循前沿科技创新规律所采取的各项举措，是该机构获得成功的根本。随着 DARPA 成绩的凸显，20 世纪末以来，对其成功原因的探究成为了热点。从美国国会、国防部等政府机构到社会知名智库学者，从不同角度对 DARPA 成功原因进行了研究分析。有专家将 DARPA 颠覆性技术研发管理模

---

① "Innovation at DARPA," July, 2016, http：//www.darpa.mil/attachments/, pp. 4.
② 以 DARPA 在 20 世纪 70 年代末 "Have Blue" 隐身战机项目为例，该项目在开发过程中饱受美国空军质疑，是 DARPA 的坚持和不懈争取才最终诞生了 F-117A 机型。该机型于 1981 年交付，并在海湾战争中取得了巨大成功。参见 William B Bonvillian, Richard Van Atta and Patrick Windham, The DARPA Model for Transformative Technologies (OpenBook Publishers, 2019), pp. 237-242。
③ DARPA 在其各类官方文件中经常强调自身的使命任务，及该任务对其坚持颠覆性创新的重要作用。参见 "DARPA: 50 Years of Bridging the Gap," DARPA, April, 2008, https://issuu.com/faircount-media/docs/darpa50. 和 DARPA 60 years：1958-2018 (Faircount Media Group, 2018)。

式归纳为"DARPA 模式",并将该机构组织扁平化、小而灵活、自治并摆脱官僚主义、杰出的项目经理以及接受失败等特质描述为"DARPA 模式"的重点要素①。近年来,我国也有不少学者对 DARPA 进行了研究②,有效推动了国内对 DARPA 的认知与借鉴。但国内某些研究中,由于预设了 DARPA 成功是受到美国政府特殊政策支持的结果这一与事实不相符的前提,往往将研究重点放在寻找 DARPA 所享有的特殊关照方面,研究工作出现偏差。事实上,DARPA 在成立时并未受到各军兵种的支持,在成立后很长时间里,各军兵种也未积极配合 DARPA 的工作,甚至在该机构研究定位和研发立项上施加阻力。DARPA 没有设立自己的实验室,也是不得已而为之。因此,不要说 DARPA 享有特殊政策,就连与各军兵种平等的待遇也难以获得,该机构甚至几次面临严重的生存危机。某种意义上,正是这种"恶劣"的生存环境,逼着 DARPA 去创新。因此,不是因为 DARPA 作为"幸运儿"享有各种特权,而是其在实践中探索采取项目经理专家负责制、创新的资助方式以及注重项目定义与技术转移的全过程项目管理方式等创新措施,造就了其在前沿科技创新领域的成就。如今这些 DARPA 所采取的措施,已被公认为是有利于颠覆性技术创新的管理举措,并在美国联邦政府其他部门得到推广。而这些,才是我们需要深入研究的内容。

DARPA 的成功引来效仿者甚众。不仅美国本土能源部和情报局等机构尝试将 DARPA 模式复制到自身管辖领域,包括英国、法国、德国、日本以及俄罗斯在内的世界主要国家都先后建立了类似 DARPA 的前沿创新管理机构,希

---

① William B. Bonvillian, Richard Van Atta and Patrick Windham, The DARPA Model for Transformative Technologies (OpenBook Publishers, 2019), pp. 77-118.

② 有关 DARPA 的研究文献可参阅陈劲、黄海霞、梅亮:《基于嵌入性网络视角的创新生态系统运行机制研究》,《吉林大学社会科学学报》2017 年第 2 期;窦超、代涛、李晓轩、田人合:《DARPA 颠覆性技术创新机制研究》,《科学学与科学技术管理》2018 年第 6 期;贾珍珍、曾华锋、刘戟锋:《美国颠覆性军事技术的预研模式、管理与文化》,《自然辩证法研究》2016 年第 1 期;开庆、窦永香、王天宇:《生命周期视角下美国国防部高级研究计划局颠覆性创新项目管理机制研究》,《科技管理研究》2022 年第 15 期。

望能复现 DARPA 的成功①。但截至目前,能与 DARPA 比肩者几近于无。究其原因,一方面是由于上述机构难以复制 DARPA 的创新管理模式;另一方面,DARPA 行之有效的创新举措高度依赖其所处的生态环境,而要复制这一创新生态则更加困难。正如前文所述,DARPA 的成功固然离不开该机构遵循前沿创新管理规律所进行的不懈探索,也受益于其被赋予的崇高使命和高大平台,更得益于该机构所处的科技基础和创新环境。这一创新环境包含了经济、政治、法律、教育、科学发展及创新文化等诸多要素,它们相互作用,促进了 DARPA 在前沿技术创新领域的发展与壮大②。若想成功效仿 DARPA,首先需要考察和营造它赖以成功的外部创新环境,这也是其他国家建立类似 DARPA 机构面临的最大挑战。比如,美国社会历经多年所形成完备的法律法规体系为 DARPA 的工作权益提供了基本依据,各类诸如信息化、网络化的先进管理工具则为 DARPA 的运转提供了高效的沟通手段。因此,要建立属于自己的"DARPA",不仅要借鉴 DARPA 符合创新规律的管理举措,也要营造和改善外部创新环境。

以科技创新引领现代化产业体系建设,推动高质量发展,是时代赋予我们的职责和要务。在美国对我国实施"科技脱钩"的大背景下,实现科技自立自强和追赶超越,成为我们无法回避的选择。要实现这一目标,作为以"防止对手技术突袭并给予对手技术突袭"为己任的 DARPA,是难以忽视的对象。因此,我们研究 DARPA 有着现实的需要。我们应该清醒地认识到,我国创新机构与 DARPA 之间存在着巨大差距。虽然我国专利和论文数量已经位居世界前

---

① 美国先后成立了能源高级研究计划局(ARPA-E)和情报高级研究计划局(IARPA),英国、法国、德国和俄罗斯效仿 DARPA 成立的机构分别为预先研究与发明局(ARIA)、国防创新局(AID)、联邦颠覆性创新局(SPRIND)和前瞻性研究基金会(FPI)。

② 创新环境各要素组成了国家创新体系,有关这一概念的介绍,可参见英国学者 Freeman 和丹麦学者 Lundvall 的研究成果:Christopher Freeman, Technology Policy and Economic Performance: Lessons from Japan (London: Pinter, 1987); Bengt-Ake Lundvall, National Systems of Innovation: Towards a Theory of Innovation and Interaction Learning (London: Pinter, 1992).

列，且并不缺乏国家对于研发的长期高额投入；但至今为止，我国几乎没有可与上述 DARPA 成就相媲美的原创性科技成果①。这是值得我们深入思考的问题。进而，我们应该更加理性地探究，为什么 DARPA 奇迹没有发生在中国？这些问题与"李约瑟难题"有着相同的底层逻辑②。让人产生类似疑问的事情，在我国科技发展史中还在不断地上演。2022 年底，美国 Open AI 公司发布了生成式大语言模型——ChatGPT，引发了全球对于此类人工智能技术应用的热潮。对此，我们同样需要反思：为何这类颠覆性技术创新成果没有率先出现在中国？进而值得我们深入反思的是，在 ChatGPT 发布不久之后，我国众多公司蜂拥而上，沿袭 ChatGPT 技术思路推出众多同类型大模型，而没有对其他技术实现路径给予应有的关注③。2024 年 2 月，Open AI 公司发布文生视频模型——Sora，只需文本描述，该模型便可自动生成最长 60s 的高清视频，将生成式人工智能技术再次推向世界关注的焦点。以上情况说明，虽然我们在技术上与先进国家存在着一定差距，但在创新理念和管理方法方面我们的差距更大；并且，后者是前者存在的根本原因。回到 DARPA 为何没有发生在中国这一问题上来，我们认为，管理理念和机制也是需要深究的原因之一。因此，我们力图揭示"DARPA 奇迹"背后在管理理念与机制方面的因素，为我国国防科技高质量发展提供借鉴，而这正是我们开展研究与撰写本书的初衷。

从我国国防科技创新超越发展的强烈需求来看，我们对在国防科技前沿创

---

① 作者认为，在我国众多科技成果中，1965 年首次使用人工方法合成结晶牛胰岛素与 20 世纪 70 年代青蒿素的成功研制，是足以媲美 DARPA、让世界侧目的伟大成就。

② 李约瑟难题，由英国学者李约瑟（Joseph Needham, 1900—1995）提出，他在其编著的 15 卷《中国科学技术史》中正式提出此问题，其主题是："尽管中国古代对人类科技发展作出了很多重要贡献，但为什么科学和工业革命没有在近代的中国发生？" 1976 年，美国经济学家肯尼思·博尔丁（Kenneth Ewart Boulding）称之为"李约瑟难题"。

③ 2023 年 12 月，谷歌发布了又一可与 ChatGPT 性能相媲美的人工智能模型——"双子座"（Gemini），该模型没有沿用 ChatGPT 的技术路线，而是选择了与其不同的架构设计，充分显示出美国企业经常采用的非沿袭式创新特点。对比可见，我国科技公司在技术预判、风险承担等方面，同国际巨头企业之间仍存在一定差距。有关 Gemini 与 ChatGPT 的对比，参见"Key Differences between Gemini and ChatGPT," December 11, 2023, https://appmaster.io/blog/key-differences-between-gemini-and-chatgpt.

新领域遥遥领先的竞争对手——DARPA 的研究是十分不够的。目前，国内外针对 DARPA 的研究多侧重于对其工作方式和创新成果进行阐述，鲜有从深层次视角挖掘该机构潜在成功原因的系统性分析，更缺乏如何借鉴 DARPA 创新管理实践经验来对我国国防科技管理工作改进完善的透彻思考。例如，对 DARPA 名称的翻译，就是国内对 DARPA 研究不够深入、专业的一个反映。目前，国内对 DARPA 的中文翻译一般译作"国防高级研究计划局"。然而，根据美国国防部对其所赋予的职责和定位可知，DARPA 的主要任务是寻求超出目前已知需求的、对未来国家安全有潜在重大影响的创新技术；从这一角度出发，DARPA 从事的是"先期项目"研究，将该机构英文名称中"Advanced"一词译为"先期"更为合适。同时，从 DARPA 职责和各种资料文献的解读来看，DARPA 是一个项目管理机构，其英文名称中"Projects"一词是指项目或项目群，因此将该机构名称译为"国防先期研究项目局"更为贴切①。尽管如此，鉴于"国防高级研究计划局"这一名称翻译已被广泛接受，且并不影响本书内容的阐述，遵循约定俗成原则，该翻译方式在本书得到了沿用。

我们在实践中发现，从 DARPA 和美国国防部有关官方文件和专业研究报告入手，为深入研究 DARPA 提供了一个很好的视角。比如，DARPA 非常注重对自身多年来的创新管理经验进行回顾，并对其未来发展战略进行展望，这些内容被收录在《DARPA 60 年（1958—2018）》（*DARPA 60 years: 1958—2018*）、《DARPA 的创新》（*Innovation at DARPA*）等该机构官方文献中，这为理解 DARPA 管理模式提供了绝佳的素材。又如，DARPA 在进行技术构想征集时发布的广泛机构公告（Broad Agency Announcement，BAA），清晰反映出

---

① DARPA 职责与定位可详见美国国防部指令 DoDD 5134.10。5134.10 文件明确规定 DARPA 的任务是追求对未来国家安全具有潜在重大影响、超越当今已知需求和要求的富有想象力和创新性的研发项目，而 DARPA 年度预算的结构形式也突出显示了项目群（PE-Projects-Program）在该机构工作中的主体性。在 *DARPA 60 Years: 1958—2018* 一书中，DARPA 局长 Steven Walker 在序言中提到"It is by way of the Agency's projects (the P in DARPA) that engineering imagination and drive become hold-in-your hand technological capability for the country"，该表述清晰地表述了 DARPA 名称中"Projects"一词的含义。

DARPA 的使命职责、近期关注重点、所依据的法规、项目生成方式、评审标准、合同与经费管理、信息化手段的普遍使用等丰富内容。此外，在创新火花项目征集方面①，DARPA 在人工智能、微系统等领域发布的项目公告（PA）及一系列提案模板反映了该机构快速支持项目的生成机制。我们对这些原版资料进行了系统研究，结合前沿创新项目管理实践，对 DARPA 管理理念、方法、程序等进行反演，力求勾画出其在颠覆性技术研发管理方面的哲学理念。

在内容安排上，本书正文共分为 11 章。其中，第 1 章综述 DARPA 的发展历程和机构现状，对其广为人知的创新成果和组织机构特点等进行介绍。第 2 章对 DARPA 所处创新生态的典型要素进行了集中阐述，这主要考虑到 DARPA 的管理处处涉及美国国家科技政策和国防部法规、程序等边界，集中于一章进行表述，既有利于读者获得整个创新生态的整体印象，又可以避免在后续章节重复介绍。本书第 3 章至第 7 章分别从项目经理、项目管理、合同管理、预算管理与资助情况以及技术转移机制等五个方面，对 DARPA 的创新管理模式进行了介绍，这部分内容可以从不同层面使读者对 DARPA 有所了解；在此基础上，第 8 章以 BAA 为纲，对 DARPA 在项目评审、公平竞争、经费预算申请及网络化信息化手段的运用等进行剖析，为理解 DARPA 提供了纵向视角。第 9 章介绍了 DARPA 对于前沿技术探索、试验验证、快速支持等不同类型项目的管理特点，有利于读者对 DARPA 的项目管理有更清晰的认识；第 10 章着重介绍了美国国防部、政府问责局（Government Accountability Office，GAO）等机构对 DARPA 创新管理工作的监督，读者可以看到该机构在法律政策面前并无特殊之处。第 11 章对 DARPA 成功模式进行了总结讨论，同时对效仿 DARPA 成立的其他组织进行了简要介绍。在本书后记部分，从建设专门机构、完善专

---

① 创新火花项目英文名称为 disruptioneering，是一种 DARPA 针对特定领域的技术开发资助模式，具有资助金额有限、合同签订迅速、统一使用其他交易（OT）资助工具等特点。作者将该类项目翻译为"创新火花"项目，后文章节有对其更为详细的介绍。

家负责制、建立高效资源分配机制等角度，对提升我国国防科技创新管理水平提出了若干建议，以为推进我国国防科技高质量发展提供借鉴。

本书既是有关 DARPA 的系统性描述，又蕴含了对美国国防科技管理的研究思考。特别是在国防科技项目管理系统方法论方面，DARPA 能够给予我们有益借鉴。全书在结构编排时对内容的整体完备性和局部独立性进行了权衡，读者可以系统阅读以了解 DARPA 管理模式的全貌，或翻阅特定章节探寻 DARPA 管理的局部特点。如，希望深入了解 DARPA 项目管理流程及特点，可直接翻阅第 4 章；希望参考 DARPA 在实现技术转移上的举措，可直接查看第 7 章。

本书力求专业严谨、准确客观，引用资料均来自美国联邦政府法律法规、国防部机构指令、DARPA 战略规划与项目征集（BAA）等官方文件，以及美国政府问责局、美国国会服务处（CRS）等权威机构相关评论。写作过程中主要参考英文原版材料，以提升所获信息的规范性与权威性。此外，本书在撰写时还参考了部分美国权威智库与研究机构所出版的相关报告，以及美国高级军官撰写的 DARPA 工作备忘录和国会证词。主要参考内容均以注释的形式在出现位置标明，供读者感兴趣时进一步查阅。

我们的研究全部基于公开资料，在文献全面性方面难免受限；同时，鉴于作者不具有直接参与 DARPA 项目开发和内部管理的经验，且认知水平有限，本书难免存在偏颇和不当之处，但能够抛砖引玉也是本书出版的初衷所在。希望本书能够引发读者深度思考，并欢迎批评指正。

作者
2024 年 3 月

FRONTIER TECHNOLOGY
INNOVATION MANAGEMENT OF
DARPA

目 录

第1章 DARPA 发展历程与机构现状　1

1.1 富有传奇色彩的诞生　2
 1.1.1 国家资助科技创新成为共识　2
 1.1.2 破解三军利益之争　6
 1.1.3 "斯普尼克"卫星事件触发　9

1.2 不断探索的发展历程　11
 1.2.1 艰难起步：成长于夹缝之间（1958—1975 年）　11
 1.2.2 稳步成长：成就奠定地位（1975—1990 年）　13
 1.2.3 快速发展：始终保持活力（1990 年至今）　15

1.3 特殊的使命与职责　17
 1.3.1 机构定位　17
 1.3.2 使命与职责　20

1.4 扁平高效的组织结构　22
 1.4.1 技术类办公室　25
 1.4.2 支持类办公室　26
 1.4.3 特别项目办公室　27

1.5 DARPA 创新的禀赋　28

第 2 章 DARPA 的创新生态 31

2.1 健全完善的法规体系 33
- 2.1.1 明确的职责范围 34
- 2.1.2 一致配套的规则要求 35
- 2.1.3 高效顺畅的工作程序 35
- 2.1.4 公平竞争的要求和环境 36

2.2 规范有序的资源分配系统 37
- 2.2.1 历史演进 39
- 2.2.2 运行流程 41
- 2.2.3 改革发展 48
- 2.2.4 讨论与借鉴 53

2.3 科学多样的合同类型 54
- 2.3.1 采购合同 55
- 2.3.2 非采购工具 57

2.4 应用导向的技术转移机制 60
- 2.4.1 美国政府技术转移政策 61
- 2.4.2 国防部的技术转移举措 62

2.5 激发创新的小企业资助计划 66
- 2.5.1 SBIR 和 STTR 简介 66
- 2.5.2 SBIR 和 STTR 特点 68
- 2.5.3 SBIR 和 STTR 成效 69

2.6 先进高效的信息化网络化管理手段 70
- 2.6.1 政务信息公开 70

2.6.2　项目公告发布与提案征集　　73

2.6.3　资助信息公告　　74

2.6.4　合同付款管理　　75

2.7　先进的项目管理理念与实践　　77

2.7.1　基本理念　　78

2.7.2　工具和方法　　79

第3章　DARPA 的项目经理　　83

3.1　项目经理制度的演进　　84

3.2　项目经理制度的特点　　87

3.2.1　短任期与动态轮换　　87

3.2.2　高度信任与充分自主　　89

3.3　项目经理的聘用　　90

3.3.1　对项目经理的要求　　90

3.3.2　项目经理的招聘方式　　92

3.4　项目经理的杰出作用　　94

3.4.1　新技术构想的思想源泉　　94

3.4.2　创意变成现实的关键人物　　96

3.4.3　技术变革的坚强推动者　　96

3.5　项目经理制度分析　　98

3.5.1　实施效果　　98

3.5.2　成功的原因　　99

3.5.3　职位吸引力　　100

3.5.4　局限性　　102

第 4 章　DARPA 的项目管理　105

4.1　项目整体情况　106
4.2　项目管理流程　109
4.2.1　招聘项目经理　109
4.2.2　愿景制定　111
4.2.3　项目启动　112
4.2.4　过程管理　116
4.2.5　技术转移　117
4.3　项目管理特点　118
4.3.1　合理的项目生成方式　118
4.3.2　全周期的项目经理负责制　121
4.3.3　仔细斟酌的项目定义过程　122
4.3.4　有利于创新的评审方式　124
4.3.5　严格规范的过程管理　124
4.3.6　对技术转移的高度重视　125
4.3.7　对风险与失败的正确认识　126

第 5 章　DARPA 的合同管理　129

5.1　合同整体情况　130
5.2　资助方式类型　133
5.2.1　非采购工具的使用　133
5.2.2　不同资助方式特点分析　136
5.3　合同管理工作要求　138

5.3.1　整体要求　138
　　　5.3.2　合同成本评估　141
5.4　合同管理流程　144
　　　5.4.1　合同谈判　144
　　　5.4.2　过程管理　145
　　　5.4.3　经费拨付　145
5.5　合同管理特点　148
　　　5.5.1　任务导向，专业高效　148
　　　5.5.2　追求效率，注重监管　150

第6章　DARPA 的预算管理与资助情况　153

6.1　预算经费整体情况　154
6.2　预算活动类型　157
6.3　PPBE 过程　158
6.4　近年来预算分析　160
　　　6.4.1　经费投向　160
　　　6.4.2　布局特点　163

第7章　DARPA 的技术转移　165

7.1　面临的特殊挑战　166
　　　7.1.1　瞄准长远需求的障碍　166
　　　7.1.2　技术成熟度较低　167
　　　7.1.3　不直接面向用户的弊端　168
　　　7.1.4　管理与制度不完善　169

7.2 推动技术转移的主要做法　172

　　7.2.1 贯穿项目全过程，分类推动技术转移　172

　　7.2.2 始终和潜在用户保持紧密沟通　175

　　7.2.3 以创新举措促进技术转移　176

　　7.2.4 积极参与并推动小企业创新　177

　　7.2.5 项目信息共享，充分利用数据库网站　179

　　7.2.6 注重宣传影响，努力营造技术社区　181

7.3 国会对 DARPA 技术转移的关注　182

　　7.3.1 政府问责局的发现　182

　　7.3.2 关键性因素分析　184

7.4 DARPA 技术转移典型案例　188

　　7.4.1 "全球鹰"无人机　189

　　7.4.2 生物制药疫苗　191

第 8 章　从广泛机构公告看 DARPA 管理　197

8.1 BAA 简介　198

8.2 BAA 发布流程　199

8.3 BAA 内容　201

　　8.3.1 段落安排　201

　　8.3.2 自由表述部分　203

　　8.3.3 与提案者的沟通　204

8.4 BAA 评审程序　205

　　8.4.1 评审参与者　205

　　8.4.2 科学评审备忘录　206

8.4.3 利益冲突　207

8.4.4 评审过程　208

8.4.5 甄选后活动　211

8.5 BAA 所反映的 DARPA 及美国国防部的管理　212

8.5.1 遵循公开竞争的基本要求　212

8.5.2 遵从 PPBE 的基本程序　213

8.5.3 项目管理的重要元素　214

8.5.4 各项管理法规的集中体现　215

8.5.5 信息化网络化管理特征的突出体现　216

第 9 章　DARPA 项目管理类举　217

9.1 抢占科技最前沿：人工智能　218

9.1.1 项目整体情况　219

9.1.2 项目管理特点　222

9.2 扩大领先优势：电子复兴计划　224

9.2.1 项目整体情况　224

9.2.2 项目管理特点　228

9.3 未来作战概念设计："马赛克战"　232

9.3.1 项目整体情况　232

9.3.2 项目管理特点　235

9.4 样机研制和试验验证："小精灵"　236

9.4.1 项目整体情况　236

9.4.2 项目管理特点　238

9.5 寻找创新火花：快速支持项目　239

  9.5.1 项目整体情况 239

  9.5.2 项目管理特点 243

9.6 挑战赛 244

  9.6.1 制度设计与政策指导 244

  9.6.2 组织管理 245

9.7 人才项目：青年基金 247

第10章 DARPA 受到的监督 253

10.1 国会监督 254

  10.1.1 政府问责局 254

  10.1.2 GAO 工作流程 255

  10.1.3 GAO 审计案例 256

10.2 国防部内部监督 259

  10.2.1 监察长办公室 259

  10.2.2 DODOIG 工作方式 260

  10.2.3 DODOIG 审计案例 261

10.3 社会机构监督 266

  10.3.1 政府监督项目组织 266

  10.3.2 POGO 的关注 267

第11章 DARPA 模式分析 269

11.1 DARPA 模式讨论 270

  11.1.1 项目选择方式 271

　　　　11.1.2　自主权　　273
　　　　11.1.3　短期项目与长期战略有效结合　　274
　　　　11.1.4　热衷冒险，接受失败　　275
　　　　11.1.5　技术生态网络　　276
　11.2　DARPA 与 NSF 管理模式比较　　277
　11.3　类似效仿机构　　280
　　　　11.3.1　美国能源高级研究计划局（ARPA-E）　　281
　　　　11.3.2　英国预先研究与发明局（ARIA）　　285
　　　　11.3.3　德国联邦颠覆性创新局（SPRIND）　　288
　　　　11.3.4　俄罗斯前瞻性研究基金会（FPI）　　290
　　　　11.3.5　难以复制　　294
　11.4　DARPA 的局限　　294

附录1　国防部指令 5134.10　　299

附录2　DARPA 主要创新成果（1958—2020）　　309

附录3　DARPA 近年来关注重点　　325

附录4　DARPA 年度预算解读　　329

后记　启示与思考　　339

FRONTIER TECHNOLOGY
INNOVATION MANAGEMENT OF
DARPA

第1章
DARPA发展历程与机构现状

DARPA 的基本情况，诸如成立背景、发展历程、职责使命、机构组成等，在其官网中就有描述；同时，很多研究 DARPA 的文献也对上述情况进行了介绍。DARPA 非常注重自身形象的塑造和推介，在各类官方文件中不仅对自身发展历程和主要成果进行了详细回顾，更对其后续发展进行了展望①。作者在研究中发现，DARPA 的成立背景、发展历程与机构演变等情况，对其所取得的巨大成就有着重要影响。本章内容力求梳理 DARPA 的发展脉络，揭示其激励创新的理念、机制的形成过程，理解其如何在艰难中起步到成长为负有盛名的创新管理机构。同样，DARPA 所经历的挫折和失败也给我们以启示，我们不应该在几十年后的今天再重蹈覆辙，而是要以技高一筹的勇气和信心，通过更高效的发展实现追赶和超越。

1.1 富有传奇色彩的诞生

纵观 DARPA 的发展历程可知，该机构诞生于特定的历史时期，其背后既有美国科技政策和三军利益之争的影响，又受到苏联卫星事件这一偶然因素的诱发。通过深入考察美国联邦政府与国防部当时所处的内外部环境可知，美国政府为持久保持国家竞争优势而主动寻求变革才是组建 DARPA 的必然原因。可以想象，即便当时没有成立 DARPA，也会有某个类似性质的机构诞生。这些或偶然、或必然的因素对 DARPA 日后管理模式、发展方向和机构文化的形成产生了重要影响，是其能够取得辉煌成就的重要因素。

1.1.1 国家资助科技创新成为共识

第二次世界大战重大而紧急的军事需求是催生美国联邦政府大力投资科研

---

① 参见 DARPA 官方资料："DARPA: 50 Years of Bridging the Gap," DARPA, April, 2008, https://issuu.com/faircountmedia/docs/darpa50. 和 DARPA 60 years: 1958-2018 (Faircount Media Group, 2018)。

的重要因素,这一举措为美国及其盟友赢得二战胜利提供了关键的装备和技术保障。在二战前夕,美国军事力量严重落后于欧洲对手:海军力量虽然强大,但规模太小;空军装备远远落后于德国;缺少步枪的陆军在训练时甚至用扫帚来充数。然而,仅仅四年之后,美国的军事技术已经达到世界领先水平,先进的雷达、高效的火控系统、高性能的装甲车和战舰,还有威力巨大的原子弹,这些武器的成功研发和快速部署彻底扭转了战争初期的不利局面[①]。战后,美国政府有意延续二战期间建立的由国家统一主导的研发模式,这构成了包括DARPA在内众多联邦科研机构诞生的有利背景。

1940年以前,美国联邦政府对科技领域的直接投资非常有限。科技发明与创新主要集中在私人领域,它们大多来自天赋异禀的私人发明家和追求利润的私营企业。然而,这一切在二战期间发生了重大转变,1940年被视为联邦政府与科学研究关系进入新时期的转折点[②]。就在这一年,时任国家航空咨询委员会主席(NACA)的范内瓦·布什(Vannevar Bush)[③] 设法联系并说服了罗斯福(Franklin D. Roosevelt)总统,在1940年6月批准建立了一个非公开的国防研究委员会(NDRC)。该机构研判战争中的技术需求并开展相关研究,成为了一个根据战争需要集中调动国家科技资源的实权管理机构。一年以后,基于罗斯福总统第8807号行政命令,由布什担任主任的科学研究与发展办公室(OSRD)成立,并接替了NDRC的大部分工作。OSRD直接从国会获得运行资金,其研究范围涉及装甲、军械、炸弹、通信等各个领域[④],研究成果对

---

① 乔纳森·格鲁伯、西蒙·约翰逊:《美国创新简史》,穆凤良译,中信出版社,2021,第1-2页。
② Sharon Gibbs Thibodeau, "Science in the Federal Government," National Archives, 1985, https://www.journals.uchicago.edu/doi/10.1086/368639.
③ 范内瓦·布什,美国现代科技政策发展史上的重要人物,二战时期美国最伟大的科学家和工程师之一,曾担任美国科学研究与发展办公室主任、麻省理工学院工程学院院长、华盛顿卡内基研究所所长等职务,同时也是雷声公司创始人之一。个人资料可参见帕斯卡尔·扎卡里:《无尽的前沿:布什传》,周惠民等译,上海科技教育出版社,1999。
④ "Office of Scientific Research and Development," https://www.osti.gov/opennet/manhattan-project-history/People/CivilianOrgs/osrd.html.

于二战走向起到了重要作用。此后几年中，政府大量投资研发活动，并对科学家给予充分的信任，由国家主导科研并将成果应用于军事用途的模式成为了战争时期美国科技政策的核心。

二战取得胜利后，由政府出资、科学家主导的科学研究管理方式已经深入人心，但此时罗斯福政府面临着新的挑战，即如何在和平时期就提高人们生活标准、创造就业机会、改善福利健康水平等问题继续从上述科技创新模式中受益。1945年，应罗斯福总统委托，范内瓦·布什领导起草了一份名为《科学：无尽的前沿》（简称《无尽前沿》）的报告[1]。在这份具有划时代意义的报告中，针对罗斯福总统提出的有关"如何确保美国科学研究能够一直保持在战争期间的水平"以及"美国政府现在和将来可以做什么来为科研活动提供帮助"的问题，布什提出了以下三点建议[2]：

（1）美国政府应该继续对科学研究工作进行资助；

（2）美国政府应大力支持大学和研究所进行基础科学研究；

（3）美国政府应该建立一个由科技专家主导的组织来管理国家层面的科研活动。

上述建议反映了布什一贯主张的科研管理思想与变革精神，是其个人和团队在战争时期对国家主导科学研究和开发活动的总结。布什的思想非常务实，不偏执于特定的意识形态，提倡根本性突破与创新；他不认可政府直接领导研发，而是始终支持自由市场，并坚持自己团队的科学家属性[3]。布什坚持精英主义观点，反对官僚主义，希望研究工作可以获得更多的独立性，还尝试将自己设想的国家研究基金会版本写入两院立法[4]。同时，布什提议联邦政府设置

---

[1] 范内瓦·布什、拉什·D. 霍尔特：《科学：无尽的前沿》，崔传刚译，中信出版社，2021。
[2] 此三点建议归纳自《科学：无尽的前沿》报告中的第一、三、六节。
[3] 乔纳森·格鲁伯、西蒙·约翰逊：《美国创新简史》，穆凤良译，中信出版社，2021，第26-40页。
[4] 此举发生在1947年，但杜鲁门总统对此予以否决。参见《美国创新简史》第51页。

一个协调中心来对政府以外的科学研究统一规划，该机构除了遵循资金稳定支持、管理者由公民选举产生等原则外，更为重要的一点是不自行运营实验室，而是以合同或授予的形式支持政府以外组织的研究①。

布什的思想虽然没有被完全采纳，但"政府应资助科研"等思想深刻影响了后续数十年中美国科技政策的制定与发展。比如，美国著名的基础科学研究资助机构——国家科学基金会（NSF）便是在布什的倡议下于1950年成立的②，该机构在促进美国科学进步和社会繁荣方面作出了重要贡献。

布什思想对DARPA的成立和发展也产生了重要影响。除了上述《无尽前沿》中提出的"政府应资助科研"等理念，布什还希望建立一个"常设的、独立的并且由文职军官掌控的组织，该组织与陆军和海军保持密切联系，但其资金直接来自国会，且拥有开展军事研究的明确权力"的主张③，这些思想为德怀特·戴维·艾森豪威尔（Dwight David Eisenhower）总统提议在国防部成立一个独立于各军种的科研资助机构提供了理论支持。同时，DARPA的管理方式也深受布什思想影响。DARPA由国会提供稳定的资金支持，在国防部系统中独立运作，通过合同、授予、其他交易等资助方式借助各承包商进行颠覆性技术开发④；DARPA反对组织官僚化，认为这会阻碍科技创新，并通过扁

---

① 范内瓦·布什、拉什·D. 霍尔特：《科学：无尽的前沿》，崔传刚译，中信出版社，第96-101页。

② 布什主张成立国家研究基金会统一管理国家科学研究行为，该基金会与OSRD较为相似，并希望在政府与大学之间建立新的关系。他还希望从总统和国会处获得更多的独立性，但杜鲁门总统及其政府出于对资金控制权的掌握并不认可这一观点，这也间接导致了NSF成立后在1952年仅获得350万美元拨款。同时，布什的提案遭到了以西弗吉尼亚州参议员哈利·基尔戈（Harley M. Kilgore）为代表的诸多反对，后者同样支持政府为科学提供资金，但政府要掌握管理科学基金的主导权，且在全国各地分配资金用以发展经济。此外，双方还就专利所有权、资金的地理分布、社会科学的纳入、基础研究与应用研究的划分等方面存在分歧。具体可参见乔纳森·格鲁伯、西蒙·约翰逊：《美国创新简史》，穆凤良译，中信出版社，2021，第50-52页。

③ 范内瓦·布什、拉什·D. 霍尔特：《科学：无尽的前沿》，崔传刚译，中信出版社，2021，第68页。

④ DARPA为项目管理机构，该机构项目的承担者英文表述为performer或contractor，多译为承包商。考虑到国内实际情况，本书有些地方也译作承研单位。

平化的机构设置来抑制官僚化倾向。这些思想均源自《无尽前沿》报告。此外，DARPA 是由科技专家主导的管理机构，其理念也传承于布什在 OSRD 的工作模式。当然，DARPA 的管理没有完全遵照布什思想，比如该机构选择了以任务为导向的研发管理模式，这与布什所主张的自由探索式科研管理理念有所不同。

1.1.2 破解三军利益之争

DARPA 的成立也是破解三军在导弹研发领域严重利益纷争的需要。二战结束后，随着艾森豪威尔在 1952 年当选美国总统后"新面貌（New Look）"战略的开展①，政府大幅削减了军费开支，并希望最大限度借助核武器实现威慑能力，减少对常规兵力的依赖。与此同时，当各军兵种意识到导弹在战略威慑中的巨大应用潜力后，纷纷展开了中远程导弹的研发。然而，三军的导弹研发项目缺乏协调，相互之间出现了严重的利益冲突；其中，以陆军和空军的矛盾尤为尖锐。由于当时美国国防部尚没有能力对此进行调和，于是在国防部内部设立一个新的机构来对导弹项目进行统一管理的呼声便日渐高涨起来②。

当空军于 1947 年从陆军分离出来时，双方达成默契，由陆军负责飞行距离较短的战术型导弹研制，而空军则接管空空导弹和射程更远的战略导弹。特殊场景下，双方都可以部署地空导弹和地地导弹③。其时，空军负责"雷声

---

① "新面貌（New Look）"战略包含两个重点：其一，美国应保持强大的军事态势，拥有通过核武器进行大规模报复的能力；其二，美国应维持健康、强劲和不断增长的经济能力，能够长期通过市场提供上述力量，并维持迅速转变为全面动员的能力。参见"Report to the National Security Council by the Executive Secretary", October 30, 1953, https://history.state.gov/historicaldocuments/frus1952-54v02p1/d101。

② 直到 1958 年，美国国防部长才获得授权，可以决定作战司令部的力量结构及对作战职能进行调整和整合。在这之前，国防部长仅是没有多少实权的仲裁者。参见阿兰·恩索文、韦恩·史密斯：《多少才算够？1961—1969 年国防项目的顶层决策》，尹常琦、殷云浩译，国防工业出版社，2016，第 1-5 页。

③ 然而很快，双方都没有遵守协定。参见 Jacob Neufeld, The development of ballistic missiles in the United States Air Force 1945-1960 (Washington: DIANE Publishing, 1990), pp. 52。

(Thor)"系列陆基中程导弹项目的研发,海军和陆军则合作开发"木星(Jupiter)"系列导弹。这些项目都具有相同的优先级,导致各军种在资源争夺方面互不相让。1955年3月,美国陆军曾就中程弹道导弹研制问题与空军接洽,提出自己设计和制造此类导弹供空军作战使用,但遭到了空军强烈反对[①]。1956年2月,美国陆军专门设立了弹道导弹局(ABMA)来推进中远程导弹的研发,这一事件也使双方的矛盾愈演愈烈。随后,两个军种在媒体上针锋相对,美国空军甚至在《纽约时报》头版发表文章宣称陆军"不适合保卫国家"[②]。为了解决双方的争端,时任美国国防部长威尔逊(Charles Erwin Wilson)决定,将陆军开发的导弹射程限制在320km以内[③]。尽管此时陆军正在研发的"木星"导弹射程(2400km)已远远超过了这一限制,但威尔逊并没有强制取消该项目,而是让陆军团队继续开发,并让空军最终部署了该型导弹。

尽管导弹项目的分歧焦点主要在陆军和空军,就在同一时期,美国海军也没有停止自身的导弹研制。1955年12月,海军成立了由威廉·雷伯恩(William Raborn)将军领导的专项工程独立办公室,而该办公室唯一的任务便是支持海基弹道导弹的研发。

三军导弹之争矛盾不断升级,都希望在项目研制经费严重削减的背景下保持自身的影响力。而作为三军上级管理部门的美国国防部,却因职能有限和资历尚浅等因素难以对各导弹项目进行有效控制[④]。在这种情况下,美国总统和国防部不得不考虑如何化解三军这一矛盾,以减少重复和浪费;此时在国防部

---

① Jacob Neufeld, The development of ballistic missiles in the United States Air Force 1945 – 1960 (Washington: DIANE Publishing, 1990), pp. 144.

② "Air Force Calls Army Unfit to Guard Nation," The New York Times, May 21, 1956, pp. 1.

③ Larsen, Douglas, "New Battle Looms Over Army's Newest Missile," *Sarasota Journal*, August 1, 1957, pp. 35.

④ 美国国防部于1947年依据《国防安全法》(Pub. Law. 80-253)设立,该法案全面改组了当时的美国军队架构,并新设立国防部作为海陆空三军的上级管理部门。但成立之初的国防部长办公室职能较为有限,部门经费相对于三军来说可以忽略不计。

内部成立一个新的机构对导弹项目进行统一管理，已经摆上了总统和国防部长的议事日程。

破解三军利益之争这一背景，对DARPA日后的运行方式产生了重要影响。在成立之初，DARPA作为一个全新机构并未受到三军的欢迎，后者担心DARPA在资源分配上的做法会削弱自身现有优势。为了平衡三军利益，获得国防部系统内最大限度的支持，DARPA选择了从事三军都缺乏意愿开展的颠覆性技术开发工作，同时放弃建立自己的实验室，并以合作者的姿态同三军建立紧密联系。这一特定历史时期国防部各内部力量博弈的结果，无意间促进了DARPA在国防部体系内独特定位的形成。从日后发展来看，放弃自身实验室在客观上也成就了DARPA，使其可以放下包袱，以全面系统的视角审慎选择项目提案和承包商；被迫选择颠覆性创新，让DARPA在避开各军兵种研发机构利益纠葛的同时，走出了一条难以模仿的成功之路。

从DARPA成立之初的种种情况来看，该机构并没有得到过特殊政策照顾，反而因其与各军兵种的利益冲突而受到诸多限制。DARPA在成立后相当长的时间内，生存都成问题，更谈不上受到照顾和享有特权。在逐渐度过艰难起步阶段后，为了提高颠覆性技术开发与技术转移的成功率，DARPA在原有国防部制度基础上从资助方式、人事政策等方面进行了一定程度的管理创新，并在国会批准下获得了额外授权。这些举措帮助DARPA取得了举世瞩目的创新成果和世界范围内的广泛赞誉，但这些依然不能认为是照顾和特权。

诞生于三军利益之争，对DARPA产生了深远影响。DARPA的成立各军兵种并不支持，在成立后很长一段时间，各军兵种也未给予其积极配合；同时，由于各军兵种的反对，DARPA没有自己的实验室。而实际上，正是由于DARPA不同于各军兵种，没有自己的研发机构，从而避免了本位主义，减少了包袱，更有利于其对各军兵种进行技术支持，并开展跨军种的技术研发。因此，某种意义上讲，正是这种"恶劣"的环境，逼着DARPA去创新，进而成就了 DARPA。

1.1.3 "斯普尼克"卫星事件触发

1952年正值国际地球物理年，出于对卫星发射项目的重视，美国政府专门制定了国家太空计划①，并选择由海军研究实验室（NRL）研发的"先锋（Vanguard）"运载火箭项目负责实现将卫星送入太空。

正当美国加紧推进太空计划的时候，苏联于1957年10月4日发射了世界上第一颗人造地球轨道卫星——重83.5kg的"斯普尼克"一号（Sputnik-1），宣告了该国率先进入太空时代。在几个小时后，美国人通过广播和电视新闻获知了这一消息，从政府官员到普通民众都深感震惊。许多美国人甚至担心，相对苏联这一强大的竞争对手，美国正在失去其技术领导地位②。人造卫星成功发射的意义并不仅仅在于太空探索本身，更在于成熟的火箭推进技术——苏联借此展示了该国具备可向数千千米外目标进行精准投射的能力。美国人开始担心苏联可以在一个小时内向美国主要城市实施全面核打击，这无疑是一次在技术领域发生的"珍珠港事件"！在"斯普尼克"卫星成功发射5天后，艾森豪威尔总统在记者会上称"该卫星对美国没有额外的威胁……苏联仅仅是把一个小球送到了天上"③。尽管总统尝试淡化苏联卫星事件的影响，但还是低估了美国社会的反响。随后，在巨大的公众压力下，艾森豪威尔总统不得不加速国家太空计划。然而此时，海军研究实验室的"先锋"火箭项目却延期了。1957年12月6日，被寄予厚望的"先锋"火箭进行了首次发射。然而，火箭

---

① "The International Geophysical Year（IGY）", updated February 2, 2005, http://www.nasa.gov/history/sputnik/igy.html.
② DARPA 60 years：1958-2018 (Faircount Media Group, 2018), pp. 12.
③ "One Small Ball in the Air：October 4, 1957," November 3, 1957, https://www.nasa.gov/history/monograph10/onesmlbl.html.

勉强离开地面后便发生了爆炸，在发射台上化作了一个巨大的火球①。

"斯普尼克"卫星事件更加坚定了艾森豪威尔成立一个专门从事尖端国防科技研究机构的决心。事实上，苏联先于美国成功发射人造卫星的技术突袭使艾森豪威尔政府面临着巨大的压力，更使三军在导弹项目上的利益之争所带来的重复低效凸显出来。于是，卫星事件成为了DARPA诞生的最直接诱因。1958年1月9日，艾森豪威尔在向国会发表的国情咨文中详细阐述了成立一个新机构的理由，并首次公开提到计划于一个月后成立的国防部新部门——高级研究计划局（ARPA）②。1958年2月7日，国防部长尼尔·麦克尔罗伊（Neil McElroy）发布了第5105.15号国防部指令，正式宣告ARPA的成立③。联邦政府期待该机构可以帮助美国保持军事能力的领先地位，防止竞争对手技术突袭的同时给予对方技术突袭。在总统授意下，DARPA成立之初的工作重心放在了太空探索、导弹防御和核武器试验探测三个领域④。

DARPA诞生于危难之际，其设立直接受到"斯普尼克"卫星事件的触发。因此，"防止对手技术突袭"的使命自一开始便深刻植入了DARPA的基因。这种与生俱来的紧迫感和使命感成为了DARPA一次次克服生存危机、赢得技术挑战的强大动力，驱使该机构从临危受命成长为颠覆性创新的引领者，直至被世界所公认。在科技发展与变革更加迅速的今天，DARPA源自危机之

---

① McLaughlin Green and Milton Lomask, Vanguard: A History (Washington: NASA, 1970), pp. 185-212.

② Gerhard Peters and John T. Woolley, "Annual Message to the Congress on the State of the Union," The American Presidency Project, https://www.presidency.ucsb.edu/documents/annual-message-the-congress-the-state-the-union-10.

③ ARPA在1958年2月7日基于美国国防部5105.15号指令成立。ARPA是DARPA成立之初的名字，该机构在1972年3月首次更名为DARPA，1993年2月机构名称曾短暂改为ARPA，但在1996年3月再次改回DARPA。

④ 随着1958年10月美国航空航天局（NASA）的成立，考虑到太空探索任务明显的民事属性，美国政府决定将该任务转移至NASA。此后，导弹防御和核武器试验探测任务在DARPA持续了约15年，最终被调整至国防部其他部门，DARPA的发展也从此进入了全新的阶段。详见DARPA 60 years: 1958-2018 (Faircount Media Group, 2018), pp. 12-13.

中的使命感得到了传承，并促使其一直站在科技发展潮流的最前沿。

1.2 不断探索的发展历程

DARPA 成立后相当长的一段时间内，其发展充满挫折。但也正是这些艰难探索和失败教训，成为了 DARPA 日后取得成功的宝贵财富，也给意欲借鉴和效仿 DARPA 模式的后来者带来诸多启示。

DARPA 的发展大致可以分为三个阶段：第一阶段是从其成立到 20 世纪 70 年代越战时期，此时 DARPA 作为美国国防部改革的一部分，在动荡的政治环境中艰难立足；第二阶段是从越战时期到冷战结束，此时 DARPA 的各项颠覆性技术研究已初显成效；第三阶段是从冷战结束至今，DARPA 始终保持创新活力，开始更多关注人工智能、生物科技等新兴技术领域。

1.2.1 艰难起步：成长于夹缝之间（1958—1975 年）

仅在成立 18 个月后，DARPA 便迎来了第一次生存危机。当时，美国陆军和空军仍在各自探索用于将卫星成功送上轨道的火箭技术，而 DARPA 则依照授权管理着包含"土星"五号火箭、"泰罗斯"一号（TIROS-1）卫星等美国国家太空探索项目。鉴于各军种在导弹研制和卫星发射领域的过度竞争已经表明他们缺乏合作的意愿和能力，同时艾森豪威尔总统认为民用机构在太空项目管理上比军队更有效率，于是在 1958 年 10 月，由总统提议成立的专门负责美国太空计划的民用机构——美国航空航天局（NASA）宣告诞生。此后，NASA 和空军分别接管了 DARPA 的民用与军用航天项目，DARPA 则失去了大约一半的人员，仅保留了开展导弹防御和核试验监测项目的授权。在接下来的 15 年间，这两类项目一直作为 DARPA 的工作重点予以持续。

1960年，随着越南战争的升温，DARPA启动了"AGILE"项目。这是一项历时十年的高度机密项目，直接支持美国在越南的军事行动。"AGILE"项目是DARPA历史上为数不多的直接支援战争的尝试，涉及火焰喷射器研制、目标监视以及心理战等多领域研究。在DARPA的历史回顾中，"AGILE"项目聚焦于短期目标，并被认为是"天真、管理不善、充斥着外行管理"；再加上其运行缺少监督，因而一直被视为反面案例，不断提醒着DARPA在日后避免重蹈覆辙①。

在此期间，DARPA还实施了"防御者计划"与"核试验探测计划（VELA）"。前者是DARPA成立初期规模最大的项目，包括对大型陆基相控阵雷达、超视距高频雷达和超高速反弹道导弹拦截器的开创性研究，后者则开发了一系列用于监测太空、大气和地下核爆炸的方法②。遗憾的是，"防御者计划"在几年后被国防研究与工程（DDR&E）主任约翰·福斯特（John Foster）要求转移至陆军。至此，DARPA在导弹防御领域的工作也几近尾声；但同时，这也为DARPA将关注力转移到某些更小的颠覆性技术研究上去提供了契机。事实证明，后者更有利于DARPA的发展，因为颠覆性技术多是从并不起眼的创新构想逐渐得到发展壮大，乃至最终呈现出革命性效果。比如，DARPA在20世纪60年代初支持的ARPANet项目便是其中的典型案例。

20世纪60—70年代是DARPA在艰难中寻找方向的探索期。在整个国防部都在削减经费的背景下，国防部副部长赛勒斯·万斯（Cyrus Vance）甚至提议撤消DARPA③。然而，史密森尼国家航空航天博物馆太空历史部高级馆长迈克尔·J.纽菲特（Michael J. Neufeld）认为，正是从此时开始，DARPA逐

---

① DARPA 60 years：1958-2018（Faircount Media Group, 2018），pp. 12.
② William B Bonvillian, Richard Van Atta and Patrick Windham, The DARPA Model for Transformative Technologies（OpenBook Publishers, 2019），pp. 31-32.
③ The Advanced Research Projects Agency, 1958-1974（Washington：Richard J. Barber Associates, 1975），pp. Ⅶ-3.

渐转变成一个专注于奇思妙想的创新型组织①。它开始对一些当时仍处于萌芽时期的技术领域产生兴趣，并在材料科学、信息科学和行为科学领域对能够产生技术突袭效果的项目展开尝试。从某种意义上讲，DARPA 开创性地"发明"了这些技术领域。其中，一个最为著名的例子便是 1961 年时任 DARPA 局长杰克·瑞纳聘请了利克莱德（J. C. R. Licklider）博士为信息处理技术办公室主任。正是这一决定，促进了后来个人电脑和互联网等现代信息科技的飞速发展。

1.2.2　稳步成长：成就奠定地位（1975—1990 年）

在国防研究与工程主任约翰·福斯特的带领下，DARPA 进行了组织机构调整，并于 20 世纪 70 年代中期放弃"AGILE"项目模式后确立了以技术办公室为根基的业务管理模式，转变成为国防前沿技术探索领域各军种共同的支持机构②。

1972 年，随着 DARPA 的首次更名，该机构开始寻找全新的核武器威慑替代技术以适应美国国防战略的转变，并于 1973 年确立了此后 20 年的重点发展方向，即围绕隐身技术、自主系统和战区导弹防御等重点领域展开前沿技术探索。

1975—1977 年，DARPA 迎来了历史上的最为著名的局长之一——乔治·海尔迈耶（Geoge Heilmeier）。在加入 DARPA 之前，海尔迈耶曾任国防部长特别助理，并担任过负责电子和计算机科学的国防研究和工程助理主任③。海尔迈耶提出了一系列通俗、简明的问题来对技术开发项目是否值得资助做出判断，

---

① Edward Goldstein, "DARPA's 60-Year Space Adventure," Defense Media Network, March 27, 2019, https://www.defensemedianetwork.com/stories/darpas-60-year-space-adventure/.

② DARPA 60 years: 1958-2018 (Faircount Media Group, 2018), pp. 13.

③ "George Heilmeier," National Inventors Hall of Fame, https://www.invent.org/inductees/george-heilmeier.

并要求项目经理在相同的逻辑下予以清晰回答。这一被称为"海尔迈耶准则"的立项判断方法一直沿用至今,并被许多类似机构所效仿①。受益于海尔迈耶准则,DARPA 加大了对隐身飞机、天基激光、天基红外技术和人工智能技术的投入②。到 20 世纪 80 年代末期,DARPA 已经通过隐身飞机、远距离精确打击、战术监视无人机等项目展示了该机构颠覆作战样式的创新能力,并通过与其他国防部门的通力合作,成功地把这些技术成果移交至军方。这些成果为卡特政府时期"抵消战略(Offset Strategy)"贡献了重要力量,其催生的各类前沿技术被评价为改变战争范式的"军事革命",在抵消苏联军事能力上功不可没③。

同样是在 80 年代,DARPA 启动了微型 GPS 接收机项目④,彻底改变了当时军用 GPS 接收机笨重、难以携带的窘况,并催生了该产品向民用市场的普及。1988—1993 年,美国军方共生产了超过 1400 台 PSN-8 GPS 接收机,这些终端设备单台重量接近 50 磅(22.68kg),极为笨重。为了满足海军陆战队作战要求,DARPA 基于大规模集成半导体芯片设计技术,在 Magnavox 研究实验室和罗克韦尔·柯林斯公司的参与下于 1991 年完成了重量仅为几磅的新一代微型 GPS 接收机的研制,并将产品单台成本降到了 1000 美元以下⑤。

DARPA 在 20 世纪 80 年代的复苏向世人展现了该机构强大的适应力。这

---

① 海尔迈耶局长提出了 7 个方面的一系列问题,用以作为项目能否立项的判断依据,这些问题在国内被翻译成"海尔迈耶准则"。本书后续章节对此还会有详细介绍。可参见"George H. Heilmeier," National Academies Press, 2017, https://nap.nationalacademies.org/read/24773/chapter/24。

② DARPA 60 years:1958-2018(Faircount Media Group, 2018), pp. 13.

③ Richard J. Van Atta, Michael J. Lippitz, Jasper C. Lupo, Rob Mahoney, Jack H. Nunn, "Transformation and Transition:DARPA's Role in Fostering an Emerging Revolution in Military Affairs Volume 1-Overall Assessment," Institute for Defense Analyses, April 2003, https://irp.fas.org/agency/dod/idarma.pdf.

④ 这一项目旨在开发一种数字化 GPS 信号导航系统,并系基于大规模集成半导体芯片制造,可以进一步实现接收终端的微缩化。该项目代号 MGR,由项目经理参照一种体型纤细的弗吉尼亚细香烟戏剧化命名,项目成果被视为 DARPA 史上最为经典的成就之一。

⑤ Catherine Alexandrow, "The Story of GPS," June 29, 2011, https://issuu.com/faircountmedia/docs/darpa50, pp. 54-55.

一时期，DARPA还资助了一系列在信息技术领域产生革命性影响的项目。这些研究工作不仅彻底改变了计算机科学的发展，还为DARPA后期在人工智能、认知计算和机器人设计等领域的工作奠定了坚实基础①。比如，如今便携式个人计算机的普及，便离不开利克莱德博士与信息处理技术办公室的卓越工作。

1.2.3 快速发展：始终保持活力（1990年至今）

进入90年代之后，苏联解体直接导致了世界秩序新格局的建立。此时美国克林顿政府提出了技术开发"军民两用"的指导思想，要求军事研发部门需要在争取国防科技领先地位的同时能够促进社会经济的发展。在此背景下，DARPA在1993年重新更名为ARPA，以强调前沿技术开发的军民两用属性，并积极参与了技术再投资项目（TRP）②。然而，DARPA的更名很快在国会引起了巨大争议，并促使其将名称于1996年再次改回DARPA。这从一个侧面说明了国会对DARPA的关注和较高期望。

整个90年代，DARPA没有放缓颠覆性创新的脚步，并在无人系统和精确打击领域取得了重要进展。在这期间，由DARPA资助研发的"捕食者（Predator）"无人攻击机和"全球鹰（Global Hawk）"无人侦察机的问世，根本上改变了日后的战争方式。"捕食者"无人机的原型可以追溯到1983年DARPA"信天翁"长航时小型战术侦察无人机项目③，该项目后来催生了世界上第一架中型长航时无人机——GNAT 750的出现。1993年，GNAT 750无人机在波斯尼亚和黑塞哥维那上空投入使用，引起了国防部的浓厚兴趣，并直接导致了

---

① DARPA 60 years：1958-2018（Faircount Media Group，2018），pp. 103.

② "The Technology Reinvestment Project：Integrating Military and Civilian Industries," Congressional Budget Office, July 1, 1993, https://www.cbo.gov/publication/16584.

③ Roger Connor, "The predator, a drone that transformed military combat," March 9, 2018, https://airandspace.si.edu/stories/editorial/predator-drone-transformed-military-combat.

该无人机的改进型——RQ-1"捕食者"在1995年部署美国空军。作为高空长航时无人机先进概念技术验证项目（ACTD）的一部分，DARPA于1994年启动了"全球鹰"无人侦察机的研制①。1998年10月，DARPA将ACTD项目移交至美国空军，并由后者在2001年实现了"全球鹰"无人机的正式部署。此后，"全球鹰"累计完成了超过320000飞行小时的外勤任务，为美军在伊拉克、阿富汗、北非和亚太地区的军事行动提供了关键情报支持②。

2001年，举世震惊的"9·11"事件爆发，DARPA也随之卷入了"反恐战争"。作为支援打击恐怖主义的临时举措，DARPA制定了包括战术机器人、自我修复传感器系统以及通信网络在内的不同快速响应项目以支持美军在伊拉克和阿富汗的作战需求③，并开展了外骨骼技术、高级假肢等一系列人机交互项目研究。这说明，虽然DARPA的主要职责是面向长远战争需求的颠覆性技术开发，但并非对紧迫的军事需求一概置之不理。这一时期，DARPA在人工智能、认知计算、量子计算和自主系统等领域展开了深入探索。2004—2007年，DARPA发起的"自动驾驶汽车挑战赛"成功引起了业界人士的兴趣与参与，验证了自主系统研发成果的实际效用，催生了今天蓬勃发展的无人驾驶行业。

最近十年间，全球化科技竞争愈发激烈，DARPA要实现避免竞争对手技术突袭和给对手制造技术突袭的使命要比以往任何时候都更加艰难④。2014年，DARPA创建了生物技术办公室（BTO），加强了对基因工程、生物材料、

---

① 高空长航时无人机先进概念技术验证项目（HAE UAV ACTD）主要进行两种构型无人机的研发：传统构型（Tier Ⅱ+）和低可观测技术构型（Tier Ⅲ-）。其中，前者代号Global Hawl，后者代号DarkStar。参见Jeffrey A. Drezner and Robert S. Leonard, "Global Hawk and DarkStar," Rand 2002, https://www.rand.org/pubs/monograph_reports/MR1475.html。

② "Global Hawk," Northrop Grumman Corporation, https://www.northropgrumman.com/what-we-do/air/global-hawk。

③ DARPA 60 years: 1958-2018 (Faircount Media Group, 2018), pp. 15.

④ Creating Technology Breakthroughs and New Capabilities for National Security (Washington: DARPA, 2019).

药物生产以及战场医疗等领域的投入，并采取灵活的方法将生物学与工程、物理和计算科学等交叉学科融合发展。同时，DARPA依然延续着信息技术领域的前沿探索，并将类脑信息处理、神经计算和网络安全等技术方向确定为该机构在人工智能、网络威胁以及新型微电子学领域的工作重心。此外，在航空科技领域，DARPA还在先前航空与推进技术所获成果的基础上增加了高超声速系统类项目研究。

尽管DARPA的技术规划和研究任务一直在随着时代变化，但它确保美国技术领先地位的使命却从未改变。这一与生俱来的使命，促使DARPA在更多参与者加入到激烈的国家科技战争和全球范围内技术传播比以往任何时候更加迅速的严峻背景下，始终将工作重心集中在美国国家安全领域颠覆性技术的创造中，为实现和保持美国军事科技实力的领先而努力。

1.3 特殊的使命与职责

1.3.1 机构定位

美国国防部内部设置有19个业务局，DARPA是其中之一（图1-1）。作为各业务局中少有的具备项目管理职能的机构，DARPA被国防部赋予了通过追求对未来国家安全具有潜在重大影响、超越当今已知需求的创新性研发项目，给竞争对手制造技术突袭的重要职责[1]。通常，国防部不会设立项目管理机构，相关职能均由各军兵种来承担；从这一角度，DARPA在国防部系统中的特殊定位及所承载的来自国会的特殊使命便可见一斑。

---

[1] 在国防部各业务局中，另一个具有项目管理职能的业务局为导弹防御局。

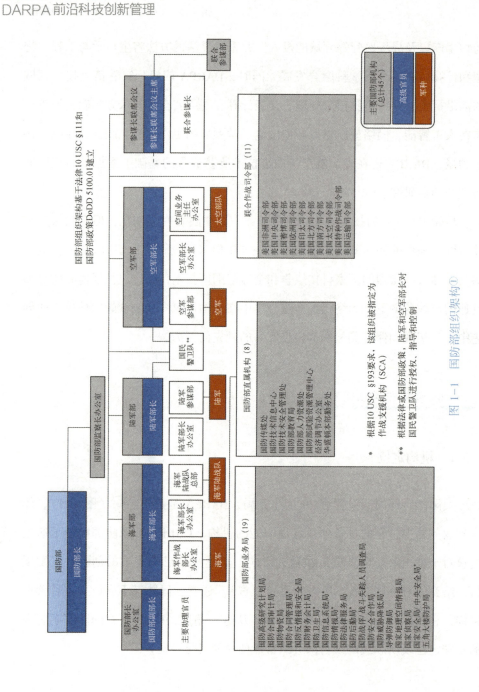

图 1-1 国防部组织架构①

---

① "United States Department of Defense Agency Financial Report (Fiscal Year 2022)," Office of the Under Secretay of Defense (Comptroller), http://comptroller.defense.gov/Portals/45/Documents/afr/fy2022/DoD_FY22_Agency_Financial_Report.pdf.

在行政隶属关系上，DARPA 由国防部采办、技术和后勤副部长（USD（AT&L））通过国防部研究和工程助理部长（ASD（R&E））进行授权、指导和控制。DARPA 局长通过该助理部长和副部长，向国防部长建议 DARPA 所需要进行的研究任务，并根据既定程序，向国防部副部长、首席财务官（USD（C）/CFO）提交包含拨款计划优先级的年度预算文件。根据国防部长对国防机构和国防部外勤活动两年期审查的要求，DARPA 局长需要设计并管理 DARPA 项目和各类活动，并履行国防部长、副部长和助理部长指派的其他职责[1]。此外，在涉及预算审议等某些重要事务时，DARPA 局长还需要在国会听证会上接受质询和答疑。

根据前沿技术开发的实际情况，DARPA 会向国防部其他部门提供项目指导与协助，并密切监督所有分配给军事部门、美国政府其他机构、私营企业等组织的项目执行情况。应要求，DARPA 会协助其他军事部门进行原型项目开发，并及时通告国防部高层、其他国防机构项目的重大突破和进展，以促进项目成果早日实现作战部署。国防部其他部门负责人也会与 DARPA 局长就职权范围内的事项进行协调沟通，在可用资源范围内向 DARPA 提供协助和支持。此外，在职能履行过程中，DARPA 还会视情与美国公众、政府官员、外国政府代表、外国研究机构和非国防部研发机构等进行沟通。

DARPA 专注于面向未来的前沿技术探索，不可避免会经受大量失败与挫折，因此，国防部的支持是对其最大的鼓励。时任 DARPA 代理局长斯蒂芬·沃克（Steven Walker）在 2017 年国会证词中描述了 DARPA 在国防部的角色[2]："DARPA 的存在很大程度上是为了探索技术的可能性——通过进行基础研究、原理证明和先期技术开发，将原本认为是不可能实现的想法发展到

---

[1] " Defense Advanced Research Projects Agency（DARPA），" Department of Defense，May 7, 2013, https：//www. esd. whs. mil/Portals/54/Documents/DD/issuances/dodd/513410p. pdf.

[2] "Statement by Dr. Steven Walker," May 3, 2017, https：//www. appropriations. senate. gov/hearings/a-review-defense-innovation-and-research-funding.

被证实是可能的地步。在国防部内没有其他机构从事失败可能性如此之高的项目,或者产生真正革命性军事能力的可能性如此之高的项目。"出于DARPA在国防部中的特殊定位,它的管理层一直致力于与国防部高级官员保持比较紧密的联系,以帮助DARPA在国防部获得"独立"地位,使其专注于颠覆性技术开发。

DARPA独特的定位有助于其开展颠覆性技术研究。尽管各军种都有自己的研发机构,且距离军队一线需求更近,但这些机构多着眼于满足短期需求。同时,出于担心颠覆性技术可能会影响装备使用现状的保守思想,各军种研发机构有着天然的利益倾向性,没有意愿来进行前沿技术探索。DARPA的存在,正好可以填补满足各军种长远需求的空白,并成为协同技术开发的基础。比如,当国防部在20世纪70年代末期需要建立涉及各军种武器系统紧密协作的精确打击能力时,便充分利用了DARPA的独立属性,在该机构内部启动了"进攻破坏者(Assault Breaker)"项目①。这一项目所产生的技术成果有力支撑了国防部"抵消战略"的顺利实施。

1.3.2 使命与职责

如同美国国防部其他下属机构一样,国防部以指令形式明确阐述了DARPA的使命与职责。国防部第5134.10号指令规定,DARPA是国防部的研发组织,其主要任务是保持美国对竞争对手的技术优势。这一任务是DARPA自成立起便被赋予的,尽管在后续几十年间美国国家战略和国内政治环境一直在不断变化,前沿技术开发所面临的挑战在不断增加,但DARPA "防止竞争

---

① Richard H. Van Atta, Michael J. Lippitz, Jasper C. Lupo, Rob Mahoney, Jack H. Nunn, "Transformation and Transition: DARPA's Role in Fostering an Emerging Revolution in Military Affairs Volume 1-Overall Assessment," Institute for Defense Analyses, April 2003, https://irp.fas.org/agency/dod/idarma.pdf, pp. 19-22.

对手技术突袭并带给对手技术突袭"的使命却从未改变①。

国防部第5134.10号指令规定DARPA局长的主要职责如下：

（1）确保DARPA立足于美国政府和美国国防部未来的战略需求，寻找对国家安全可能产生重要影响的高风险、高回报研发项目，并对其进行资助；设想和预测未来作战可能需要的军事能力，并通过技术演示加快这些能力开发；实施适用于联合作战的技术验证项目，协助军事部门进行原型项目开发，为军事部门赋能。

（2）向国防部其他部门提供协助，向国防部领导层提供项目和资源分配建议，提交年度预算计划及项目资助优先等级；向国防部汇报研发项目中的重大进展、突破和技术进步，以及各项目状态；加强国防部内部交流合作，以促进作战能力的形成。

（3）组织、指导、管理和监督DARPA的所有活动，其中主要包括执行并监督分配给军事部门、美国政府其他机构、个人、私营企业、教育机构或研究机构的研发项目。在管理过程中，追求创新的管理手段，包括灵活的人员雇佣制度、高效的技术转移策略和合理的采办制度。

崇高的使命感被认为是DARPA长久且成功的创新历史形成的促进因素之一②。DARPA本就诞生于危急之中，其使命感是从成立之时便一直拥有的本色。DARPA官方认为，"防止美国遭受竞争对手技术突袭"的使命是推动其创新文化建立的一个重要因素，这一机构使命的重要性给予了人们无限的热情和动力③。引用DARPA局长阿拉蒂·普拉巴卡（Arati Prabhakar）在2015年战略报告中的题词所述："一个半世纪前，弗朗茨·李斯特（Franz Liszt）说

---

① "Innovation at DARPA," July, 2016, http://www.darpa.mil/attachments/, pp. 5.
② "Defense Advanced Research Projects Agency: Overview and Issues for Congress," Updated August 19, 2021, https://crsreports.congress.gov/product/details?prodcode=R45088, pp. 4.
③ "Innovation at DARPA," July, 2016, http://www.darpa.mil/attachments/, pp. 5.

他作曲的目的是'将标枪投向未来的无限空间'。在 DARPA，尽管我们聚焦的目标是国家安全，激发我们灵感的是技术而不是音乐，但我们和李斯特都同样受到无法抑制的冲动所激励。DARPA 的工作人员每天走进办公室时，脑海中都浮现出一个美好的未来，而他们则通过不断的技术进步亲手把那样的未来变成现实①。"

数十年来，DARPA 的使命感召着众多优秀科技人才不断加入该机构，激励着他们改变世界的雄心，并成为他们在面对重重困难时依然设法突围的重要动力。例如，DARPA 主导的隐身飞机和无人机项目在立项之时并未受到美国空军的青睐，但出于对这些技术在军事领域颠覆性作用的深刻认知，即便是面临军种的极力反对，DARPA 依然坚持推进上述项目；最终，项目技术成果成功改变了空军的成见，并由后者实现了战场部署②。

1.4 扁平高效的组织结构

DARPA 总部位于美国弗吉尼亚州阿灵顿北伦道夫街 675 号，离五角大楼不远，其他国防部诸多机构也坐落于此。近年来，DARPA 雇员人数稳定在 200 人左右；其中，项目经理人数超过 100 名③。在项目和预算方面，DARPA 年度正常开展的项目约 240 个，年度经费 30 多亿美元④（近几年增长到 35 亿

---

① "Breakthrough Technologies for National Security," March 2015, https://www.esd.whs.mil/Portals/54/Documents/FOID/Reading%20Room/DARPA/15-F-1407_BREAKTHROUGH_TECHNOLOGIES_MAR_2015-DARPA.pdf, pp. 3.

② DARPA 60 years：1958-2018（Faircount Media Group, 2018），pp. 18.

③ "Defense Advanced Research Projects Agency：Overview and Issues for Congress," Updated August 19, 2021, https://crsreports.congress.gov/product/details?prodcode=R45088, pp. 3.

④ 智强、林梦柔：《美国国防部 DARPA 创新项目管理方式研究》，《科学学与科学技术管理》2015 年第 10 期。

并进一步突破 40 亿美元)①，平均每个项目所获得的经费支持超过 1200 万美元。

图 1-2 展示了 DARPA 的组织架构。由图可见，DARPA 是个相对扁平化的组织②，内部办公室按照不同职能分为四类：局长办公室（Director's Office）、技术类办公室（Technical Offices）、支持类办公室（Support Offices）和特别项目办公室（Special Projects Offices）。目前，DARPA 的各支持类办公室合并为战略资源办公室（SRO）和任务服务办公室（MSO），前者主要负责合同、经费、人力资源招募与管理，后者则承担安全、情报、审计、记录管理等各项职能。

局长办公室是 DARPA 的核心领导中枢，负责统筹 DARPA 发展和日常运转。DARPA 设有一名局长、一名副局长以及四名面向陆军、海军、空军和海军陆战队的行动联络员③。

技术类办公室负责开展研发项目资助等具体业务，一般每个办公室设有一名主任，一至两名副主任，以及十多名项目经理④。目前，DARPA 共设置了六个技术办公室，分别为生物技术办公室（BTO）、国防科学办公室（DSO）、信息创新办公室（I2O）、微系统技术办公室（MTO）、战略技术办公室（STO）和战术技术办公室（TTO）。

---

① "Department of Defense Fiscal Year（FY）2021 Budget Estimates," February 2020, https://comptroller.defense.gov/Budget-Materials/Budget2021/. "Department of Defense Fiscal Year（FY）2022 Budget Estimates," May 2021, https://comptroller.defense.gov/Budget-Materials/Budget2022/. Department of Defense Fiscal Year（FY）2023 Budget Estimates," April 2022, https://comptroller.defense.gov/Budget-Materials/Budget2023/.

② "Defense Advanced Research Projects Agency: Overview and Issues for Congress," updated August 19, 2021, https://crsreports.congress.gov/product/details?prodcode=R45088, pp. 3.

③ "People," DARPA, https://www.darpa.mil/about/people.

④ 近年来数据显示，DARPA 有员工 220 余人，其中各技术类办公室项目经理约 120 人。

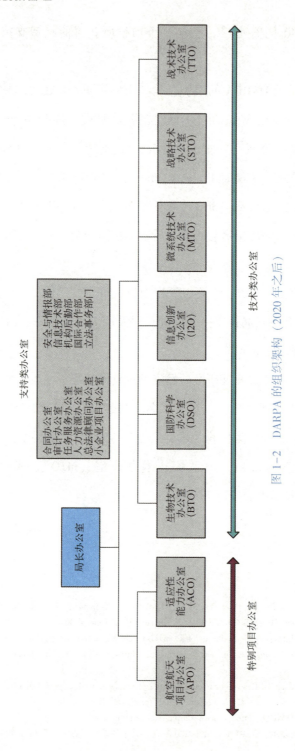

图 1-2 DARPA 的组织架构（2020 年之后）

1.4.1 技术类办公室

DARPA 技术类办公室的数量和职能随着美国国防战略的调整变化而变动，同时在一定时期内保持相对稳定（表 1-1）。各技术类办公室的工作重点与研究方向都是基于 DARPA 发展战略所确定，在设立技术类办公室时，除了考虑世界范围内的科技发展趋势之外，DARPA 局长还会与国防部长、国防部下属部门、参谋长联席会议主席、作战指挥部指挥官及各军种相关高层人员进行深入探讨①。DARPA 的技术类办公室可以分为两类：第一类是按照学科专业设置，例如生物技术办公室、信息创新办公室和微系统技术办公室；第二类是按其技术开发成果在各军种所能起到的作用而设置，例如国防科学办公室、战略技术办公室和战术技术办公室。第二类办公室是在 20 世纪 70 年代 DARPA 转型期所建立，它们不拘泥于具体的学科或技术分类，而是更多地从应用层面上考虑颠覆性技术开发的军事效果。

DARPA 六个技术类办公室的建立可追溯到该机构各个历史发展时期。信息创新办公室的前身是成立于 1962 年的信息处理技术办公室（IPTO）。尽管计算机技术在其时的发展尚处在萌芽阶段，但它在军事领域的巨大应用前景促使 DARPA 成立了这一办公室。IPTO 投资的项目极大促进了计算机技术的发展，计算机图形学、人机交互、人工智能等技术发展初期都得到了该办公室的支持。2010 年，IPTO 与其他办公室合并，组建了目前的信息创新办公室（I2O）。战略技术办公室（STO）和战术技术办公室（TTO）都成立于 20 世纪 70 年代。其时，DARPA 正处于越战后探求自身定位的时期，逐渐从以特定任务为主的研究模式转变到以技术类办公室为核心的模式。STO 和 TTO 承担起了 DARPA 寻找战略性非核武器技术的任务，并一直持续到了今天。国防科学

---

① "Defense Advanced Research Projects Agency Strategic Plan," May 2009, https://apps.dtic.mil/sti/tr/pdf/ADA468784.pdf, pp. 2.

办公室（DSO）成立于 1980 年，该办公室继承了 DARPA 前期的核监测、材料科学和控制论等研究成果，并催生了另外两个技术类办公室——1992 年成立的微系统技术办公室（MTO）和 2014 年成立的生物技术办公室（BTO）。

表 1-1　DARPA 技术类办公室简介

名称	重点工作领域
生物技术办公室（BTO）	该办公室关注生物科学适应性、复制性和复杂性等特征，重点研究检测新型生物/非生物威胁、保障士兵作战状态、将生物科技应用于作战保障等领域
国防科学办公室（DSO）	该办公室聚焦新材料/结构、传感和测量、使能作战、集体智能和全球态势变化等领域
信息创新办公室（I2O）	该办公室聚焦高效人工智能、自适应安全系统、网络作战优势、信息可信性等领域
微系统技术办公室（MTO）	该办公室核心任务是开发高性能、智能化微系统和下一代组件，并专注于三维异构集成技术（3DHI）的中远期研发，其重点聚焦边缘处理技术和微系统制造技术等领域
战略技术办公室（STO）	该办公室利用微电子技术、人工智能等技术为决策人员提供可信和颠覆性的能力，主要聚焦先进传感器和信息处理技术、作战效果、指挥控制和通信能力、无人自主系统等领域
战术技术办公室（TTO）	该办公室关注革命性的军事系统架构、作战系统降本增效、新技术演示等领域

1.4.2　支持类办公室

DARPA 的管理层和技术办公室由专门的管理和行政人员提供支持，负责确保该机构安全、高效和灵活地运转①。DARPA 支持类办公室包括战略资源办公室（SRO）和任务服务办公室（MSO）。其中，SRO 主要为 DARPA 内部提供合同管理、人力资源、财务、法律等服务；MSO 则负责监督 DARPA 的内部运营，包括安全、情报、审计、记录管理和信息公开等事务。在内部层级

---

① "Offices," DARPA, https：//www.darpa.mil/about/offices.

上，SRO 包含安全和情报部（SID）、信息技术部（ITD）、设施和后勤部（FLD），同时也是 DARPA 副首席信息官、首席隐私官和高级服务经理的办公地点。

作为战略资源办公室（SRO）的一部分，合同管理办公室（CMO）以其务实、高效、创新的合同管理工作为 DARPA 颠覆性技术创新提供了重要支撑。CMO 不仅在工作中严格遵守《联邦采办条例》（Federal Acquisition Regulation，FAR）等法律规定，还在国防部范围首先提出并推广了其他交易（OT）形式，以创新的资助手段高效推进了 DARPA 的项目实施。根据不同合同和承包商类型，CMO 可以选择合同、授予、合作协议或其他交易（OT）等资助形式，该部门工作人员以其专业表现在合规与创新之间实现了管理的有效平衡。此外，CMO 还负责 DARPA 研究公告（RA）的对外颁布工作。

1.4.3 特别项目办公室

为了在有限的时间内专注于协调、开发和部署先进技术，使 DARPA 的研究成果能够更迅速地转化为实际军事能力，DARPA 有时会设立一些临时性质的特别项目办公室。目前，有两个此类型的办公室正在运转：航空航天项目办公室（APO）和适应性能力办公室（ACO）。

航空航天项目办公室设立于 2015 年，其设立初衷是响应美国国防部的航天创新计划（AII），协助 DARPA 管理该计划中的 AII-X 验证机项目。在 APO 的积极推动下，AII-X 项目中各项先进飞机设计技术正在逐步得到演示验证。适应性能力办公室的前身适应性执行办公室（AEO）设立于 2009 年，该办公室专注于将新技术转化为军事作战能力，以解决重大国家安全挑战。一方面，AEO 通过广泛接触国防部内部作战人员，评估军队实际作战需要；另一方面，该办公室不断将 DARPA 的技术成果同各军种的作战需求进行匹配，通过加强

DARPA 项目经理与军方的合作，加速技术成果向国防部其他联邦机构的顺利转移①。ACO 办公室是一个重要的沟通渠道，它向项目经理提供了军事领域的需求信息，并向各军兵种告知 DARPA 正在进行的、可能会令军方工作更加有效的项目进展和成果。有时，ACO 会帮助项目经理直接与军兵种部门合作，使他们的想法适应军方实际需要，将一个伟大的设想变成一项实用的装备。

1.5 DARPA 创新的禀赋

在美国国会探讨如何通过研发投资刺激创新能力时，经常将 DARPA 模式作为重要参考。DARPA 特殊的组织形式允许其在美国国防部及整个联邦政府中以一种独有的方式运作，构成了该机构在颠覆性技术开发领域的创新禀赋。

DARPA 第一个显著特点便是自主性，体现了 DARPA 具有较高的自治权。DARPA 隶属于美国国防部，接受国防部的领导和监督；但同时，国防部并不过多干涉 DARPA 的具体运作，而是给予该机构在项目选择权限上的高度自主。因为国防部深知，如果使用已知的方法和途径来实现某一渐进式创新目标时，那么这就不是 DARPA 应该去从事的工作②。在遵循美国国家战略、国防部战略和 DARPA 自身发展战略的前提下，各技术类办公室在项目主题和承包商选择方面拥有高度的自主权，这种传统从艾森豪威尔时代起便没有太大变化。

DARPA 第二个显著特点是扁平化。从管理层级角度来看，该机构仅包含局长、技术类办公室主任和项目经理三个层级。扁平化的组织特征使 DARPA

---

① "Key Factors Drive Transition of Technologies, but Better Training and Data Dissemination Can Increase Success," U. S. Government Accountability Office, November 18, 2015, https://www.gao.gov/products/gao-16-5, pp. 21.

② William B Bonvillian, Richard Van Atta and Patrick Windham, The DARPA Model for Transformative Technologies (OpenBook Publishers, 2019), pp. 16.

可以随着旧问题的解决和新问题的涌现而迅速改变工作重点，在将决策权下放至项目经理的同时避免了层层审批的官僚主义，为技术专家参与科研项目管理提供了有力保障。此外，扁平化组织方式还有助于 DARPA 塑造勇于挑战、不畏风险的组织文化。颠覆性技术开发需要对失败有一定的接受度，而逐层汇报、集体决策在本质上是追求稳健的体现，有悖于 DARPA 追求高风险、高回报技术的初衷。对于项目经理们来说，扁平化组织结构让他们摆脱了繁文缛节的过程约束，可以将全部精力投入到有限任期内的技术冒险之中。

DARPA 第三个显著特点是"小而灵活"。无论是成立之初由于太空探索项目移交而失去大量核心人员之时，还是深陷越南战争泥沼迷茫中寻找方向之际，凭借着这一特点，DARPA 总是能在需要组织变革的关键时期迅速做出抉择。各技术办公室能够在前沿技术发展潮流中迅速设立、合并和撤销，也得益于 DARPA "小而灵活"的机构特点。此外，多年以来 DARPA 人员规模一直保持在 200 人左右，却依靠百余名项目经理管理着超过 30 亿美元的年度研发经费，也充分显示出了该机构"小而精"的组织特色[①]。

---

① 对比美国国内另外两大研发资助机构——自然科学基金会（NSF）和国立卫生研究院（NIH），DARPA 在人均经费管理效率方面的优势极为明显。

FRONTIER TECHNOLOGY
INNOVATION MANAGEMENT OF
DARPA

第2章
DARPA的创新生态

美国国会研究服务处（Congressional Research Service，CRS）研究指出："加强与更大范围的创新生态之间的紧密联系，是 DARPA 成功的一个重要因素"[1]。众多研究表明，DARPA 的成功离不开美国社会、联邦政府和国防部所创造的创新生态[2]。该创新生态涉及美国的经济实力、科技水平和创新文化等诸多方面，包含国家科技政策、管理理念及制度法规等多种因素，且随着时代发展不断演化。作为联邦政府机构中的一员，DARPA 直接受益于该创新生态，同时也不断以自身实践改造着这一生态。从法律层面上讲，DARPA 并不是一个特殊的存在，没有人们想象中的特权。作为国防部下设机构，它严格遵守国家和国防部的法规要求，在承包商选择、合同管理、经费使用等方面均按照统一要求进行；但 DARPA 并不墨守成规，而是根据创新需要不断推动创新生态的改善，如 DARPA 独有的项目经理制度就是其促进创新生态改善的典型举措之一。

DARPA 的创新生态及其与该生态的互动，是我们学习和借鉴 DARPA 需要特别关注的地方。在前言中，我们已经提出了这样一些问题：为什么 DARPA 奇迹没有发生在其他国家？为什么许多国家力图复制 DARPA 而不能成功？回答这些问题，都需要考察 DARPA 所处的创新生态。后续章节介绍 DARPA 项目管理、预算管理、合同与经费管理等部分时，都会涉及美国国家和国防部的通用要求。为避免各章重复表述，本章对 DARPA 的创新生态进行集中描述，也便于读者对美国国防科技管理的总体情况有所了解。鉴于该创新生态包含要素众多，受研究范围所限，本书仅选取法规体系、资源分配系统、合同类型、技术转移机制、资助方式和管理手段等与 DARPA 前沿创新探索最直接相关的部分因素进行简要论述，诸如经济、文化、人才与教育等其他国家

---

[1] "Defense Advanced Research Projects Agency: Overview and Issues for Congress," updated August 19, 2021, https://crsreports.congress.gov/product/details?prodcode=R45088, pp. 6.

[2] William B. Bonvillian, Richard Van Atta and Patrick Windham, The DARPA Model for Transformative Technologies (OpenBook Publishers, 2019), pp. 328–343.

创新系统因素，读者可自行参阅相关文献①。

2.1 健全完善的法规体系

健全的法制是发达国家成功的重要因素②。美国社会在军事、民事和科技等领域完备的法律体系为各组织机构有效运转提供了坚实基础，构成了社会有序运作的良好基石。作为国防部下属负责前沿技术创新的管理机构，DARPA同样运转在这一完备的法律体系框架之内，从各项法规的保护和指导中受益；同时，DARPA也在该法律体系内不断尝试管理创新，为履行其使命职责不懈努力。

美国政府采办制度是国家预算中公共支出管理的重要手段，政府部门的公共支出基本上都按照政府采办形式进行。其中，国防采办业务在联邦政府采办规模中占据较大比重。联邦政府采办法规体系主要包括三个层次：一是法律对政府采办行为的规范，包括《武装部队采办法案》《合同竞争法案》③ 等500余部；二是联邦政府根据联邦法律对采办行为的规范。美国没有专门的政府采办法律，有关政府采办的规定分散在众多法律之中，很难具体操作。联邦政府将采办规定加以综合和细化，形成了一部集所有相关条例于一体的《联邦采办条例》（FAR）④；三是联邦政府有关部门根据联邦法律和联邦政府规定对采

---

① 有关国家创新理论和国家创新系统的概念介绍，可参见英国学者 Freeman 和瑞典学者 Lundvall 的著作：Christopher Freeman, Technology Policy and Economic Performance: Lessons from Japan (London: Pinter, 1987); Bengt-Ake Lundvall, National Systems of Innovation: Towards a Theory of Innovation and Interaction Learning (London: Pinter, 1992)。

② 约瑟夫·斯蒂格利茨：《全球化逆潮》，李杨、唐克、章添香译，机械工业出版社，2019，第11页。

③ "Competition in Contracting Act of 1984," https://www.congress.gov/bill/98th-congress/house-bill/5184.

④ "Federal Acquisition Regulation," https://www.acquisition.gov/browse/index/far.

办行为的规范，包括国防部以指令（Department of Defense Directive，DoDD）和指示（Department of Defense Instructive，DoDI）形式颁布的相关采办法规，如 DoDD 5000.01《国防采办系统》、DoDI 5000.02《自适应采办框架的运行》和 DoDD 7045.14《规划计划预算执行（Planning，Programming，Budgeting and Execution，PPBE）过程》；国防部各业务局依照其职责授权所发布的规定，如国防合同管理局（Defense Contract Management Agency，DCMA）《授予、协议和其他交易》（DCMA-INST-137）。此外，国防部和各业务局还颁发了相关工作指南以指导具体工作的开展，如《系统工程指南》《DARPA 广泛机构公告和研究公告指南》等。上述法规建立了集中采办制度，形成了一套完整的政府采办制度体系，为相关工作提供了明确的法律规范和切合实际的操作方法。

2.1.1 明确的职责范围

政府部门每个机构都由一个相应的法规文件定义其职责。美国国防部以指令形式对各副部长及下属机构的定位、职责、工作范围、关联关系进行了明确规定，并通过指示、手册、指令型备忘录等文件对各机构工作流程予以了详细说明[1]。例如，国防部指令 DoDD 5118.07 对常务副部长的权责进行了明确定义[2]，DoDD 5134.10 对 DARPA 使命、职责及其在国防部中的工作关系进行了清晰阐述[3]。在上述指令约束下，联邦政府各机构和人员权责分明，工作关系清晰，行政系统运转得到了良好保障。

---

[1] 国防部指令主要定义人员和机构职责，指示、手册等文件逐层细化，对国防部及其业务局的工作予以了具体规定和指导。有关国防部文件类型，参见"Overview of DoD Issuances," https://pavilion.dinfos.edu/Article/Article/2473610/overview-of-dod-issuances/。

[2] "Principal Deputy Under Secretary of Defense.（Comptroller）（PDUSD（C）），" August 18, 2010, https://www.esd.whs.mil/Portals/54/Documents/DD/issuances/dodd/511807p.pdf.

[3] " Defense Advanced Research Projects Agency（DARPA），" Department of Defense, May 7, 2013, https://www.esd.whs.mil/Portals/54/Documents/DD/issuances/dodd/513410p.pdf.

2.1.2 一致配套的规则要求

美国法律法规体系的各项规定在纵向上按照效力等级逐层分解细化，不同层级法规保持连贯一致；横向上围绕完整业务链条完全覆盖，各业务环节做到有法可依。此外，《美国法典》《美国联邦法规》等法律根据涉及领域划分为不同主题进行编纂，不仅便于查阅，更有效避免了规定的冲突和重复。比如，《美国法典》对国防采办系统、独立成本评估和分析、合同类型、简化采办程序、规划和招标等各类采办活动进行了原则性规定[1]，《美国联邦法规》则针对上述主题提出了更加具体和富有操作性的要求[2]。作为政府采办规定综合性汇编，《联邦采办条例》（FAR）对采办规划、利益冲突、承包商资质、合同类型、小企业项目、合同成本原则和程序等进行了明确详尽的规定；基于FAR要求并结合国防采办业务特点，《国防联邦采办补充条例》（Defense Federal Acquisition Regulation Supplement，DFARS）进一步对上述要求进行了补充[3]。在横向构成上，FAR、DFARS、国防部5000及7000系列指令等条文对需求规划、研究开发、试验鉴定、采办验收等各阶段采办管理进行了协同规定。上述规定指向明确，层次分明，构成了协调统一的法规体系，提供了一致配套的规则要求。

2.1.3 高效顺畅的工作程序

按照层级自上至下，美国法律提供了从原则框架到具体实施逐层细化的法

---

[1] 参见美国法典（USC）第10部"武装力量"和第41部"公共合同"内容。
[2] 参见美国联邦法规（CFR）第32部"国防"和第41部"公共合同和财产管理"。
[3] 国防联邦采办补充条例（DFARS）是国防部监管机构对联邦采办条例（FAR）的正式补充。参见"Defense Federal Acquisition Regulations Supplement（DFARS），" updated July 30, 2021, https://acqnotes.com/acqnote/careerfields/defense-federal-acquisition-regulations-supplement 和 "Defense Federal Acquisition Regulations Supplement（DFARS），" https://www.acquisition.gov/dfars。

规要求，并辅以指南、表单和模板等形式指导具体操作，保证了各项工作能够顺畅进行。以合同管理为例，在政府层面，FAR 对合同成本计算方式、承包商绩效、合同更改、合同质量保证等工作进行了明确规定①。其中，FAR 第 15 部规定了合同谈判工作的管理政策和程序，涉及承包商选择、招标、定价及申诉等内容；FAR 第 35 部进一步面向研发合同管理进行了补充规定。在国防部层面，《国防联邦采办补充条例》（DFARS）对承包商业务系统、材料管理和会计制度、技术代表的使用提出了附加要求②。针对合同成本和价格谈判，国防部颁发了 5000.02、5000.73 等系列文件予以规定③，其下属机构国防合同管理局（DCMA）也对成本会计准则建立、间接成本费率选用、承包商业务系统批准等进行了详细要求④。此外，《国防部成本估算指南》还为合同成本评估中数据采集、估算方法和分析比较等工作提供了表单参考⑤。上述法律条款纵向不断细化，为采办工作各环节提供了准确连贯的要求，确保了工作高效开展。

2.1.4 公平竞争的要求和环境

完全和充分的竞争能够有效降低政府成本，提高采办效率和效益。1984 年《合同竞争法案》的颁布使美国确立了政府采办完全公开竞争的原则，该法案规定采办机构在授予各种类型政府合同时都应选用最适合的竞争性程序，以保证充分和公开的竞争。《美国法典》明确规定，除有限特例情况外，合同

---

① "FAR Subchapter G Contract Management," https://www.acquisition.gov/browse/index/far.
② 参见 DFARS Subpart 242.70、242.72、242.74 等章节，"Defense Federal Acquisition Regulations Supplement (DFARS)," https://www.acquisition.gov/dfars。
③ "Operation of the Adaptive Acquisition Framework," January 23, 2020, https://www.esd.whs.mil/Portals/54/Documents/DD/issuances/dodi/500002p.PDF 和 "Cost Analysis Guidance and Procedures," March 13, 2020, https://irp.fas.org/doddir/dod/i5000_73.pdf。
④ 参见国防合同管理局 DCMA INST 108、INST 125 和 INST 131 指示文件。
⑤ "DOD Cost Estimating Guide," January 2022, https://www.dau.edu/sites/default/files/Migrated/CopDocuments/。

官员需要在招标和合同授予中提供和促进充分、公开的竞争，并选择适当的竞争程序来满足政府需求①。在联邦政府层面，《联邦采办条例》提出了相同的要求，并对密封投标、竞争性提案等程序的使用作出了详细规定②。在未规定充分和公开竞争的情况下，合同官员需要向尽可能多的潜在承包商征求报价③。当出于单一来源采购、紧急情况、国家安全等原因需要豁免上述要求时，合同官员必须以书面形式证明豁免的合理性；根据拟授予合同金额的不同，豁免需要得到不同高等级官员的批准，并将相关信息在合同授予后一定期限内向公众公开④。在《联邦采办条例》规定基础上，《国防联邦采办补充条例》对涉及原型样机后续生产等所需的竞争环境提出了补充要求⑤。完全公开竞争原则的确立是美国政府管理理念的体现，依据不同采办项目金额分层管理的方式，在节约政府成本的同时提高了采办效率和效益。上述法律法规为不同性质的承包商参与国防采办业务提供了同等竞争地位，有效促进了美国国防事务的高效开展。

2.2 规范有序的资源分配系统

DARPA 每年都会按国防部统一程序向国会提交财年预算，该预算单独成册，并作为总统预算的一部分接受国会审议。这一统一程序便是美国国防部的

---

① 参见 10 U.S.C. 3201 和 41 U.S.C. 3301 条款。
② 参见 FAR 6.102 条款："Use of Competitive Procedures," https://www.acquisition.gov/far/part-6.
③ 参见 FAR Subpart 6.3 部分："Other than Full and Open Competition," https://www.acquisition.gov/far/part-6。
④ 参见 FAR 6.302-6.305 条款："Circumstances permitting other than full and open competition," https://www.acquisition.gov/far/part-6. "Justifications," https://www.acquisition.gov/far/part-6. "Approval of the justification," https://www.acquisition.gov/far/part-6. "Availability of the justification," https://www.acquisition.gov/far/part-6。
⑤ DFARS Part 206: "Competition Requirements," https://www.acquisition.gov/dfars/part-206-competition-requirements.

资源分配系统——规划计划预算执行（Planning, Programming, Budgeting and Execution, PPBE）①。作为一项重要工具，PPBE 系统是美国国防部四年规划循环内的年度资源分配过程②，为国防部基于战略目标确定资源投量投向提供了基本架构，其最终目标是在财政限制范围内为作战指挥官提供最佳军力、装备和支持活动组合③。PPBE 系统历经 60 余年发展，已成为美国国防系统运转的重要基础，为各国防部机构有序工作制定了基本流程，并以其循环迭代机制为 DARPA 项目管理提供了持续滚动运行的基本架构。

PPBE 是国防部三大决策支持系统之一，国防部利用这三大系统进行资源分配和国防采办管理。这三大系统统称为"大 A"采办④。图 2-1 展示了三大系统的衔接关系。其中，联合能力集成与开发系统（Joint Capabilities Integration and Development System, JCIDS）用于国防部确定军事任务所需的能力，其产出为各项目研制要求⑤；PPBE 用于将战略指导转化为资源分配决策，最终生成经费预算需求；国防采办系统（Defense Acquisition System，DAS）有时也被

---

① PPBE（Planning, Programming, Budgeting and Execution），是四个相对独立、又相互联系的管理阶段。Planning 阶段主要将国家战略转化为项目生成指南，这一阶段并没有明确投资的重点方向或项目；Programming 阶段主要生成项目并进行优先级排序，同时安排经费；Budgeting 阶段主要生成报国会的总统预算请求，其内容和形式与我们的"年度计划"相似；Execution 阶段侧重于实施项目评估和预算调整。国内通常将 PPBE 译为"规划-计划-预算-执行"。由于决策机制和管理模式的不同，这一翻译显然不能准确表达其含义。比如，国内通常是"5 年规划，1 年计划"，PPBE 中的"Planning""Programming"含义与此却相差甚远。国内有的文献将 Programming 直译为"立项"，也不准确。由于作者暂时没有找到更好的翻译形式，且"规划、计划、预算与执行"名称翻译已被广泛采用，本书继续沿用这一表述方法。

② "The Planning, Programming, Budgeting, and Execution (PPBE) Process," August 29, 2017, https://www.esd.whs.mil/Portals/54/Documents/DD/issuances/dodd/704514p.pdf.

③ "Department of Defense Financial Management Regulation (DoD FMR)," https://comptroller.defense.gov/FMR/.

④ "Defense Acquisitions: How DOD Acquires Weapon Systems and Recent Efforts to Reform the Process," Congressional Research Service, updated May 23, 2014, https://crsreports.congress.gov/product/pdf/RL/RL34026.

⑤ "JCIDS Manual," August 31, 2018, https://www.acq.osd.mil/jrac/docs/2018-JCIDS.pdf.

称为"小 A"采办,用于管理产品和服务的开发与采购过程①。

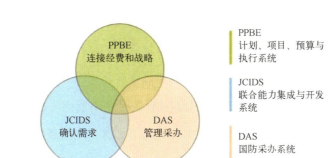

图 2-1　美国国防部决策支持系统②

2.2.1　历史演进

PPBE 系统的建立可以追溯到肯尼迪政府时代。1958 年《国防部改组法案》生效后,国防部长获得了决定作战司令部力量结构、监督国防部所有研究和工程活动以及对作战职能进行转移、再分配、废除和整合的权力。但此时,各军种实质上仍是独立的实体,对于预算的制定享有绝对自主权。他们都试图获得更高的国防预算份额,有时甚至会以战备和实际作战能力为借口试图维持自身部队的总体规模。这种情况下,国防预算事实上成为了政府预设的、在经济和政治上均可行的强制上限,并非依据战略、军事需求和武器系统所做出的决定,且远未实现其应该发挥的关键政策功能,仅仅是三军在不同账目之

---

① 有关美国国防部决策支持系统更多信息,可参见:"The Defense Acquisition System," September 9, 2020, https://www.esd.whs.mil/Portals/54/Documents/DD/issuances/dodd/500001p.pdf. "Operation of the Adaptive Acquisition Framework," January 23, 2020, https://www.esd.whs.mil/Portals/54/Documents/DD/issuances/dodi/500002p.PDF. "Defense Acquisition Guidebook," https://www.dau.edu/cop/navaltest/resources/defense-acquisition-guidebook。

② "DOD Planning, Programming, Budgeting, and Execution (PPBE): Overview and Selected Issues for Congress," July 11, 2022, https://crsreports.congress.gov/product/pdf/R/R47178, pp. 6.

间分配资金的记录本和抑制国防支出的粗钝工具①。国防部在管理理念和技术上的落后,导致国防部长在国防项目制定方面统管手段不足、国防预算专业能力不够、预算缺乏统一规划、各军种研发项目重复和重叠、缺乏对需求充足性的量化标准和成本评估有效方法、需求规划过程缺乏国防部全职参谋人员参与等情况出现②;这一背景下,能够将规划限制在财政约束内、迫使预算遵循规划而不是驱动规划的新式管理工具的出现成为了必然。该工具能够根据对组织目标的贡献进行资源分配,帮助国防部比较和评价具有相同目标替代方案的成本效益,使政府可以提前规划和确定支出优先次序,并便于核算全部政府活动成本。

1961年,当麦克纳马拉(McNamara)出任美国国防部长后情况开始改观③。当时,麦克纳马拉发现国防部可用的管理信息和控制系统无法有效发挥和履行国防资源分配职责,割裂的预算制定方式造成国防政策与预算流程严重脱节④。于是,在时任国防部总审计长查尔斯·希奇的帮助下⑤,麦克纳马拉借鉴私营公司现代化管理实践经验,引入了规划、计划与预算系统(Planning,

---

① Alain C. Enthoven and K. Wayne Smith, "How Much Is Enough? Shaping the Defense Program, 1961-1969," (Rand Corporation, 2005), pp. 11.

② Alain C. Enthoven and K. Wayne Smith, "How Much Is Enough? Shaping the Defense Program, 1961-1969," (Rand Corporation, 2005), pp. 9-28.

③ 罗伯特·斯特兰奇·麦克纳马拉(Robert Strange McNamara, 1916—2009),美国历史上重要人物,曾任福特公司高管、美国国防部长、世界银行行长等职务。他主导了越南战争的升级,并将世界银行援助重点从发达国家转移到发展中国家。参见"Robert S. McNamara," https://history.defense.gov/Multimedia/Biographies/Article-View/Article/571271/robert-s-mcnamara/。

④ 麦克纳马拉认为有效管理国防部资源的主要问题不是缺少管理权利,而是缺乏针对国家安全关键问题制定可靠决策所需的基本管理工具。参见 Alain C. Enthoven and K. Wayne Smith, "How Much Is Enough? Shaping the Defense Program, 1961-1969," (Rand Corporation, 2005) pp. 32-33。

⑤ 查尔斯·希奇,著名经济学家,兰德公司专家,美国军费预算改革负责人,曾任职国防部部长助理和加州大学校长。由于他在 PPBS 系统建立中所起到的突出贡献,被认为是 PPBS 之父。参见 Lawrence Van Gelder, "Charles Hitch, 85, Dies; Led Turbulent U. of California," the New York Times, September 12, 1995, https://www.nytimes.com/1995/09/12/obituaries/charles-hitch-85-dies-led-turbulent-u-of-california.html。

Programming, and Budgeting System，PPBS）①。PPBS 集中体现了麦克纳马拉在国防资源分配领域所坚持的管理理念，即基于国家利益制定决策，同时考虑需求和成本，明确考虑备选方案，积极使用分析人员、多年期部队和财政规划、重大决策基于公开和明确的分析。1965 年，林登·贝恩斯·约翰逊（Lyndon Baines Johnson）总统开始在联邦政府内部推广 PPBS。然而，由于受到政府机构层级复杂、人员缺乏专业培训等因素影响，这一推广过程遇到了阻碍。1969 年，在尼克松政府期间，国防部长梅尔文·莱尔德（Melvin Laird）将 PPBS 修改为一种更加分散化的过程，并将其用于指导军事部门资源需求的制定②；此后多年，PPBS 在内部逻辑和主要构成要素保持完整的情况下不断演变，并一直由国防部副部长负责组织实施③。2003 年，美国国防部将 PPBS 更名为 PPBE，以强调"执行"工作对于国防预算使用和控制的重要作用。这种"执行"不仅是确保预算使用者及时履行国会拨款法案规定的义务，同时也包含了国防部预算使用计划与实际完成工作之间的比较分析。

2.2.2 运行流程

1. 阶段、参与者和输出结果

PPBE 系统的四个阶段相对独立，但又紧密关联。每个阶段所涉及到的主要参与者、工作内容和输出结果如下（表 2-1）：

---

① 在私营公司，项目预算管理的起源可以追溯到 20 世纪 20 年代一些主要的美国制造公司（如杜邦公司、贝尔实验室、福特汽车公司、通用汽车公司等）为改善组织效率而采取的举措。在本质上，PPBE 起到了项目预算管理的作用。参见"DoD Planning, Programming, Budgeting, and Execution (PPBE): Overview and Selected Issues for Congress Congressional Research Service，July 11，2022，https://crsreports.congress.gov/product/pdf/R/R47178,pp. 14 和 Jonathan Kraft, "The Evolution of Program Budgeting in the United States Government," Armed Forces Comptroller, 2009, pp. 40-41。

② Alain C. Enthoven and K. Wayne Smith, "How Much Is Enough? Shaping the Defense Program, 1961-1969,"（Rand Corporation, 2005），pp. xii.

③ "DOD Planning, Programming, Budgeting, and Execution (PPBE): Overview and Selected Issues for Congress," Congressional Research Service，July 11, 2022, https://crsreports.congress.gov/product/pdf/R/R47178, pp. 14.

表 2-1 PPBE 过程的内容、参与者和输出结果

阶段	内 容	主要参与者	输 出 结 果
规划	审查战略指导； 评估威胁； 评估战争游戏结论； 确认能力差距和风险	负责政策工作的国防部副部长	参联会主席项目推荐（CPR） 国防规划指南（DPG） 财政指南（FG）
计划	将规划决策转化为项目和资源需求； 考虑项目备选方案； 制定军种、人员和资金需求的五年规划	成本评估和项目评价（CAPE）主任	项目目标备忘录（POM） 资源管理决策（RMD） 未来年度国防项目（FYDP）更新
预算	审查预算合理性； 考虑资助备选方案； 准备预算提交	国防部副部长（主计长）	预算估计提案（BES） 资源管理决策（RMD） 未来年度国防项目（FYDP）更新 总统预算申请中国防部部分
执行	相对于预期绩效，对当前输出进行评估；根据需要调整资源	国防部副部长（主计长）和国防部各部门的财务经理	评估结果[①] 重新规划项目和资金调整（包括与国会的互动）

[①] 用于国防部各部门以及国防部长办公厅的内部评估。

（1）规划（Planning）：该阶段是根据国家战略需求制定规划的过程。在规划阶段，负责政策工作的国防部副部长会评估各类战略指导（如总统提出的《国家安全战略》、国防部长提出的《国防战略》和参谋长联席会议主席提出的《国家军事战略》等文件）[①]，综合考虑国防政策、面临的潜在威胁、军队结构、战备状态等因素后制定国防规划指南（Defense Planning Guide，DPG），确定计划阶段所需的军队发展优先工作事项。在这一阶段，国防部会提供财政指南（Fiscal Guidance，FG）文件[②]，详细展示各部门预期资金情况。除了发布国家军事战略之外，参谋长联席会议主席会向国防部长提供"主席项目推荐"（Chairman's Program Recommendations，CPR）[③]。该推荐部分基于

[①] Kathleen J. McInnis, "The 2017 National Security Strategy: Issues for Congress," December 19, 2017, https://crsreports.congress.gov/product/details?prodcode=IN10842. 和 Kathleen J. McInnis, "The 2018 National Defense Strategy," February 5, 2018, https://crsreports.congress.gov/product/pdf/IN/IN10855.

[②] 财政指南（Fiscal Guidance）是总统管理和预算办公室（OMB）以及国防部长发布的年度财政指南。它规定了国防部各部门在制定年度预算时以及国防部长办公室和联合参谋部在审查拟议项目时必须遵守的财政限制。

[③] 参谋长联席会议主席项目推荐反映了参谋长联席会议认定的优先项目。

联合需求监督委员会进行的能力差距评估做出，是参联会主席对 DPG 文件的直接输入，反映了参联会主席在计划优先级上的军事建议。在此基础上，负责政策工作的国防部副部长会起草国防规划指南，该指南包含了对国防部各部门投资事项和撤资事项的指导，以形成各部门的项目目标备忘录（Program Objective Memorandum，POM）①。

（2）计划（Programming）：该阶段是基于资源分配决策对未来军力发展的影响分析确立项目的过程。在计划阶段，规划阶段的决策结果（如国防规划指南）会转化为详细的资源需求。成本评估和项目评价（Cost Assessment and Program Evaluation，CAPE）主任将审查国防部各部门制定的 POM，预测未来五年内各类资源的总体需求，并更新未来年度国防项目（Future Years Defense Program，FYDP）②。FYDP 则是 PPBE 各项活动的核心，并使整个 PPBE 过程滚动起来。在各部门提交 POM 后，参联会主席会向国防部长提交一份独立的评估报告，旨在为项目评估提供信息。为了裁决审查期间项目和预算的分歧，国防部副部长可以召集管理行动小组会议进行协调。根据项目审查结果，国防部长指示各部门制定资源管理决策（Resource Management Decision，RMD）③。

（3）预算（Budgeting）：该阶段是形成预算文件的过程，输出物是总统向国会提出的预算申请中国防部的部分。在预算阶段，国防部主计长审查国防部各部门编制的预算估计提案（Budget Estimate Submission，BES）④。BES 涵盖了 POM 文件中第一年的内容，并对 FYDP 进行了调整。预算阶段由国防部主

---

① 项目目标备忘录描述了制定部门在 5 年内关于部队、人员和资金等资源需求，以及未来年度国防项目数据库中依照重要性对项目排序做出的调整。

② 未来年度国防项目是与国防部行动有关的部队、资源和项目年度汇编摘要，通常在 PPBE 计划阶段完成，并在预算阶段更新，反映了国防部提出的最终供资决定。参见"Defense Primer: Future Years Defense Program (FYDP)," updated November 22, 2024, http://crsreports.congress.gov/product/pdf/IF/IF 10831。

③ 资源管理决策是国防部在计划阶段的决策文件。根据国防采办大学（DAU）定义，国防部在 RMD 中发布有关项目和预算的决策。有两种类型的 RMD：①11 月初发布的计划型 RMD，反映了 PPBE 计划阶段所作的决定；②11 月底或 12 月初发布的预算型 RMD，反映了 PPBE 预算阶段所做的决定。

④ 预算估计提案是国防部各部门向国防部长办公室提交的预算报告。

计长主导，根据来自管理和预算办公室（Office of Management and Budget，OMB）的指导意见，主计长审查预算年度内执行的可行性。在这一阶段，主计长分析人员与各部门分析人员协作，使各部门预算申请与总体国防预算保持一致。根据预算审查结果，国防部长会指示各部门对资源管理决策（RMD）进行更改①。预算阶段的输出通常在12月份提交给OMB，并在第二年2月纳入总统年度预算提交国会审议。

（4）执行（Execution）：在这一阶段，国防部长办公室和各部门会进行资源调整，在得到国会预先批准的情况下对项目进行重新规划。部长办公室和各部门会对项目进展及优先级、成果和经费支出进行评估，根据结果评价项目目标达成情况；同时，与参谋长联席会议主席和联合参谋部合作，对这些评估结果进行审核，并提出修改建议。如果现有项目的绩效目标没有得到满足，评估过程可能会提出资源调整或项目重组建议，以实现期望的绩效目标。

2. 时间线

PPBE系统是一个日历驱动、年度滚动的过程，旨在提出年度总统预算请求中国防部的经费需求。在该流程中，四个阶段以一定的顺序和时间限制被严格执行。图2-2展示了给定财年循环下一个典型日历年中PPBE系统的关键日历驱动事件、流程和输出。图2-2中，PPBE的参与者分别为联合参谋部、国防部、军兵种和业务局。

同时，PPBE也是一个长期规划过程，比如规划阶段可以先于预算执行年份超过两年时间。如图2-3所示，2022财年预算请求的初步规划始于2019年初。同时，该图还显示了在任何给定月份，PPBE的各个阶段如何在不同的财

---

① 此处专指预算阶段资源管理决策，与计划阶段资源管理决策不同。两者都是国防部长办公室的决策成果文件。在预算和计划两阶段分开进行的时候，前者称为项目预算决策（Program Budget Decisions，PBD），后者则称为项目决策备忘录（Program Decision Memorandum，PDM）。

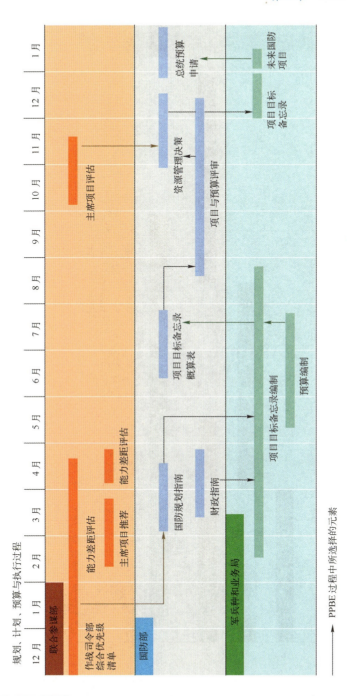

图 2-2 年度 PPBE 流程中的日历驱动事件①

---

① "DOD Planning, Programming, Budgeting, and Execution (PPBE): Overview and Selected Issues for Congress," July 11, 2022, https://crsreports.congress.gov/product/pdf/R/R47178, pp. 11.

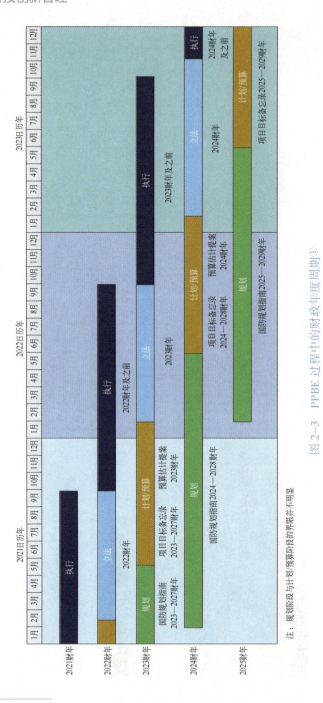

图 2-3 PPBE 过程中的财政年度周期①

① "DOD Planning, Programming, Budgeting, and Execution (PPBE): Overview and Selected Issues for Congress," July 11, 2022, https://crsreports.congress.gov/product/pdf/R/R47178, pp. 12.

政年度周期内同时发生。比如，在 2022 年 6 月，美国国防部正在执行 2022 财年的资金拨款（以及上一年的资金，因为有些项目拨款周期不止一年），同时也在进行 2023—2025 财年 PPBE 不同阶段的工作。

3. 未来年度国防项目

未来年度国防项目（FYDP）是对支持国防部行动所需的军力、资源和项目预测，该文件每年编制，并通常在 PPBE 计划阶段完成。国防部在预算阶段更新该预测，以在年度总统预算申请中反映其最终的资源需求[①]。FYDP 反映了国防部多年期重大战略资源的计划分配，将国防部项目的内部审查结构与国会资源审查结构进行了有效关联。作为规划工具，FYDP 允许国防部和各军事部门为项目或优先事项的预期更改进行规划，如经费从研发项目向重大国防采办项目转移、将多个项目资金分配给更高优先级项目等（图 2-4）。

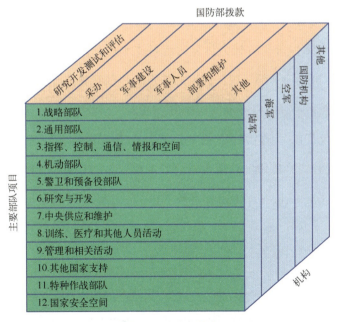

图 2-4　FYDP 结构

---

① "Defense Primer: Future Years Defense Program（FYDP），" updated December 23, 2022, https://www.everycrsreport.com/files/2022-12-23_IF10831_b16aaae51fc16af3845154b5b31a3587d4ace495.pdf.

《国防部财务管理条例》（DoD FMR）将 FYDP 描述为"PPBE 循环内记录和显示资源决策的一系列报告"①。FYDP 数据存储在一个关系型数据库中，授权用户可以在国防部机密网络上通过基于 Web 的应用程序输入、更新和查看与自身业务相关的 FYDP 部分内容。FYDP 的结构允许用户从机构（军种或业务局）、主要部队项目（Major Force Program，MFP）和拨款类型三个维度审查国防部规划和项目，每个主要部队项目均使用唯一的项目单元代码反映国防部各机构提交的资源分配要求②。

2.2.3 改革发展

当前的 PPBE 过程是各种历史法规、制度和实践经验等影响因素共同作用下的产物。事实上，早在 PPBE 系统制定之初，美国国会便一直对其在资源分配上的成效予以重点关注。近年来，随着高超声速武器、人工智能和第五代移动通信技术（5G）等军方较为热衷的新兴技术在开发时效性上的要求愈发提高，PPBE 再次成为了部分议员讨论的焦点。一些观察人士警告称，国防部的预算程序可能不足以维持美国的竞争力，PPBE 过程代表了"工业时代"的过时做法，仅仅反映了通常耗资数十亿美元、需要数年才能完成的大型项目（如航空母舰和战略轰炸机）所遵循的研发模式③。2019 年，国防创新委员会（Defense Innovation Board，DIB）宣称，PPBE 过程"限制了迅速调整系统以

---

① "Financial Management Regulation," Under Secretary of Defense (Comptroller), https://comptroller.defense.gov/FMR/.

② 主要部队项目（MFP）是实现国防部目标和计划所需资源的集合。当前，FYDP 共包含 12 个 MFP。参见 "Defense Primer: Future Years Defense Program (FYDP)," updated December 23, 2022, https://www.everycrsreport.com/files/2022-12-23_IF10831_b16aaae51fc16af3845154b5b31a3587d4ace495.pdf。

③ "DOD Planning, Programming, Budgeting, and Execution (PPBE): Overview and Selected Issues for Congress," July 11, 2022, https://crsreports.congress.gov/product/pdf/R/R47178, pp. 17–18.

应对快速变化威胁的能力,并增加了及时有效地整合数字技术进步方面的障碍①"。谷歌前首席执行官,曾担任国家安全委员会人工智能分会联合主席的艾瑞克·施密特(Eric Schmidt)认为,国防部过时的预算编制流程"为新技术制造了一个死亡之谷,允许基础研究资助和武器系统采购,但阻止了对类似于人工智能这一类新概念和技术在原型设计和实验方面所需的灵活投资"②。

就优点而言,支持者认为PPBE是一个具备深思熟虑、专业性、逻辑性、一致性和前瞻性的过程。该基于日历驱动的过程直接反映了美国国防战略的经费需求,为军事领导人提供了对国防项目进行定期审查和决策的机会;就缺点而言,批评者宣称PPBE过程缓慢、僵化、复杂、过时和孤立,对于以软件或快速发展的信息技术需求为特征的项目反应不够敏捷③,阻碍了国防部在早期投资新武器系统时权衡相对成本、效益和风险的能力④。某些情况下,稳定的流程无法跟上环境的快速变化⑤。

鉴于近年来针对PPBE改革的呼声愈发强烈,美国国会于2022年成立了PPBE改革委员会。该委员会基于2022财年国防授权法案成立,由14名在国防预算、采办和创新生态系统等方面拥有丰富经验的委员构成,其工作重点是寻找改进PPBE流程的方法,以增强美国对抗战略竞争对手的能力。PPBE改革委员会的主要工作包含:①对PPBE各阶段效率和效果进行全面评估;②对

---

① "Software Is Never Done: Refactoring the Acquisition Code for Competitive Advantage," Defense Innovation Board, March 21, 2019, https://media.defense.gov/2019/Mar/26/2002105909/-1/-1/0/SWAP. REPORT_MAIN. BODY. 3. 21. 19. PDF.

② "Emerging Technologies and Their Impact on National Security," February 23, 2021, https://www.govinfo.gov/content/pkg/CHRG-117shrg46695/html/CHRG-117shrg46695.htm.

③ "DOD Planning, Programming, Budgeting, and Execution (PPBE): Overview and Selected Issues for Congress," July 11, 2022, https://crsreports.congress.gov/product/pdf/R/R47178, pp. 27.

④ "Best Practices: An Integrated Portfolio Management Approach to Weapon System Investments Could Improve DOD's Acquisition Outcomes," U.S. Government Accountability Office, March 30, 2007, https://www.gao.gov/products/gao-07-388, pp. 20.

⑤ Philip J. Candreva, "National Defense Budgeting and Financial Management: Policy and Practice," Information Age Publishing, 2017, https://content.infoagepub.com/files/fm/p590e43aabbeb4/9781681238722_FM. pdf, pp. 20.

国防部财务管理制度进行审查;③将 PPBE 流程与私营企业、其他联邦机构和国家类似流程进行比较分析;④审查美国国家竞争对手的预算编制方法和战略,以了解其在应对当前和未来威胁时是否具备竞争优势;⑤提出 PPBE 改进建议,促进该系统效率提升。通过与美国国会、国防部、工业界、学术界等相关人员数百次访谈和多次研讨,并基于澳大利亚、英国和俄罗斯等国在国防资源分配方式上的全面比较,改革委员会发现 PPBE 过程在关键项目预算确认、预算决策信息分析、确定国防优先事项等方面发挥了关键作用,这些优点需要在 PPBE 改革过程中予以保留[①];但同时,PPBE 需要在改善预算与战略一致性、促进创新和适应能力、加强国防部与国会关系、加速业务系统与数据分析现代化进程、加强人力资源队伍能力五大关键领域进行完善[②]。尤其在促进创新与适应性方面,由于各阶段过于耗时、预算结构过于刚性、系统固有的层级属性等因素存在,当前 PPBE 过程限制了其在及时应对威胁变化、突发事件及吸纳新兴技术等方面的能力。虽然国防部高层领导可以通过后期干预将资金投放到高优先级项目和新需求上,国会也已经建立执行阶段进行项目重新规划的程序,但这一程序通常耗时超过 6 个月,且高层关注在 8000 亿美元年度预算使用及数百个项目监管过程中起到的作用非常有限,不足以彻底解决上述问题[③]。

  2024 年 3 月,PPBE 改革委员会发布了题为《面向未来的国防资源》最终调查报告,明确提出"虽然多年来 PPBE 系统有力支持了美国国家安全,但随着安全环境迅速变化,该系统已无法迅速、有效地做出反应,来支持作战人员需要"。在出现具有全球影响力和先进技术的大型战略竞争对手和全球技术创新步伐持续加快的背景下,如果不在资源分配方面进行改革,特别是在 PPBE

---

① "Commission on Planning, Programming, Budgeting and Execution Reform Interim Report," August 2023, https://www.dau.edu/blogs/interim-report-commission-ppbe-reform, pp. 15.
② 同上,第 16 页。
③ "Commission on Planning, Programming, Budgeting and Execution Reform Interim Report," August 2023, https://www.dau.edu/blogs/interim-report-commission-ppbe-reform, pp. 25-26.

执行阶段，美国将担负失去更多已经在减弱的技术优势的风险①。在报告中，PPBE 改革委员会提出建立一个新的国防资源系统（Defense Resourcing System，DRS）来取代现有 PPBE 流程，该系统基于 PPBE 系统诸多优点建立，同时摒弃 PPBE 各种弊端；通过创建更加灵活、敏捷的执行过程和保留国会监督，DRS 从根本上加强了战略和资源分配之间的联系②。

不同于 PPBE 系统四个阶段划分，DRS 包含三个阶段：战略、资源分配和执行。战略阶段采用分析方法确定预算的优先事项和方向，为关键预算决策提供总体指导；资源分配阶段是最重要的流程更改部分，该阶段进一步分为指导、构建和决策三个过程；执行阶段不仅涉及国会授权和拨款分配，还将建立一个反馈循环以评估总体财政、项目和运营绩效，以及上述工作同战略和规划目标的一致性③。为推进现有 PPBE 系统改革进程，改革委员会围绕五大关键领域提出了 28 条改进建议（表 2-2）。

表 2-2　PPBE 改革举措④

改革重点	主要改进举措
改善预算与战略一致性	（1）使用新的国防资源系统取代 PPBE 流程； （2）加强国防资源指导； （3）建立持续的规划和分析； （4）改变预算结构； （5）合并研究、开发、测试和评估（RDT&E）预算活动

---

① "Defense Resourcing for the Future," Commission on Planning, Programming, Budgeting and Execution Reform, March 2024, https://budget.house.gov/press-release/ppbe-commission-releases-final-report-defense-resourcing-for-the-future, pp. 1.

② "Defense Resourcing for the Future," Commission on Planning, Programming, Budgeting and Execution Reform, March 2024, https://budget.house.gov/press-release/ppbe-commission-releases-final-report-defense-resourcing-for-the-future, pp. 4.

③ 对于 PPBE 的改革，美国政界存在两种意见：一种是利用现有 PPBE 框架通过修改局部要求或以向国会提交修正案、补充申请的形式增加年度预算的灵活性，并重新进行项目规划和资金分配来对新出现的优先事项做出及时响应；另一种是对 PPBE 进行实质性的改革。从 PPBE 改革委员会目前的做法来看，该机构选择了前者。

④ "Defense Resourcing for the Future," Commission on Planning, Programming, Budgeting and Execution Reform, March 2024, https://budget.house.gov/press-release/ppbe-commission-releases-final-report-defense-resourcing-for-the-future, pp. 10.

续表

改革重点	主要改进举措
促进创新和适应能力	（6）增加运营资金可用性； （7）修改国防部内部重新立项要求； （8）更新重新立项的阈值； （9）缓解持续决议引起的问题； （10）审查和合并预算； （11）用资金色彩应对挑战； （12）审查和更新 PPBE 相关指导文件； （13）提高技术资源主管部门认知； （14）围绕项目里程碑决策建立特别转移机构； （15）重新调整国防部债务和支出基准； （16）鼓励使用国防现代化账户
加强国防部与国会关系	（17）鼓励面对面交流； （18）重组预算材料； （19）建立机密和非机密通信渠道
加速业务系统与数据分析现代化进程	（20）创建公共分析平台； （21）加强国防部业务系统治理； （22）加快财务报表可审计进程； （23）继续使国防部资源系统合理化； （24）使国会指导行动跟踪现代化
加强人力资源队伍能力	（25）持续关注人员聘用和保障； （26）精简流程，提高分析能力； （27）改进国防资源规划人员培训； （28）设立委员会建议执行小组

在提出上述改进建议的同时，PPBE 改革委员会还委托兰德公司扩大对其他同盟国家和联邦机构预算制定方法的分析范围，以获得更多经验借鉴[①]；同时，委员会与 MITRE 公司深度合作，研究如何更好地利用投资组合审查、新技术和企业流程为项目投资规划提供信息，以更好地实现 PPBE 系统的战略目标[②]。

PPBE 改革委员会认为，上述改进建议能够使国防部有效地满足国防需

---

① PPBE 改革委员会最初委托兰德公司针对 9 个组织展开预算编制过程案例研究，包括 5 个国际国防组织和 4 个美国联邦政府机构。有关具体案例研究报告，参见 "Supporting Efforts to Reform Planning, Programming, Budgeting and Execution (PPBE)," Rand Corporation, https：//www. rand. org/nsrd/projects/PPBE-reform. html。

② "Commission on Planning, Programming, Budgeting and Execution Reform Interim Report," August 2023, https：//www. dau. edu/blogs/interim-report-commission-ppbe-reform, pp. 133.

求,同时保持国会监督所需的洞察力。国防部需要一个可以敏捷响应、促进创新且能够有效利用国防资源使高层领导人做出及时准确判断的资源分配系统,才能使美国从容应对二战以来最为复杂的地缘政治环境所带来的多重挑战和威胁。改革委员会呼吁国会和国防部采纳上述建议,以使国防部能够在不断变化的形势下持续维护美国国家安全。虽然美国国会和国防部针对 PPBE 系统的下一步改革举措尚未启动,但可以预见的是,作为国防资源分配的基本框架,PPBE 系统将在保留主要思想和逻辑前提下在简化流程、提高效率、加快决策时间等方面大幅度改进,并通过数字化技术的引入,促进美国国防采办工作效率提升。

2.2.4 讨论与借鉴

PPBE 系统是麦克纳马拉顶着国会和部分军方高层人员巨大压力坚持推行的,自诞生之日起便备受争议。各军兵种曾因项目遭到国防部否决而对 PPBE 及其推崇的成本效益分析方法非常不满;时至今日,该系统复杂繁琐的操作流程也一直招人诟病。然而,美国国防采办管理的发展历史已经证明,PPBE 的成效不容置疑。

第一,PPBE 充分体现了各种约束条件下实现军事资源最优分配的基本理念和客观要求。一直以来,鲜有人否定 PPBE 基本原则,反对者也只是认为面对科技快速发展和需求快速变化,PPBE 流程需要更加高效快捷。第二,PPBE 在美国国防资源分配历史上起到了重要作用。美国国会和历任国防部长都不曾否定 PPBE 在资源分配领域的卓越贡献,并一直尝试通过施加改进举措来不断完善该过程。PPBE 建立了一种基于成本效益思想的量化资源配置途径,为美国国防采办项目决策提供了有效依据。第三,至今为止,PPBE 依然是国防资源分配领域最佳实践之一。一个公认的事实便是,PPBE 系统在过去 60 年间极大改善了美国国防部的资源分配方式,是国防部确定和解决重大项目问题的主要方法①;相比其他国家国防采办流程而言,PPBE 依然具有难以比拟的优势②。

提高军事系统运行效能和国防资源使用效益,是我国国防建设发展的必然要求。如何秉承成本效益理念,实现有限资源情况下的最优配置,是国防事业高质量发展需要解决的首要问题。军事现代化建设离不开科学的管理理念和有效的管理工具,在这方面我们一直有所欠缺;同时,我国国家建设周期规划、国防建设运行机制与美国相比存在着较大不同。因此,我们需要研究理解 PPBE 系统,在客观认知其贡献与局限的基础上理性借鉴,建立起一套日历驱动、业管融合的资源分配方法,在国家"五年计划"统一框架指导下使军事规划、预算与项目执行高效滚动起来。我们需要站在较高起点,摒弃 PPBE 系统复杂冗长的弊端,以灵活高效的形式组织国防资源分配;同时充分考虑国家治理和管理机制的不同,制定适合我国国情军情的支持决策系统。

2.3 科学多样的合同类型③

在美国法典和联邦规章中,对资助方式的定义分为采购合同(Procurement Contracts)④ 和非采购工具(Non-Procurement Instruments,NPI)两大类⑤。为

---

① Alain C. Enthoven and K. Wayne Smith, "How Much Is Enough? Shaping the Defense Program, 1961-1969," (RAND Corporation, 2005), pp. xi.
② 兰德公司曾对多国国防采办流程进行过对比研究,其结论认为,俄罗斯等国家没有比美国更好的采办流程。参见 Mark Ashby et al., Defense Acquisition in Russia and China, RAND Corporation, 2021, pp. 31。
③ 在联邦采办条例中,各类合同、协议等统称为法律工具(legal instrument),我们习惯称为"合同",这一点也符合美国行政管理的习惯。比如,DARPA 合同管理办公室便采用合同、协议、其他交易等各类资助形式与承包商展开谈判。此处"合同"一词也包括采购合同和非采购工具,具有广义概念。
④ "32 CFR § 21.670 Procurement contract," https://www.law.cornell.edu/cfr/text/32/21.670.
⑤ "32 CFR § 21.665 Nonprocurement instrument," https://www.law.cornell.edu/cfr/text/32/21.665.

满足不同类型产品和服务采办工作中的灵活性要求,《联邦采办条例》(FAR)规定了多种合同类型供政府机构和承包商选择。不同合同类型的设计既反映了采办管理的客观需要,又体现了管理工作的制度创新。为推动科技研发高效开展,吸引更多研究主体参与科技创新,1977年美国《联邦授予与合作协议法案》对授予协议(Grant Agreements)和合作协议(Cooperative Agreements)两种资助方式的使用进行了授权①。此外,"其他交易(OT)"资助方式在国防部内部的推广,为技术验证项目的快速实施提供了保障。上述四种资助方式中,采购合同是传统的、主要的资助方式,其他三种非采购工具是辅助的资助方式。

2.3.1 采购合同

采购合同是美国联邦政府通过购买、租赁、交换等方式直接获得产品或服务时采用的法律工具②。依据承包商对履约费用承担责任的程度、在达到或超过特定合同指标时为承包商提供的激励数额和性质等因素,政府机构和承包商可以灵活选择合同类型。根据《联邦采办条例》(FAR)第16部"合同类型"章节规定,采购合同共包含六大类型,各类合同的具体含义和适用场景分别如下:

(1)固定价格合同(Fixed-Price Contract):该类合同一般规定了最终的采购价格,某些情况下该价格可在目标价格和最高价格之间视情调整③。在采购商用产品或服务时,除了特殊情况以外,合同管理官员需要使用该类型

---

① "The Federal Grant and Cooperative Agreement Act of 1977," https://www.epa.gov/grants/federal-grant-and-cooperative-agreement-act-1977.
② 参见 32 CFR § 21.670 Procurement contract 条款。
③ 固定价格合同包括严格固定价格(Firm-Fixed-Price, FFP)合同和带有价格调整的固定价格合同。

合同①。

（2）费用偿还合同（Cost-Reimbursement Contract）：该类型合同为承付资金确定了总费用估计数，允许在规定的范围内支付发生的费用，并规定了承包商未经合同授予方批准不得超过的最高经费限额。当项目外部条件并不清晰或者合同中存在较大不确定性以至于无法对成本进行足够准确的估计时，适宜选择此类合同。

（3）激励合同（Incentive Contract）：当联邦政府希望以较低的成本获得所需的产品或服务，且将供应商的绩效与其所获利润或应付费用相关联时，可以使用此类合同②。激励合同在为承包商建立合理目标的同时，对其超出合同指标要求的部分提供了额外奖励。

（4）无限期交货合同（Indefinite-Delivery Contract）：在合同签订时无法确定未来交货确切时间或数量的情况下，可以使用此类合同。根据对一段时间内采购数量的不确定程度，无限期交货合同又可分为定量合同、需求合同与不定量合同。

（5）时间和材料、工时和信函合同（Time-and-Materials, Labor-Hour and Letter Contracts）：当合同金额涉及按规定的固定小时费率（包括工资、间接费用、管理费用及利润等）计算的直接劳动时间、材料实际成本等因素时，可以选择使用时间和材料合同来进行采购。工时合同是时间和材料合同的一种变体，不同之处在于工时合同中材料并不由承包商提供，因此不涉及材料费用。信函合同是一种书面的初步合同文书，它授权承包商立即开始制造产品或提供服务，常用于当政府机构希望承包商在得到其法律承诺的情况下立即开始工作，或合同双方在短期内无法就明确的合同条款达成共识时。

（6）协议（Agreements）：一种联邦机构与承包商之间谈判达成的书面谅

---

① 参见《联邦采办条例》（FAR）12.207（b）条款。
② 激励合同包含两个基本类型：固定价格激励合同和费用偿还激励合同。

解文书，它包含了适用于双方未来合同期限内的条款，并通过参考或附件的形式对未来正式合同进行了设计。当在某一特定时期内可能将大量单独的合同授予承包商，并且与承包商的谈判经常遇到重大问题时，联邦政府会使用协议这一采购方式[①]。

2.3.2 非采购工具

非采购工具是除采购合同以外所有资助工具的统称，包括授予、合作协议和"其他交易"等形式[②]。

1977年，美国国会通过了《联邦授予与合作协议法案》，借此明确了授予协议和合作协议两种资助方式的授权[③]。该法案规定，当出于公众目的而将金钱、财产、服务或其他任何对国家有价值的事物在政府机构和接受者之间进行转移时，联邦机构应以授予或合作协议的方式提供资助。一般来说，授予和合作协议的使用限制相比采购合同更为宽松，两者的本质区别在于政府机构与受资方之间的交互程度。当联邦机构为非营利性组织或高校等机构提供资助时，通常选择使用授予和合作协议。此外，在《联邦授予和合作协议法案》基础上，美国国防部进一步制定了《国防部授予和合作协议规定》，以便包括DARPA在内的各下属机构可以根据自身业务特点更好地使用上述非采购工具[④]。表2-3所列为采购合同与授予协议的主要区别。

[①] 协议可分为基本协议（Basic Agreements）和基本订购协议（Basic Ordering Agreements）两类；严格来说，协议并不是一类合同形式。
[②] "授予"英文为"grant"，指将联邦经费转让给接受方的一种资助行为。
[③] 授予协议用于直接向受资助方转让有价值的物品或财产，在该行为完成后授予方不会实质性参与受资助方的事务；合作协议在授予方和受资助方之间建立了与授予相同的缔约关系，但不同之处在于前者会深度介入后者的履约过程，双方会在协议执行期间进行实质性的交互。
[④] "32 CFR Part 21 Subpart C The DoD Grant and Agreement Regulations," https://www.ecfr.gov/current/title-32/subtitle-A/chapter-1/subchapter-C/part-21/subpart-C.

表 2-3 采购合同与授予协议的主要区别

序号	采购合同	授予协议
1	政府直接获得产品或服务	主要服务于公共目的
2	签订合同前需根据公告书中明确的标准进行技术评估和成本分析	签订协议前需进行技术评估
3	需要进行独立的成本估算	不需要进行独立的成本估算
4	除《联邦采办条例》第 6 部分规定的例外情况，必须通过竞争选择接受方	根据实际按照"应竞争尽竞争"的原则选择接受方
5	有正式的申诉程序	没有正式的申诉程序
6	对于涉密研究必须使用合同	不能用于涉密研究项目
7	合同主管有责任确保提交的产品或服务符合政府要求	国会评判相关研究活动是否符合公共利益
8	各方无权决定终止合同	接受方可根据实际情况终止协议
9	通常一份公告授出一份合同	一份公告可以授予多份协议
10	按照谈判确定的节点要求提交报告	一般提交年度报告，某些情况要求在更短周期内提交报告
11	依据《联邦采办条例》管理	依据《联邦授予与协议法案》管理
12	由联邦采购政策办公室进行监管	由联邦财政管理办公室进行监管
13	政府使用有关产品和服务	公众可以获取相关研究成果
14	严格按照合同要求提供产品或服务，未实现目标视为违约	未完成预期目标但尽到最大努力的可能不被视为违约
15	根据合同类型，由谈判确定拨款时间	除双方特别约定外，通常按年度预算周期拨款
16	约束性较强，工作边界比较清晰，合同变更程序复杂	约束性较弱，协议变更程序相对简单
17	一般不会续签	通常可以续签
18	对于里程碑节点和交付成果有明确的时间要求	工作时间表没有明确限制
19	合同双方利益关切不同，需通过谈判确定有关事项	简化的管理方式符合双方利益
20	经费支出要求与合同类型有关，通过谈判在签订合同时确定	经费支出必须合理、正当
21	对于转包有明确限制	对于转包没有明确限制，但须避免授予"皮包公司"

续表

序号	采购合同	授予协议
22	对于公告相关问题的解答必须公开	对于公告相关问题的解答在双方之间进行
23	根据合同条款进行拨款，可能允许预拨款或基于研究进展拨款	除特殊例外情况允许预拨款
24	由政府明确研究工作内容	由接受方提出研究工作内容
25	限制公开相关内容	鼓励公开相关内容
26	政府拥有知识产权	接受方拥有知识产权
27	需要对交付物进行检查验收	研究报告可以视作交付物

虽然《联邦采办条例》《国防联邦采购补充条例》等规章的颁布为各承包商营造了公平的竞争环境，但同时也在资质条件、财务管理等方面对承包商提出了较高要求，从而为部分私营企业参与政府研发项目带来了不便。特别是在前沿技术探索领域，高科技初创企业往往代表了最先进的技术革新范式，而《联邦采办条例》中严格复杂的合同条款与创新活动中小型企业所期望的定制化合同需求形成了矛盾，使部分高科技公司对与政府合作望而却步[①]。

当标准采购合同、授予或合作协议等资助方式因缺乏必要的灵活性难以支持联邦政府吸纳更多商业实体参与国家创新时，其他交易（OT）的出现为此提供了有力补充。作为一种极具便利性的资助工具，OT 的授权历史最早可追溯到 1958 年美国航空航天局（NASA）的建立[②]。在 DARPA 推动下，美国国

---

① "Other Transaction (OT) Authority," Congressional Research Service, July 15, 2011, https://www.everycrsreport.com/reports/RL34760.html, pp. 1-2.

② 其他交易（OT）起源于 1958 年美国国家航空航天法案的颁布，随后美国国立卫生研究院、国防部、联邦航空局等 11 个机构陆续获得来自国会的 OT 使用授权。这一方式被大多数机构用于研发活动的资助，但仅作为传统采购合同的补充。有关 OT 授权的法律基础和使用历史，可参见 "Other Transaction (OT) Authority," Congressional Research Service, July 15, 2011, https://www.everycrsreport.com/reports/RL34760.html 和 "Use of 'other transaction' agreements limited and mostly for research and development activities," U. S. Government Accountability Office, published January 7, 2016, https://www.gao.gov/products/gao-16-209。

会于 1989 年批准了该机构将 OT 方式用于先期技术研究①。随后，国会通过 1990 财年和 1991 财年《国防授权法案》将 OT 授权扩大至国防部范围，后者主要将其用于研究、原型样机开发及后续生产等活动的资助②。其他交易类似于商业合同，可以豁免政府机构通常必须遵守的部分采办法规要求，为具有创新性的商业公司参与国防部研究和开发活动提供了便捷；同时，它也允许政府机构同承包商商定合同条款，共同定制合同内容③。在其他交易授权向整个国防部范围拓展的过程中，DARPA 起到了积极推动作用。该机构不断促进周边创新生态的发展完善，使更多研发项目获得了使用 OT 资助方式的可能。

相比美国采用多种合同类型，目前我国国防科技管理中通常使用固定价格合同这种单一资助手段，在灵活性上有所欠缺。对此，美国国防采办合同管理工作的实践经验值得我们借鉴。

2.4 应用导向的技术转移机制

美国科技领先地位的奠定，离不开其富有成效的技术转移机制。多年来，美国联邦政府出台了一系列法律法规来促进科研成果的应用转化，这些旨在促进技术转移的努力对美国科技发展和经济增长发挥了重要作用④。由于 DARPA 的技术开发活动多集中在概念验证和原型测试等技术发展早期阶段，相比各军

---

① "Other Transaction (OT) Authority," Congressional Research Service, July 15, 2011, https://www.everycrsreport.com/reports/RL34760.html, pp. 10.

② "Department of Defense Use of Other Transaction Authority: Background, Analysis, and Issues for Congress," Congressional Research Service, updated February 22, 2019, https://crsreports.congress.gov/product/pdf/R/R45521, pp. 1-2.

③ "10 U.S. Code § 4021 Research projects: transactions other than contracts and grants," https://www.govregs.com/uscode/expand/title10_subtitleA_partV_subpartE_chapter301_subchapterII_section4021.

④ "Annual Report on Technology Transfer: Approach and Plans, Fiscal Year 2020 Activities and Achievements," US Department of Commerce, September, 2021, https://www.nist.gov/system/files/documents/2021/11/04/DOC%20Technology%20Transfer%20Report%20FY20.pdf, pp. 1.

兵种实验室和其他联邦政府研发机构，DARPA项目技术成果的落地更加依赖创新生态中的各项技术转移制度。

2.4.1 美国政府技术转移政策

在1980年以前，联邦政府保留所有政府资助项目中产生的专利所有权，仅对这些专利提供非排他性的许可①。根据美国政府问责局（GAO）的统计，当时美国政府联邦机构所持有的28000项专利中仅有不到5%获得了许可，而在政府允许企业保留发明所有权的少数专利中，这一比例高达25%~30%②。为了使政府资助的科研成果跨越专利保护层面上的障碍并产生实际应用效果，分属两党的参议员伯奇·拜赫（Birch Bayh）和鲍勃·杜尔（Bob Dole）联合提出了《专利和商标法修正案》（又称《拜杜法案》）。《拜杜法案》在资助研究的联邦机构之间建立了统一的专利政策，其颁布带来了两个显著改变：①允许诸如大学在内的非营利组织保留其使用联邦资助得到的发明，并对此进行商业化；②允许联邦机构对其所拥有的发明授予独家许可，以便对技术商业化提供更多激励③。《拜杜法案》对联邦政府资助的技术成果相关知识产权和转化收益分配进行了重新设计，由"谁出资谁拥有"变成了"谁研发谁拥有"和"谁转化谁收益"，通过利益合理分配和加强激励机制提高了技术转移效率。《拜杜法案》成为了美国专利制度改革的分水岭，被公认为美国创新史上的三大标志性事件之一④。

---

① 其时，美国社会的共识是，由政府代替民众进行资助的科研项目产生的成果和利益应当归全体民众所有，而不是归于技术发明者或者有意把技术商业化的企业家所有。这样，许多具有潜在应用价值的研究成果便不见天日，极大浪费了政府研究资金的使用成效。
② "Technology Transfer: Administration of the Bayh-Dole Act by Research Universities," U. S. Government Accountability Office, May 7, 1998, https://www.gao.gov/products/rced-98-126, pp. 3.
③ 同上，第1页。
④ 另外两大事件为1862年颁布的《莫里尔土地赠予大学法案》（Morill Act）和1945年美国科学研究与发展办公室主任范内瓦·布什向时任总统罗斯福提交的报告《科学：无尽的前沿》。参见乔纳森·格鲁伯、西蒙·约翰逊：《美国创新简史》，穆凤良译，中信出版社，2021。

20世纪70年代起,美国开始出现以马萨诸塞州波士顿附近的128号公路、加利福尼亚州北部旧金山湾区附近的硅谷等为代表的一批典型高科技创新园区,此时公私合作逐渐成为了促进产业技术发展的主要模式。在此背景下,联邦政府通过了《史蒂文森-威德勒技术创新法案》(简称《史蒂文森-威德勒法案》)。该法案不仅要求联邦实验室为大学工业技术中心提供财政资助,同时也要承担技术转移的责任①。此外,联邦政府于1986年颁布的《联邦技术转移法案》同样在美国科技成果转化史上起到了不容忽视的作用②。该法案要求建立联邦技术转让实验室联盟,以改善工商业界对联邦实验室技术的获取;同时,它还允许联邦实验室就自身的专利发明进行许可性谈判,并以签订合作研究与开发协议(Cooperative Research and Development Aggrement,CRADA)的方式同非联邦机构共同进行成果转化。

上述技术转移法案在知识产权问题上打破了传统束缚,充分释放了美国社会的创新能力,有效调动了大学和企业进行各类研究成果技术转移的积极性,并为DARPA前沿技术开发成果的有效落地提供了制度保障。

2.4.2 国防部的技术转移举措

技术转移是美国国防部国家安全任务的关键组成部分,相关活动在所有国防部工作中占据较高优先级地位③。国防部每年投入大量经费支持科研,通过对新技术的识别和开发不断提高美国国家军事实力。以2015年为例,国防部投入了120亿美元用于支持DARPA、各军种研究机构和实验室、测试部门、

---

① "Stevenson Wydler Technology Innovation Act of 1980," https://www.congress.gov/bill/96th-congress/senate-bill/1250.

② "Federal Technology Transfer Act of 1986," https://www.congress.gov/bill/99th-congress/house-bill/3773.

③ "DoD Domestic Technology Transfer Program," September 22, 2022, https://www.esd.whs.mil/Portals/54/Documents/DD/issuances/dodi/553508p.pdf, pp. 3.

私营企业和学术机构等研发与技术转移工作。这些研究和开发活动旨在推动技术成熟，以便国防部能够以系统形式完成集成和交付，有效支持作战。这一过程也被称为产品开发过程，代表着各类技术从开发方向使用方的顺利移交。图 2-5 展现了国防部完整的技术管理过程。

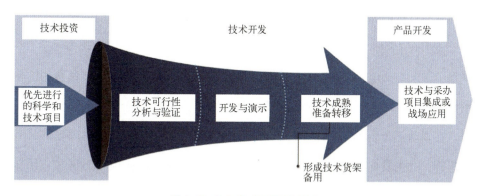

图 2-5　DoD 技术管理过程①

长期以来，美国国防部一直注意到在科技研发和技术应用之间存在着一个难以逾越的鸿沟，这一鸿沟通常被称为"死亡之谷"。"死亡之谷"之所以存在，是因为使用者对技术成熟度的要求往往高于开发者愿意资助和实现的水平。对此，国防部一直提倡通过双方共同努力和投资来弥补这一差距。比如，技术开发者、采购者和用户之间早期的合作便有助于新技术在转移过程中跨越"死亡之谷"②。

作为联邦政府国防研发经费的主要资助者，国防部在技术成果应用转化上有着明确的需求和责任。2022 年，国防部发布"国内技术转移项目"指示文

---

①　"Defense Advanced Research Projects Agency: Key Factors Drive Transition of Technologies, but Better Training and Data Dissemination Can Increase Success," U.S. Government Accountability Office, November 18, 2015, https://www.gao.gov/products/gao-16-5, pp. 4.

②　"Report to Congress on Technology Transition," Department of Defense, (Washington, D.C.: August 2007), https://www.dau.edu/cop/stm/documents/dod-report-congress-technology-transition-aug-2007.

件，再次重申国防部及下属各机构的技术转移职责①。该指示强调，国防部科学与技术副首席技术官（DCTO（S&T））负责监督国防技术转移活动，提供相关政策实施指导，推进改善国防部各研发机构的技术转移效果。同时，国防部下属各机构负责人需要将技术转移工作列为优先事项之一，并努力实现将联邦拥有或首创的技术向各军兵种、州政府、地方政府及私营部门的转移②。

美国政府问责局（GAO）在2013年调查了国防部20个技术转移项目，并审查了2010—2012年间上述项目相关的约79亿美元研发和技术转移费用的使用情况③。这些项目中的7个由国防部负责管理，其余13个则由各军种负责管理。在国防部负责的项目中，6个项目由负责快速应用的国防部助理副部长直接监管，并由其向采办、技术和后勤（AT&L）副部长汇报项目进展和应用转化效果。这6个项目中的3个得到了国会直接授权，分别是国防采办挑战（DAC）、外国对比测试（FCT）和快速创新基金（RIF）项目；另外3个项目由国防部设立，分别是联合能力技术示范（JCTD）、快速反应基金（QRF）和迅速反应基金（RRF）项目。同时，国防部还负责管理由国会批准建立，旨在实现商业化技术转移的小企业创新研究（SBIR）项目④。

上述项目的共同目标便是技术转移，但它们涉及的技术开发类型和应用需求各有不同。例如，联合能力技术示范项目通过与各军种合作并示范成熟的技

---

① "DoD Domestic Technology Transfer Program," September 22, 2022, https://www.esd.whs.mil/Portals/54/Documents/DD/issuances/dodi/553508p.pdf.

② 在向商用领域技术转移过程中，国防部通常所采用的两种途径为许可协议和合作研发协议（CRADA）。参见 Will D. Swearingen and John Dennis, "US Department of Defense technology transfer: the partnership intermediary model," International Journal of Technology Transfer and Commercialisation, January 2009, DOI: 10.1504/IJTTC.2009.024389。

③ "Defense technology development: Technology Transition Programs Support Military Users, but Opportunities Exist to Improve Measurement of Outcomes," U.S. Government Accountability Office, March 2013, https://www.gao.gov/products/gao-13-286, pp.6-8.

④ 联邦政府规定每个预算达到或超过1亿美元的联邦机构在进行研发外协时必须建立小企业创新研究（SBIR）计划，最初立法规定SBIR研发资金为预算总数的2.5%。SBIR计划由包括陆军、海军、空军、导弹防御局、DARPA、化学生物防御局、特种作战司令部在内的13个部门共同参与实施。

术原型来满足作战司令部联合作战的需求，这些原型可以转移到采办社区或直接交付给作战人员；相比之下，外国对比测试项目的任务是识别和测试其他国家已经开发并可能对美国军事需求有用的技术。快速创新基金和小企业创新研究项目为了寻求来自小企业的技术解决方案，而快速反应基金和迅速反应基金项目的设立则是为了寻求紧急的常规与非常规作战问题解决方案，并实现向军方用户的快速交付。

在国防部的要求下，各军种也非常重视研发项目的技术转移。设立在海军研究办公室（Office of Navy Research，ONR）内部的技术转移办公室管理着海军最大的转移项目——未来海军能力（Future Navy Capability，FNC），该办公室通过快速技术转移（RTT）、技术节约植入计划（TIPS）等举措加强海军项目成果的应用转化。陆军在 2011 年启动了技术支持能力演示（TECD）计划，从一开始便对项目技术成果的转移提出了明确要求；2012 年，陆军建立了另一项技术转移措施——技术成熟计划（TMI），旨在鼓励科技界与采办人员之间建立更加牢固的合作关系。与此同时，美国空军也在加强技术转移相关举措，并为此启动了先期技术示范（ATD）项目。2010—2012 年，各军事部门为技术转移项目的资金投入超过 60 亿美元，其中超过 40% 被用于各军种的 SBIR 计划。同期，在其他技术转移项目上，海军投入约 17 亿美元，陆军超过 15 亿美元，空军则接近 3.7 亿美元[①]。

GAO 的调查结果显示，美国国防部和各军种的项目成果转移成功率达到了 70%。这些项目中的绝大多数转移到了采办环节或直接提供给战场部署。此外，约 25% 的项目转移到了测试与评估中心等机构，并在此得到进一步开发。

---

① "Defense technology development: Technology Transition Programs Support Military Users, but Opportunities Exist to Improve Measurement of Outcomes," U. S. Government Accountability Office, March 2013, https://www.gao.gov/products/gao-13-286, pp. 9-11.

2.5 激发创新的小企业资助计划

尽管大型企业在复杂系统类项目开发上大多占有优势,且拥有丰富的国防采办经验,却常常因为盈利压力而不愿改变现有产品模式,从而引入革命性技术创新;而小型科技企业虽然多数不具备资金和品牌优势,在内控治理水平上也无法和大企业相比,但其机制灵活,试错成本较低,相比大企业拥有更强烈的冒险精神。为加强自由竞争生态营造,激励小企业参与国防创新,美国于1953年通过了《小企业法》①,并基于该法案成立了小企业管理局(Small Business Administration,SBA)。经过数十年的发展,美国政府建立了完备的小企业资助体系,为 DARPA 颠覆性创新提供了重要支撑。

2.5.1 SBIR 和 STTR 简介

在政府设立的众多小企业资助项目中,小企业创新研究(SBIR)计划和小企业技术转移(STTR)计划极具代表性,已成为 DARPA 等政府机构在商业领域进行项目成果技术转移的重要方式②。多年以来,美国联邦研发机构从小企业的创新能力中获益良多,相关的资助计划一再获得国会授权,预算也相应逐年增长。

SBIR 计划最早是在国家科学基金会(NSF)内部实行的项目。在成功获得阶段性成果后,SBIR 计划通过 1982 年小企业创新发展法案被推广至多个联

---

① "Small Business Act," Approved July 18, 1958, https://www.govinfo.gov/content/pkg/COMPS-1834/pdf/COMPS-1834.pdf.

② SBIR 和 STTR 计划全称分别为 Small Business Innovation Research Program 和 Small Business Technology Transfer Program,是美国政府为了鼓励小企业参与政府资助研发活动,利用其创新能力满足政府高技术需求所设立的资助项目。为适应国内读者习惯,本书将其翻译为"计划",但这一名称与 PPBE 过程中"计划"阶段的含义不同。有关 SBIR 和 STTR 计划详情,可参见 https://www.sbir.gov/。

邦机构①。该计划一般为期3年，在期限结束前由国会审议是否延续。自1982年以来，SBIR计划不断得到国会的重新授权和延期。其中，最近的一次变动发生在2022年；经过此次调整，SBIR计划进一步延期到2025年②。根据SBIR计划要求，每个拥有超过1亿美元外部研发预算的联邦机构必须分配一部分资金开展针对小企业的多阶段研发资助。目前，SBIR计划已有11个联邦机构参与，每个机构都在相关法律法规要求下和美国小企业管理局（SBA）发布的政策指导下管理着各自项目③。这种方式允许各机构的SBIR计划在目标和优先事项等总体事务上保持一致；同时，也给每个机构在执行SBIR计划时提供了相当程度的自主权和灵活性。2017年以后，参与小企业创新研究计划的联邦机构需要为SBIR计划留出至少3.2%的外部研发资金。2019财年，所有联邦机构的SBIR计划资金总额达到32.9亿美元；其中，美国国防部提供了15.72亿美元④。

STTR计划基于1992年《小企业研究与发展促进法案》设立⑤。STTR计划与SBIR计划的设立目标相仿，且多年来不断得到国会授权而延期。STTR计划要求具有10亿美元以上外部研发预算的联邦机构需要分配其研发资金的一部分用于为小型企业开展多阶段研发资助。目前，已有5家联邦机构参与该计划，包括国防部、能源部、卫生与公众服务部、航空航天局和国家科学基金

---

① 目前有11个联邦机构参与了该计划：农业部、商业部、国防部、教育部、能源部、健康和人类服务部、国土安全部、交通部、环境保护署、国家航空航天局、国家科学基金会；每个参与机构都根据法律规定运营各自的项目。

② SBIR and STTR Extension Act of 2022", September 30, 2022, https://www.congress.gov/117/plaws/publ183/PLAW-117publ183.pdf.

③ "Small Business Innovation Research Program and Small Business Technology Transfer Program Policy Directive," April 2, 2019, https://www.federalregister.gov/documents/2019/04/02/2019-06129/small-business-innovation-research-program-and-small-business-technology-transfer-program-policy.

④ "Small Business Research Programs: SBIR and STTR," Congressional Research Service, updated October 21, 2022, pp. 3.

⑤ "Small Business Research and Development Enhancement Act of 1992," https://www.congress.gov/bill/102nd-congress/senate-bill/2941.

会。2016 年以后，参与 STTR 计划的联邦机构必须为该计划留出至少 0.45% 的研发资金。2019 财年，所有联邦机构的 STTR 计划资助资金总额达到了 4.293 亿美元，实际拨款占到了所有资助机构外部研发经费总额的 0.44%[①]。

2.5.2 SBIR 和 STTR 特点

SBIR/STTR 计划对小企业的参与资格提出了一定的要求[②]：参与这两个计划的小企业需要以营利为目的而组织，营业地点位于美国；超过 50% 的股权由一位或多位美国公民，或获得永久居留权的外国居民拥有和控制；员工不超过 500 名[③]。在此基础上，STTR 计划对于非营利机构还有额外的准入要求：参与机构必须是位于美国的非营利学院和大学、非营利研究机构或联邦资助的研发中心（Federally Funded Research and Development Centers，FFRDC）。

小企业参与创新活动往往具有较高风险，因此 SBIR 与 STTR 计划设计了三阶段资助模式予以应对：第一阶段是概念开发，为期 6~12 个月，资助金额 10~22.5 万美元；第二阶段是原型开发，从第一阶段取得成功的项目中选取，通常为期 2 年（最长 6 年），资助金额 75~150 万美元；第三阶段是技术转化，此阶段国防部原则上不再通过"小企业创新计划"提供资金支持，而是协助小企业寻找融资机会、申请政府其他研发资助或获取政府采购合同。这种模式要求小企业在前一阶段取得一定研发成果后再进行下一阶段的资助申请，从而有效地将不成熟的技术构想终止在早期阶段，避免资源浪费。在执行过程中，小企业管理局（SBA）为两个计划的实施提供统一指导，各资助机构可根据具

---

① "Small Business Research Programs: SBIR and STTR," Congressional Research Service, updated October 21, 2022, pp. 13.
② SBIR 和 STTR 计划包含三个阶段，此要求适用于第一阶段和第二阶段合同授予时。
③ 参见 "13 CFR § 121.702 – What size and eligibility standards are applicable to the SBIR and STTR programs?" https://www.law.cornell.edu/cfr/text/13/121.702。涉及风投公司、对冲基金和私募股权公司控股的要求时，参见 "15 U.S.C. 638," https://www.law.cornell.edu/uscode/text/15/638。

体情况制定适合自身业务的附加规定。在具备众多相同点的同时，SBIR与STTR计划也有着明显区别。比如，STTR计划要求小企业及其合作研究机构必须建立知识产权协议，小企业的合作机构必须承担40%以上的研发活动；SBIR计划要求项目的主要研究者需要受雇于小型企业，而STTR计划则没有此要求①。

2.5.3　SBIR和STTR成效

多年来，小企业创新研究计划和小企业技术转移计划所取得的成绩有目共睹②。仅在国防部范围内，海军通过24个创新项目使鱼雷防御系统在航空母舰上的部署时间提前了4年，韦德林格公司则成功开发出用于潜艇声隐身的"金属水"超材料，肯特光电公司提出的宽视场夜视镜改进方案使每个夜视镜成本降低了3.2万美元。社会效益方面，1995—2018年，美国国防部通过两个创新计划仅投资144亿美元就带来高达3470亿美元的经济效益，实现1210亿美元新产品和新服务销售收入（其中军方销售收入为280亿美元），并增加了约151万个就业岗位。其中，两个最为著名的例子便是开发了全球定位系统（GPS）芯片的博通公司（Broadcom）和开发了广泛用于手机CMOS摄像头的Photobit公司。这两个计划资助了包括DARPA项目在内的大量创新研究项目的商业化，促进了美国社会的科技进步，创造了高额经济效益，受到了美国工商业界和市场的一致欢迎。

---

① "Small Business Research Programs: SBIR and STTR," Congressional Research Service, updated October 21, 2022, pp. 13.

② "Innovating America: 40 Years of SBIR Success," May 13, 2021, https://sbtc.org/wp-content/uploads/2021/05/SBTC-Jere-Glover-Written-Testimony-HSBC-Hearing-May-13-2021-s.pdf.

2.6 先进高效的信息化网络化管理手段

随着计算机技术的飞速发展，信息化网络化管理手段为美国政府实现公开透明的行政管理要求提供了便利。办公环境数字化建设不仅降低了政府管理成本，提高了行政办公效率，同时也有助于提升各机构工作流程的规范性。作为国防部下属机构之一，DARPA 也从信息化网络化的管理方式中受益。

2.6.1 政务信息公开

美国社会很早就形成共识，认为政府有责任实行政务信息公开。对此，联邦政府早在 1967 年便颁布了《信息自由法案》（FOIA），该法案规定了行政机关具有向民众提供行政数据的义务[1]。同时，FOIA 要求各政府机构主动在网上公布包括最终意见、行政人员手册和各类数据记录在内的特定类别信息[2]。此后，政府一直恪守政务公开原则，不断改善信息共享手段，如今信息透明化已成为美国联邦政府行政管理的诸多特征之一。

《联邦采办条例》（FAR）的制定与执行便是信息化网络化管理工具应用的典型体现。根据 FAR 规定，任何条例的修正更改、合同官员的授权、政府范围切入点（Governmentwide Point of Entry，GPE）的发布[3]、潜在利益冲突等信息都需要便于公众查看，其目的是确保上述内容接受社会监督。通过网络信息系统，上述要求得到了有效执行。值得一提的是，美国社会信息化公开与特

---

[1] "5 U.S.C. §552. Public information; agency rules, opinions, orders, records, and proceedings," https://www.law.cornell.edu/uscode/text/5/552.
[2] "Freedom of Information Act (FOIA) FAQ," https://home.treasury.gov/footer/freedom-of-information-act/foia-faq.
[3] 政府范围切入点（GPE）指包括合同授予、招标等超过 25000 美元的政府商业机会。

定机构信息保密原则并不矛盾，二者做到了有效权衡。例如，美国国防部《国防联邦采办补充条例》（DFARS）中强调了合同执行过程第三方机构需要对政府敏感信息和受控非机密信息（Controlled Unclassified Information，CUI）承担知情权约束和使用责任①，并规定了合同承包商在建立网络安全程序、数据访问授权、工作人员培训和系统安全评估等网络安全建设方面的要求。为了满足上述要求，DARPA承包商多依据美国国家标准与技术研究所（National Institute of Standard and Technology，NIST）制定的SP 800-171规范②、国际标准化组织ISO 27001标准③展开网络安全建设工作，实现对CUI的规范管理。此外，对于特殊机密文件，DARPA等国防机构仍可选择"受限"渠道进行发放，从而有效控制敏感信息的传播范围④。

为了使政府更加开放，便于接受监督，联邦政府基于2018年《开放政府数据法案》建立了开放数据网站⑤。该网站使用标准化的、机器可读的数据格式将信息作为开放数据在线发布，并将元数据存储在网站目录中。开放数据网站的建立进一步提升了美国政府工作的透明性，使民众可以看到政府政策制定、供应商选择、政策成效评价等热点信息形成的完整过程，既有效避免了政府资源重复建设和利益冲突事件的发生，又吸引了公众广泛参与，增强其对政府的信任。

政务信息公开原则促进了信息化管理的发展，而无纸化则是其信息化手段

---

① 比如DFARS 252.204-7012条款，参见"252.204-7012 Safeguarding Covered Defense Information and Cyber Incident Reporting," https://www.acquisition.gov/dfars/252.204-7012-safeguarding-covered-defense-information-and-cyber-incident-reporting。

② "Protecting Controlled Unclassified Information in Nonfederal Systems and Organizations," National Institute of Standards and Technology, published February 2020, https://csrc.nist.gov/pubs/sp/800/171/r2/upd1/final.

③ "Information Security, cybersecurity and privacy protection-Information security management systems-Requirements," (Edition 3 2022), https://www.iso.org/standard/27001。

④ 比如，部分国防合同、DARPA内部指示等文件仅能内部发放，这些文件明确标有受控标识，不对公众开放。

⑤ "Open Government Data Act (2018)," https://www.cio.gov/handbook/it-laws/ogda/.

的显著表现形式。1995年4月，美国公共事务部（General Services Administration，GSA）与国防部联合发起了一个试点项目，该项目旨在开发信息安全基础设施，为联邦政府机构的信息管理网络建设提供必要的安全服务。在财政部、农业部、国家安全局和美国邮政总局等机构的共同参与下，该项目成功促进了各政府机构在信息化建设方面的协同，为联邦政府范围内政务信息网络化管理的普及打下了基础。在试点项目取得成功后，1998年联邦政府通过了政府文书消除法案（GPEA），该法案将无纸化办公规定写进了法律[①]。GPEA法案要求政府机构给予电子文件和纸版媒质同等的法律效力，以便民众可以通过电子方式与联邦政府互动。在具体实施上，GPEA法案要求联邦机构在2003年10月21日之前向民众提供以电子方式提交信息或进行交易的选项，并能够以信息化手段维护交易记录。

为改变工作过程中信息化程度较低、各类合同与经费票据多以纸版媒质人工递送的现状，在GPEA法案生效前一年，美国国防部以发布一系列管理改革备忘录（MRM）的形式启动了国防改革项目（DRI），开始了业务流程信息化改革[②]。DRI项目中一项重要的改革举措便是借鉴私营部门经验，自2000年1月1日起实现国防部内部所有合同管理的无纸化办公。此外，国防部还将仅通过互联网或光盘提供国防部范围内的法规和指令、创建用于武器支援和后勤的无纸化系统等工作提上了日程。随着DRI项目的顺利推进，国防部在降低管理成本和提高工作效率方面取得了显著成绩。此前，国防部每年（以1998年为例）在临时出差上花费约30亿美元，这几乎是联邦政府差旅花费总额的一

---

① "Government Paperwork Elimination Act," https://www.cio.gov/handbook/it-laws/gpea/.

② 国防改革项目（DRI）起源自1997年5月完成的四年国防审查（QDR），该审查提出国防部应减少其支持基础设施，简化业务流程。作为QDR的后续工作，DRI项目主要围绕四个领域的改革进行：借鉴私营部门实践经验，重新设计国防业务流程和支持功能；重组国防部机构，缩小规模；扩大竞争性采购的使用，使国防部商业活动进一步向私营部门开放；进行基地调整，关停不必要的设施。参见"Defense Reform Initiative: Progress, Opporities and Challenges," U.S. Government Accountability Office, published March 2, 1999, https://www.gao.gov/products/t-nsiad-99-95, pp. 3。

半。在新的审批流程和信息化技术的帮助下，处理该项业务的平均人工成本降低了 56%，且付款周期缩短了 48%[①]。

2.6.2 项目公告发布与提案征集

借助信息化网络化管理手段，DARPA 实现了其项目公告（BAA）的发布与提案征集。这种信息公开方法能够最大限度吸引有能力的潜在承包商参与，动员各社会组织参与到创新活动中来。

美国联邦政府采用广泛机构公告（BAA）的方式来向公众发布政府部门的研发需求。广泛机构公告基于《联邦采办条例》（FAR）第 35.016 条款制定，是一种鼓励竞争的项目征集手段。该条款规定，对于不涉及特定系统或硬件解决方案的采办活动，需要使用广泛机构公告（BAA）来满足采办机构对科学研究和试验测试项目的需求。除了某些特殊情况外[②]，联邦政府的所有采办活动都需要实行全面和公开的竞争性征集方法，而 BAA 正是实现这一要求的具体手段[③]。DARPA 通过发布 BAA 与公众就其开展的潜在项目进行信息互动，让后者充分了解项目目标、工作计划、成果验收方式等内容，并依据自身的技术基础决定是否参与该项目开发工作。

BAA 可以通过政府规定的网站向公众公布，也可以在著名的科学、技术或工程期刊上发布[④]。响应广泛机构公告而提交的提案会根据规定的标准进行评估，评估方式分为同行评审和科学评审两类[⑤]。由于多数颠覆性创新的技术

[①] Lauren R. Taylor, "DoD goes paperless," November 1, 1997, https://www.govexec.com/magazine/1997/11/dod-goes-paperless/5863/.
[②] 这些特殊情形及处理办法由联邦采办条例（FAR）6.2 和 6.3 条款规定。
[③] 除了 BAA 之外，DARPA 有时还会使用研究公告（Research Announcement, RA）来向公众征集项目技术构想，该方式多用于同研发机构的合作。
[④] 根据规定，DARPA BAA 与 RA 需要在"授予管理系统"网站（www.sam.gov）和"授予"网站（www.grants.gov）上发布，并且需要在至少 1 年的时间里保持开放状态。
[⑤] 同行评审和科学评审的英文分别为 peer review 和 scientific review。作者认为，科学评审是用于科学研究的评审，这里仅为译称。

方案超越了现有的工程经验，DARPA 选择后者作为技术提案的评估方式。评估人员会对每一个提案撰写书面评估报告，但不会对不同提案进行相互比较。提案的评估和选择标准主要包括技术能力、与 DARPA 战略的符合程度和成本合理性等因素；有时，在不同技术路径均具备较大实现潜力的情况下，DARPA 可能会在同一项目中授出多份合同，支持不同承包商进行技术创新尝试。

2.6.3 资助信息公告

通过政府设立的资助查询官方网站，DARPA 实现了与潜在承包商的有效互动。为了落实信息公开要求，美国政府大力实施信息网络建设；其中，作为政府官方网站之一的"授予管理系统"（SAM.gov）便是其中的代表性工程。利用该网站，企业和个人可以注册业务信息，更新或检查实体注册状态，搜索 DARPA 项目机会，查看和提交合同报告，以及访问公开的政府资助项目数据。按照规定，所有美国国防部批准的承包商都必须在 SAM 系统上进行机构信息注册。这些信息具体包括顿氏编码（DUNS）、纳税人识别号（TIN）、商业及政府机构编码（CAGE）和银行账户信息等。

与 SAM 网站功能类似，联邦政府另一个代表性官网——"授予"（Grant.gov）网站也会不定期发布 DARPA 合同资助信息。作为总统管理议程（President's Management Agenda，PMA）的一部分，"授予"网站项目管理办公室成立于 2002 年①。该网站由卫生和公众服务部（HHS）管理，是一个在管理和预算办公室（OMB）指导下运作的电子政务项目。根据总统管理议程，"授予"网站项目管理办公室会为资助寻求者提供一个集中申请联邦政府拨款

---

① 总统管理议程是白宫管理和预算办公室（OMB）的一项管理手段，以确保建立一个公平、有效和负责任的联邦政府。参见 The President's Management Agenda. https://www.whitehouse.gov/omb/management/pma/。

的机会。目前，该网站公示了涉及多个联邦资助机构超过 1000 个授予项目的信息，每年拨款额超过 5000 亿美元。此外，"授予"网站还用来处理并审查向联邦拨款机构提交的拨款申请，使拨款申请人更高效地与联邦机构进行信息化互动。

SAM 与"授予"网站的使用紧密地连接了项目申请人与政府资助机构，在提高沟通效率的同时有效降低了政府管理成本，使项目信息查找、在线反馈、拨款等工作更为便捷。这些举措对 DARPA 高效的合同管理起到了不可或缺的作用。

2.6.4　合同付款管理

根据联邦政府法规规定，除极个别特殊情况外，国防部各机构均需要通过合同管理服务机制（Mechanization of Contract Administration Services，MOCAS）系统以电子支付方式来进行承包商付款。该系统的使用，同样为 DARPA 的合同管理带来了便利。

美国国防部每年都有大量的资助项目，这些项目在合同签订后还需要进行票据管理、经费划拨、会计信息处理等诸多行政管理工作。这些庞杂的管理要求需要耗费大量人力和时间成本。因此，为了管理这些数量庞大的合同，国防部需要一个集成的信息化支持系统，此时合同管理服务机制（MOCAS）系统便应运而生。MOCAS 是一套自动化的合同管理和授权系统，由国防合同管理局（DCMA）和国防财务会计局（Defense Finance Accounting Service，DFAS）共同拥有。该系统最早的设计可以追溯到 20 世纪 60 年代，当时主要用于行政管理、授权和复杂合同的款项支付工作。多年来，MOCAS 系统随着联邦政府和国防部管理要求的变化不断改进，并在 20 世纪 80 年代经历过一次较大的系统升级，在美国国防合同管理和预算拨款统计工作中发挥了重要作用。目前，MOCAS 已经接入国防部采购集成企业环境（PIEE），该环境利用全流程自动化的方式可为国防部各部门提供集成的购买-支付服务，减少了数据人工输入需求，同时提升了工作效率与准确性。此外，MOCAS 系统还通过建立"会计标准线（Standard Line of Accounting）"功能满足了 2022 年联邦政府范围会计指南（GWA）所规定的"所有联邦政府部门必须每日向财政部汇报支付情况"的要求。

2018 年财年，MOCAS 共处理了约 34 万份合同，这些合同涉及约 1.9 万个项目承包商、2.3 万亿美元应付款、70 万张票据和 1670 亿美元已支付款项[①]。在该系统帮助下，87.6% 的票据可按标准期限规定支付[②]，95.5% 的发票可在 30 天内支付，65.7% 的票据可以系统支付，98.9% 的发票可通过广域工作流[③]（Wide Area Workflow，WAW）以电子方式被接收[④]。

图 2-6 展示了 MOCAS 系统与国防部其他管理信息系统的交联关系。从图中可知，MOCAS 通过合同录入、票据授权、验证和拨付、对账等流程模块，连接了合同管理人员、承包商和国库，构成了一个完整的自动化体系。今日的 MOCAS 已经不仅仅是一套电子支付系统，更是国防部综合网络化系统的一部分。该系统为国防合同管理局（DCMA）、国防财务会计局（DFAS）提供了一种审批和监督手段，能有效保证国防部的合同管理满足《联邦采办条例》及国防部相关采购、拨款、会计与审计的要求。MOCAS 系统在保证合同信息一致性、加快付款流程、审计数据提供方面为 DARPA 带来了极大便利，使其可以更好地专注于项目管理和颠覆性技术开发。

---

① Cassandra McDuff, "Accounts Payable MOCAS Update," April 18, 2019, https://www.dfas.mil/Portals/98/Documents/Contractors-Vendors/DIL_MOCAS-AP-Update.pdf.
② 标准期限为商业票据支付期限为 30 天，成本凭证为 14 天，进度付款为 7 天。
③ "Wide Area Workflow Overview," https://www.dfas.mil/Portals/98/Documents/Contractors-Vendors/WAWF_OpenHouse.pdf?ver=2020-02-29-151109-503.
④ 有关 MOCAS 更多信息，可参见 Ryan Kidd and Brandi McGough, "MOCAS：DoD's Joint Payment & Administration Capability-Past, Present, & Future," April, 20, 2022, https://www.acq.osd.mil/asda/dpc/ce/p2p/docs/training-presentations/2022/MOCAS-Session-1.pdf。

第 2 章 DARPA 的创新生态

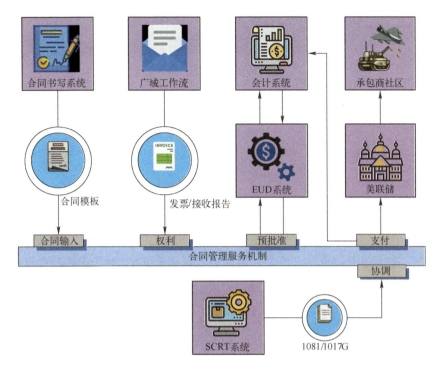

图 2-6 MOCAS 业务流程示意图①

2.7 先进的项目管理理念与实践

各类军事研发项目的有效实施是美国国防战略中获取技术优势的重要手段。事实证明，如果没有科学的项目管理方法，在技术战略方面获得并保持相对潜在对手的优势是不可能的②。自 20 世纪 50 年代美国海军在"北极星

---

① Cassandra McDuff,"Accounts Payable MOCAS Update," April 18, 2019, https://www.dfas.mil/Portals/98/Documents/Contractors-Vendors/DIL_MOCAS-AP-Update.pdf.
② "Defence Research & Development: Lessons from NATO Allies," RKK International Center for Defence Studies, November 2009, https://kaitseministeerium.ee/sites/default/files/elfinder/article_files/icds_report-defence_r_d-lessons_from_nato_allies.pdf, pp. 7.

("Polaris)"项目中引入现代项目管理方法①，各种科学管理工具便在美国国防部、美国航空航天局等政府机构和工业界各私营组织的大型项目实施中得到了不断应用。到了20世纪90年代，现代项目管理理论、工具和方法已被美国社会广泛接受②。

2.7.1 基本理念

在项目管理知识体系中，"项目"一词的定义是为创造独特的产品、服务或结果而进行的临时性工作，其典型特征包括临时性、独特性和复杂性，并涉及团队、规划、开发方法、测量、交付等不同绩效域③。对于国防部和DARPA而言，项目是实现技术开发和武器装备研制部署的载体，它有着明确的目标，必须在特定资源约束下以期望质量完成。通常，项目的制约因素有6项，即时间、范围、资源、质量、收益和风险④，见图2-7。在实施过程中，如果发现当前项目状态已经超越了上述某些边界，则应该重新检查项目约束，并评估各制约因素的有效性。

---

① Polaris 项目为美国海军的第一枚潜射弹道导弹项目，在冷战期间发挥了重要的战略作用。参见 Norman Polmar, "Polaris: A True Revolution," June 2006, https://www.usni.org/magazines/proceedings/2006/june/polaris-true-revolution。

② Young Hoon Kwak and Frank T. Anbari, The story of managing projects: an interdisciplinary approach (Praeger Publishers, 2005), pp. 2–32.

③ The standard for project management and a guide to the project management body of knowledge (Project Management Institute, 2021), Seventh edition, pp. 4–5.

④ "CD&E Handbook," NATO, February 2021, https://natolibguides.info/mobile/149? p = 1457, pp. 33–34.

第 2 章　DARPA 的创新生态

图 2-7　项目成功关键因素

典型项目管理分为五大管理过程组，即启动、规划、执行、监控和收尾过程组①。美国联邦采办研究所（FAI）项目生命周期模型（图 2-8）则将项目管理过程分为概念定义、概念规划、开发、实施、运行和维护、项目收尾 6 个阶段②。DARPA 的项目管理过程基本遵循上述划分逻辑，但同时具备自身管理特点。比如，DARPA 会在愿景制定阶段进行项目规划，过程管理阶段进行项目监控，并在技术转移阶段完成项目收尾和资料移交。在项目执行过程中，DARPA 项目经理同样充分表现出从事项目管理所需具备的知识能力、实践能力和个人能力。

2.7.2　工具和方法

项目管理需要基于专业化的人员和方法。国防部将项目成本、进度、绩效和风险作为项目管理的基本维度，这些要素构成了项目经理进行权衡的狭小空

---

① 项目管理协会：《项目管理知识体系指南（PMBOK）指南（第 5 版）》，许江林等译，电子工业出版社，2013，第 49 页。
② "Project Manager's Guidebook," Federal Acquisition Institute, November 24, 2015, https://www.fai.gov/content/project-managers-guidebook-now-available, pp. 16.

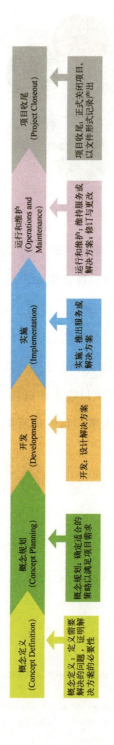

图 2-8 项目生命周期模型

注：图中每个阶段都有明显界限，用于指导项目管理过程；同时，该图更为适合承办项目，研发项目可根据该图逻辑剪裁后应用。

间[1]。国防部《成本估算指南》将项目成本分为直接成本和间接成本两类,并列出了成本数据分析和预估方法[2]。其中,直接成本包含人工、材料和其他直接费用,间接成本则包括财务成本和管理费用。在项目进度控制方面,国防部"数据项描述(DID)"文件对项目综合总进度(IMS)进行了规定和解释[3];在项目风险控制方面,国防部风险管理指南将风险定义为在规定的成本、周期和性能约束条件下实现项目绩效目标的未来不确定性举措,并引入风险矩阵管理工具对其进行减缓[4]。对于复杂研发项目管理,国防部采用系统工程思想和"集成产品与过程开发"机制[5],着重对项目需求管理、数据管理、构型管理和团队协作提出了更高要求。此外,在项目管理所需的诚信、领导力、协作等软技巧方面,也有各类指导文件进行专门讲解[6]。

上述国防部各类政策文件和指南的颁布,为 DARPA 等下属相关机构项目管理工作的开展提供了有力保障。比如,DARPA 项目经理在 BAA 发布时便已在项目描述中对各工作阶段时长、涉及技术领域及里程碑节点交付物进行了明确定义,充分反映了项目管理中对时间、范围和质量要素的把控;为了有效降低项目风险,DARPA 项目只在实现前一阶段目标后才启动后续工作,并可能同时支持不同技术路径进行探索,以最大限度提高项目成功率。

---

[1] William T. Cooley and Brian C. Ruhm,"A Guide for DoD Program Managers," Defense Acquisition University, December 2014, https://acqnotes.com/wp-content/uploads/2014/09/A-Guide-for-DoD-Program-Managers.pdf, pp. 14-15.

[2] "DoD Cost Estimating Guide," Cost Assessment and Program Evaluation, December 2020, https://goaztech.com/wp-content/uploads/2024/05/DoD_CostEstimatingGuidev1.0_Dec2020.pdf.

[3] "Data Item Description," https://rdl.train.army.mil/catalog-ws/view/DESIGN.DID.IMP/DI-SESS-81526C.pdf.

[4] "Risk Management Guide for DoD Acquisition," Department of Defense, August 2006, https://www.acqnotes.com/Attachments/DoD%20Risk%20Management%20Guidebook,%20Aug%2006.pdf.

[5] "Program Mangement," https://acqnotes.com/acqnote/careerfields/program-management-overview.

[6] 比如,国防采办大学出版的《国防部项目经理指南》一书,便对项目管理各类软技巧的使用进行了详细解释。参见 William T. Cooley and Brian C. Ruhm,"A Guide for DoD Program Managers," Defense Acquisition University, December 2014, https://acqnotes.com/wp-content/uploads/2014/09/A-Guide-for-DoD-Program-Managers.pdf, pp. 140-180。

FRONTIER TECHNOLOGY
INNOVATION MANAGEMENT OF
DARPA

第3章
DARPA的项目经理

DARPA 被外界称为"疯狂科学家大本营",拥有着为数众多狂热追求目标的项目经理①。短任期和动态轮换的项目经理及办公室主任制度,是 DARPA 文化最显著的特征,也是该机构持续创新的最重要贡献因素②。多年以来,作为 DARPA 在管理上最大的创新,项目经理制度充分体现出了颠覆性技术创新管理的必然要求,成为非官僚化的专家管理与履行公权力的法治治理的有机结合。因此,研究借鉴 DARPA,首先要研究其项目经理制度。

3.1 项目经理制度的演进

DARPA 独特的项目经理制度是在其颠覆性技术开发过程中逐步探索形成的,是专家参与科研管理的成功典范。这一制度可以追溯到二战期间由范内瓦·布什领导的科学研究与发展办公室(OSRD)时期③。在布什的领导下,OSRD 一直实行由科学家主导战时研发项目,将研究成果与军事规划紧密关联。在 1945 年提交给时任总统罗斯福有关如何更好地使用战时科学技术成果以造福美国社会发展的著名报告《科学:无尽的前沿》中,范内瓦·布什提议建立一个全新的机构来从事科研管理工作,并由杰出科学家组成的委员会负责对科研活动进行指导④。这一主张和其"政府应该支持基础研究同时应该由科学家来指导"的思想一脉相承,在很大程度上影响了 DARPA 的建立和项目经理制的诞生。二战后,随着美国科技水平不断提高,科学研究活动中各专业分工更

---

① 有关 DARPA 项目经理群体及相关项目过程的叙述,可以参阅 Michael Belfiore, The Department of Mad Scientists: How DARPA is Remaking Our World, from the Internet to Artificial Limbs (Harper Perennial, 2009)。

② "Innovation at DARPA," July, 2016, http://www.darpa.mil/attachments/, pp. 2.

③ OSRD 基于国防研究委员会(NDRC)建立,旨在负责战时科学研究统筹规划工作。参见"Office of Science Research and Development," https://www.osti.gov/opennet/manhattan-project-history/People/CivilianOrgs/osrd.html。

④ 范内瓦·布什、拉什·D·霍尔特:《科学:无尽的前沿》,崔传刚译,中信出版社,2021,第 103-110 页。

加细化，此时的科研管理活动对从业人员提出了更高的专业能力要求，而联邦政府中由公务人员负责科研管理的现状愈发不能适应科技发展的需要。DARPA 成立后，作为政府机构，很长时间内也遭受了同样的困扰。项目经理制度的出现，为解决上述问题提供了新的途径。

DARPA 的项目经理来自企业、大学、国家实验室、非营利性研发组织、联邦资助的研发中心及各军种等不同领域[1]。在加入 DARPA 前，他们中有科学家、教授，也有资深工程师和企业管理人员。但成为 DARPA 雇员后，项目经理就是国家公职人员。比如，被誉为"互联网之父"的拉里·罗伯茨（Larry Roberts）在 1967 年加入 DARPA 前在麻省理工学院供职，微型 GPS 接收机（Miniature Global Positioning System（GPS）Receiver，MGR）项目的发起人谢尔曼·卡普（Sherman Karp）博士曾是一名资深政府机构研究人员[2]，近年来备受瞩目的 DARPA 新式作战概念——"马赛克战"的提出者之一、战术技术办公室（TTO）项目经理——丹·帕特（Dan Patt）博士曾任职商业机器人公司的首席执行官[3]。

在帮助 DARPA 招募非私营部门人员任职项目经理方面，美国《政府间人事法案》（IPA）发挥了重要作用。《政府间人事法案》于 1970 年通过，以"政府间人事法案流动项目"的形式具体执行，并受美国人事管理办公室（OPM）监管，它规定了联邦政府与州和地方政府、学院和大学、联邦资助的研发中心及其他符合条件的组织之间的临时人员分配机制[4]。在 IPA 授权下，DARPA 可以快速从联邦实验室等机构雇佣项目经理，并支付其与之前职位相

---

[1] Tammy L. Carleton, "The value of vision in radical technological innovation," September 2010, https://purl.stanford.edu/mk388mb2729, pp. 27.

[2] 谢尔曼·卡普博士在 1978 年加入 DARPA 之前，先后供职于 NASA 电子研究中心和海军电子实验室中心。参见"In Memoriam," https://www.darpaalumni.org/inmemoriam/。

[3] 丹·帕特（Dan Patt）博士个人在技术、商业和国防战略领域均具备丰富经验，并曾担任过 DARPA 战略技术办公室副主任，参见"Dan Patt," https://www.hudson.org/experts/1335-dan-patt。

[4] "Intergovernment Personnel Act," U.S. Office of Personnel Management, https://www.opm.gov/policy-data-oversight/hiring-information/intergovernment-personnel-act/.

匹配的工资①。

随着生物技术、人工智能等前沿领域快速发展，来自大学、政府实验室和非营利性研究组织之外的科学家和工程人员成为了 DARPA 项目经理的重要来源。1998 年 10 月，美国国会批准了《斯特罗姆-瑟蒙德国防授权法案》（简称《斯特罗姆-瑟蒙德法案》），基于该法案 1101 条款规定，DARPA 被授权启动一个有关雇用科学技术人员的实验性管理项目，该项目允许 DARPA 直接从联邦政府外的机构聘请不超过 20 名科学和工程领域的专家，任期最多可达 6 年。在成为项目经理后，这些受聘专家将离开原先供职的公司，前往 DARPA 全职工作。同时，《斯特罗姆-瑟蒙德法案》对这些专家可以匹配的职位数量、薪酬范围和任职年限等内容进行了详细规定，取消了部分长期以来 DARPA 在文职人员雇佣方面需要遵循的传统要求，简化了人员雇佣程序，并合理提高了科学家和工程师任职 DARPA 项目经理的薪酬水平。此外，根据法案要求，国防部长需要以年度报告的形式对上述人员的使用效果进行评估。国会中许多人都认为，这种招聘的灵活性改善了 DARPA 招募和保留优秀科技专家的能力。此后，鉴于该实验项目在执行过程中所取得的积极成效，国会在 1998—2015 年间多次延长上述授权的有效期限。2015 年，DARPA 的人员聘用授权进一步得到拓展，国会允许该机构聘用 5 名专家从事管理工作。2017 年，美国国会使 DARPA 人员雇佣授权永久化②，并在 2019 年将 DARPA 根据授权可以雇用的人员数量从 100 人增加到了 140 人③。其中，项目经理 120 人，管理专家 20 人，如图 3-1 所示。

---

① David W. Cheney, Christopher T. Hill, and Patrick H. Windham, Personnel Systems of DARPA and ARPA-E（Technology Policy International：2019），pp. 19.

② "National Defense Authorization Act for Fiscal Year 2017," December 23, 2016, https://www.govinfo.gov/app/details/PLAW-114publ328.

③ "National Defense Authorization Act for Fiscal Year 2020," December 20, 2019, https://www.congress.gov/116/plaws/publ92/PLAW-116publ92.pdf.

图 3-1　DARPA 项目经理制度历史

DARPA 在建立之初并未获得聘请外部专家参与其创新过程的特权，直到成立 40 年后，DARPA 才逐渐获得国会的附加授权，《斯特罗姆-瑟蒙德法案》的颁布为 DARPA 从私营部门聘用科学与工程管理专家作为项目经理提供了法律保障。许多人认为，国会对 DARPA 提供包括灵活雇佣人员在内的附加授权是该机构成功的关键贡献因素，也是 DARPA 模式的关键要素[①]。DARPA 前任局长阿拉提·普拉巴卡尔（Arati Prabhakar）博士回忆道，"DARPA 成功的核心是一项持久的承诺，即识别、招募和支持优秀的项目经理——那些在其领域处于顶端且渴望在有限任期内推动其学科边界极限拓展的非凡个人。事实证明，（1011 条款）授权对于我们有能力吸引一些最优秀的科学家、工程师和数学家从事公共服务和国家安全方面的重要工作是无价的"[②]。

3.2　项目经理制度的特点

3.2.1　短任期与动态轮换

各类针对 DARPA 创新机制的研究均将其项目经理制度视为关键成功因素

---

① "Defense Advanced Research Projects Agency: Overview and Issues for Congress," updated August 19, 2021, https://crsreports.congress.gov/product/details?prodcode=R45088, pp. 6.

② "Science and Technology Programs: Laying the Groundwork to Maintain Technological Superiority," March 26, 2015, https://www.darpa.mil/news/2015/vision-future, pp. 10.

之一①,而短任期和动态轮换则是 DARPA 项目经理制度的首要特点。

首先,项目经理的任期通常为 3~5 年,大约 20% 的人员任期会延长 2 年,但并非终身职业②。从进入 DARPA 工作开始,项目经理们的聘任截止日期就印在工卡的显著位置,时刻提醒他们只能在有限的时间内完成工作。信息创新办公室(I2O)项目经理麦克·沃克(Mike Walker)曾说过,时间的流逝是"整件事的核心,它是一种奔向未知领域冒险的动力,让人们不断推进工作"③。除了培养上述紧迫感之外,有限任期也意味着伴随着新人的加入可以使知识流动并不断更新,以及随之而来的新想法和热情。在本质上,DARPA 任务的短周期属性决定了其项目经理更替的必然性。项目经理的任期与项目研究周期基本保持一致,通过不断轮换和更新,可以有效防止人员长期在一个机构工作而带来的官僚主义弊端④。

其次,DARPA 项目经理每年轮换率高达 25%⑤,这种动态调整机制既为 DARPA 不断注入新鲜血液提供了保证,也给美国社会培养了大量博学且热情的技术推动者。同时,DARPA 的项目经理制度也考虑了原则性和灵活性的统一,同一人员可间断受聘多次。以"可解释人工智能(XAI)"项目经理大卫·冈宁(David Gunning)为例,他在 1994—2019 年间曾三次担任 DARPA 项目经理,任期分别为 6 年零 3 个月、5 年零 10 个月和 3 年零 8 个月,总任期长达 15 年零 9 个月⑥。

---

① Erica R. H. Fuchs, "Cloning DARPA Successfully," ISSUES, Fall 2009, https://www.jstor.org/stable/43315003, pp. 67 和 "Establishing the Advanced Research Projects Agency-Energy (ARPA-E)," April 26, 2007, https://www.govinfo.gov/content/pkg/CHRG-110hhrg34719/html/CHRG-110hhrg34719.htm.

② "Defense Advanced Research Projects Agency: Overview and Issues for Congress," updated August 19, 2021, https://crsreports.congress.gov/product/details?prodcode=R45088, pp. 5.

③ "Innovation at DARPA," July, 2016, http://www.darpa.mil/attachments/, pp. 2.

④ 近年来,在人工智能和自主系统等前沿技术探索领域,DARPA 项目典型周期略有延长,达到了 5~7 年。

⑤ "Innovation at DARPA," July, 2016, http://www.darpa.mil/attachments/, pp. 2.

⑥ David Gunning, E. S. Vorm, Yunyan Wang, et al., "DARPA's explainable AI (XAI) program: A retrospective," Applied AI Letters published by John Wiley & Sons Ltd. DOI: 10.1002/ail2.61.

DARPA认为员工任职时间较长容易丧失冒险精神，会根据过去的失败经验否定新技术路线的可行性；此外，较长任期的员工会有历史负担，并会在工作中逐渐倾向于依靠个人偏好做出决策。DARPA微系统技术办公室主任伊夫塔赫·艾森伯格（Yiftach Eisenberg）说道，"人员更替意味着我们可以捕捉外面发生的事情，如果有些事情不起作用，我们可以迅速前行"。国防科学办公室主任斯蒂芬妮·汤普金斯（Stefanie Tompkins）则认为，"你在一个地方待的时间越长，你就越倾向于厌恶风险。"生物技术办公室主任贾斯汀·桑切斯（Justin Sanchez）也认为，有限的任期与追求远大目标时愿意冒失败的风险之间存在联系，因为"如果你身处一个只有在你搞砸了才会被解雇的地方，你所做的也就只有这么多了"①。在威廉·B. 邦维利安（William B. Bonvillian）总结DARPA成功的12条重要因素中②，"雇佣连续性和变化"机制名列其中；事实上，类似的人力资源管理机制在MIT Rad实验室、Bell实验室等其他知名创新机构中也曾得到使用。许多组织将人才的离开视为失去重要技术经验的一种损失，但在DARPA人们更多地思考拥有长时间技术记忆所带来的缺点，如记忆中的一些内容可能是错误或者过时的，并且阻碍了创新。雇佣对过去失败一无所知的人，有时会打开颠覆性创新的大门。新项目经理带着新鲜的眼光加入DARPA，可以摒弃项目先前的陈旧做法，适时开启一段新的征程。

3.2.2 高度信任与充分自主

DARPA赋予其项目经理的信任与自主权在整个联邦政府范围内是独一无二的③。因为DARPA清楚地知道，如果希望项目经理发挥关键作用，有效实

---

① "Innovation at DARPA," July, 2016, http://www.darpa.mil/attachments/, pp. 2-3.

② William B. Bonvillian, "Power Play," The American Interest, November 1, 2006, https://www.the-american-interest.com/2006/11/01/power-play/.

③ "Defense Advanced Research Projects Agency: Overview and Issues for Congress," updated August 19, 2021, https://crsreports.congress.gov/product/details?prodcode=R45088, pp. 4.

现颠覆性创新和技术转移，那么就需要信任和依赖他们，让他们根据自己的专业和直觉作出判断。不同于美国国家科学基金会（NSF）等机构的项目经理以继承和推进已有项目、使用同行评审来把握项目方向的工作方式，DARPA 的项目经理需要对项目目标制定、技术构想提出、候选方案权衡、承包商选择、技术转移实现等全流程工作负责。因此，给予信任成了鼓励项目经理全身心投入工作的最佳方式。

DARPA 信任其项目经理，并给予他们极大的自主性[①]。DARPA 技术办公室主任和副主任将该机构描述为一个"自下而上"的组织，在这个组织中，研究构想主要来自对某个想法充满热情的项目经理。然而，这并不意味着每一个创新构想最终都能够获得批准，DARPA 内部在项目资助选择上有着严格的审批流程。在投入数百万甚至数千万美元之前，DARPA 管理层必须同意支持这一项目开发。正如战术技术办公室（TTO）副主任帕梅拉·梅洛伊（Pamela Melroy）描述的那样，DARPA 需要考虑"在哪里划定疯狂的界限"，在面对风险较大的项目投资时，"1000 万美元的冒险是一回事，但如果你即将花费 8000 万美元时，你当然希望它可以有效。"[②]

3.3 项目经理的聘用

3.3.1 对项目经理的要求

DARPA 所追求的颠覆性创新需要非凡的项目经理群体来实现。那么，什么样的人可以成为 DARPA 项目经理呢？

第一，按照 DARPA 技术办公室主任和副主任的说法，候选者必须"激情

---

① William B. Bonvillian, Richard Van Atta and Patrick Windham, The DARPA Model for Transformative Technologies (OpenBook Publishers, 2019), pp. 318.

② "Innovation at DARPA," July, 2016, http://www.darpa.mil/attachments/, pp. 5-6.

四射",保持"热血沸腾",以便"在他们短暂的DARPA任期内做出一些新的和重要的事情"①。项目经理必须是才华横溢的人,并且对于实现自己所提出的同样才华横溢的想法充满激情。战略技术办公室(STO)前主任尼尔斯·桑德尔(Nils Sandell)表示,他要寻找的人不仅需要技术强大,具备一定的项目管理经验,更应该是个梦想家,不受当前认知的束缚。这种人具备一种难以言喻的品质,具体表现为愿景和现实的罕见结合。国防科学办公室(DSO)副主任威廉·雷格利(William Regli)表示,"优秀的项目经理是对其专业知识充满自信的人,他们愿意参与讨论,并乐于分享自己的想法。相比学术界大多数人,他们表现出对于创新构想更低的独占欲"。DSO主任斯蒂芬妮·汤普金斯(Stefanie Tompkins)也深有感触,并提到"通常30%新雇佣的项目经理的表现会令人惊讶,但你无法提前知道哪些人属于这30%"②。

第二,成为项目经理,意味着个人具备崇高的使命和历史责任感,愿意将自己的创新想法奉献给国家。自DARPA成立之日起,其创造技术突袭和改变世界的愿景便深深激励着该机构的每一名员工,成为DARPA员工独特性格的一部分。因此,具备崇高使命感的人更容易融入这种工作氛围,成为项目经理群体的一员。20世纪70年代,随着各国雷达防御系统的不断进步,美军迫切需要开发出一种隐身技术以使战机尽可能躲避雷达的探测和追踪。此时,来自莱特帕特森基地空军系统司令部的肯·佩科(Ken Perko)被招募成为DARPA"深蓝(Have Blue)"项目的项目经理,在其不懈的努力下,成功开发出集成最新吸波材料和气动设计的F-117A战斗机概念验证原型,从而使美军空中穿透打击能力走在了世界前列。

第三,深厚的专业背景和工程素养,是大多数项目经理的重要特征③。比

---

① "Innovation at DARPA," July, 2016, http://www.darpa.mil/attachments/, pp. 2.
② "Innovation at DARPA," July, 2016, http://www.darpa.mil/attachments/, pp. 9-10.
③ DARPA项目经理群体中,虽然也有来自各军种擅长于营造梦想的前军事人员,但大多数均具备多年产品或技术开发实践经验,是某一技术领域的专家。

如,"终身学习机器(L2M)"项目经理哈瓦·齐格曼(Have Siegelmann)是超图灵模型的创立者,她成功实现了混沌系统的数学建模,并因此获得了2016 年的 Donald Hebb 奖①。L2M 项目便是以哈瓦·齐格曼提出的模型为基础实施的。DSO 项目经理约翰·梅因(John Main)曾表示,为每个项目选择正确的目标是一门艺术。这需要足够的积极性来创造能量和愿景,需要一段时间才能达到目标,而不是超出可能的范围②。因此,无论是评估把他们带进 DARPA 的技术构想,还是寻找新的研究议题,项目经理都必须了解当前的技术发展趋势,以避免一方面重复已经完成的工作,另一方面将资源投入到目前不可能完成的事情上。做出这种判断需要阅读大量的文献,也需要同相关领域专家进行广泛交流。但不管怎样,自身具备深厚的专业素养是完成上述工作的必要前提。

3.3.2 项目经理的招聘方式

在 DARPA 成立早期,项目经理的招募并不依赖于特定的评估测试、个人面试或者性格分析,而是多以非正式的交流沟通来确定候选人是否适合当前职位。相比于其他素质,DARPA 更加看重候选者技术愿景与该机构项目的符合程度,以及候选人同 DARPA 文化的契合度。随着 DARPA 颠覆性技术开发所涉及的范围愈发广泛,技术挑战更加艰巨,项目经理的招聘逐渐成为 DARPA 各技术办公室的重要工作之一,并主要通过下述方式进行。

一是通过网站招聘项目经理。在 DARPA 官网上常年挂有招聘项目经理的公告,项目经理应聘者须提交项目提案,这些充满"新想法(Fresh Thinking)"的提案将是后期 BAA 发布的潜在基础。

---

① Donald Hebb 奖由加拿大心理学协会于 1980 年设立,通常颁给在认知心理学领域作出突出贡献的人。
② "Innovation at DARPA," July, 2016, http://www.darpa.mil/attachments/, pp. 11.

二是通过前任项目经理推荐。比如梅因是一名数学家,在美国国家科学基金会(NSF)任职期间参加了与DARPA联合开发的"拓扑数据分析"研究项目。该研究工作的项目经理科克伦在2004年任期结束时,便推荐梅因到DARPA任职,接替自己的工作[①]。

三是通过关注各类技术交流活动进展,主动发现项目经理。比如,拉里·罗伯茨(Larry Roberts)带领其团队在一次网络互联实验中实现了两台相隔数千英里的计算机远程通信,这一成果引起了时任DARPA信息处理技术办公室(IPTO)主任罗伯特·泰勒(Robert Taylor)的关注。在后者成功将罗伯特从麻省理工学院林肯实验室调至DARPA后,一个有关计算机网络探索的创新项目——ARPANet便正式诞生了[②]。后续的历史发展表明,ARPANet是人类历史上最伟大的创新成果之一,它宣告了互联网时代的到来。

四是充分利用各类宣讲场合,招聘项目经理。比如,2023年8月在西雅图举办的电子复兴计划(ERI 2.0)峰会上,DARPA现任局长斯特凡尼·汤普金斯(Stefanie Tompkins)完成"DARPA Connect"服务平台介绍后,向与会者发出了项目经理职位招聘交流会的邀请。汤普金斯邀请道:"如果上述内容(指DARPA Connect)让你着迷,你认为自己可能想成为DARPA项目经理,并且有强烈的想法,认为自己可以改变世界,请参加明天晚上五点半到六点半的招聘交流会"[③]。实际上,这项招聘活动已成为每年ERI峰会的惯例。

---

① William B Bonvillian, Richard Van Atta and Patrick Windham. The DARPA Model for Transformative Technologies. OpenBook Publishers, 2019, pp. 276−279。

② 有关拉里·罗伯茨个人介绍,可参见"Larry Roberts," CHM Computer History Museum. https://computerhistory.org/profile/larry-roberts/。

③ 电子复兴计划(ERI 2.0)峰会于2023年8月22-24日在美国西雅图召开,由DARPA主办,并邀请来自美国政府、工业界和学术界的诸多微电子和半导体专家参与,共同探讨该领域所取得的当前进展和未来发展策略。参见"DARPA brings 2023 ERI Summit to Seattle," May 4, 2023, https://www.darpa.mil/news/2023/eri-summit-seaffle。

3.4 项目经理的杰出作用

3.4.1 新技术构想的思想源泉

DARPA拥有着"自上而下,上下结合"的项目生成机制。除了来自国防部、DARPA管理层的立项建议之外,很多项目的最初技术构想来自项目经理提议。事实上,DARPA项目经理的有限任期意味着随着人员更替必然有新的想法源源不断涌入进来,在经过初步探索期后,很多想法深化为广泛机构公告(BAA)。比如,North-C Technologies公司总裁拉里·杰克尔(Larry Jackel)在2003—2007年担任信息处理技术办公室(IPTO)和战术技术办公室(TTO)项目经理期间,构思并管理了"自主地面机器人导航与运动"项目①。此外,开展于20世纪70年代末的"突击破坏者(Assault Breaker)"项目(图3-2),也是项目经理提出并实现新式作战概念的经典案例。

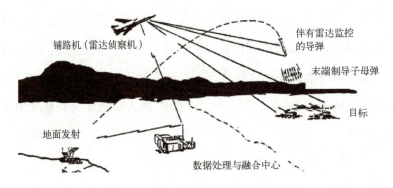

图3-2 "突击破坏者"项目概念②

---

① William B. Bonvillian, Richard Van Atta and Patrick Windham. The DARPA Model for Transformative Technologies. OpenBook Publishers. 2019, pp. xiv.

② "Decisions to be made in charting future of DoD's Assault Breaker," US General Accounting Office, February 28, 1981, https://www.gao.gov/assets/masad-81-9.pdf, pp. 2.

"突击破坏者"项目开展于以苏联为核心的华约组织和以美国为首的北约组织僵持对峙时期。当时，苏联一方在主战坦克、步兵战车和远程火箭炮等陆战装备上占据着数量上的绝对优势，这对西方国家的中欧防御体系形成了沉重的军事压力；再加上此时苏联与美国已经处于战略核均势局面，北约国家所依赖的战术核武器威慑效果被严重削弱，美国急需可以执行纵深突击和战场拦截任务的新式高精度作战武器和手段，以瓦解华约地面武器的立体优势①。此时，DARPA 项目经理利兰德·斯特罗姆（Leland Strom）提出可以利用移动目标指示器（MTI）雷达将导弹引导至目标区域，然后使用末制导子母弹来摧毁目标的设想。时任战术技术办公室主任摩尔采纳了这一构想，并综合考虑了光电导引头战术导弹的实际研发现状，设计了"综合目标捕获和打击系统"概念演示验证项目。这一项目在被时任 DARPA 局长罗伯特·福森（Robert Fossum）批准时，正式更名为"突击破坏者"②。

作为一个项目集合，"突击破坏者"项目涉及雷达侦察机、地面发射系统、多弹头自主制导攻击弹药等多项先进武器的开发和应用。在项目实际执行中，除了麻省理工学院林肯实验室的深度支持外，多名 DARPA 项目经理也参与其中，并发挥了关键作用。该项目所需的传感器、雷达和自动目标识别技术均来自不同项目经理所负责的子项目，雷达侦察机则由项目经理尼古拉斯·威利斯（Nicholas Willis）所管理的铺路机（Pave Mover）项目提供。最终，"突击破坏者"项目成功验证了一种新式联合作战概念，并在 20 世纪美苏对峙胶着时期为美军增添了一项重要能力③。

---

① 在当时，仅 F-111 等少数高性能战斗轰炸机能够以超低空高速渗透战术刺穿华约组织对空防御屏障，但这类资源需要用于摧毁桥梁、军火库等高价值固定目标，无法帮助北约地面部队发挥武器性能优势。其他详情可参见 "Decisions to be made in charting future of DoD's Assault Breaker," US General Accounting Office, February 28, 1981, https://www.gao.gov/assets/masad-81-9.pdf。

② William B. Bonvillian, Richard Van Atta and Patrick Windham, The DARPA Model for Transformative Technologies（OpenBook Publishers, 2019）, pp. 245。

③ "Decisions to be made in charting future of DoD's Assault Breaker," US General Accounting Office, February 28, 1981, https://www.gao.gov/assets/masad-81-9.pdf, pp. 16。

3.4.2 创意变成现实的关键人物

有时,虽然项目经理并非技术构想的来源,但在确定项目执行方向和监管项目实施方面依然发挥了重要作用。作为 DARPA 项目实施的核心,项目经理拥有包括人事、技术、财务、采购等在内的决策权,所有工作都围绕和依靠他们展开。多数情况下,他们自身就是某一技术领域的领导者,不仅具备超前的创新思维和开拓精神,还被风险资本的热情和推动重大技术进步的信念所驱使,已经准备好并愿意承担风险①。同时,项目经理普遍具备专业的知识技能和丰富的管理技巧,他们密切关注不同承包商团队,在各类技术构想中寻找最有可能产生变革影响的方案。比如,DARPA 于 1989 年启动的"高清晰度系统(HDS)"项目资助了多种显示技术,其中一项名为"数字镜像投影"的技术因其卓越的商业成就获得了奥斯卡技术成就奖。HDS 项目经理马尔科·斯卢萨丘克(Marko Slusarcuk)在加入 DARPA 之前供职于国防分析研究所(IDA),得益于在 IDA 期间对微电子领域军事应用的认知和商业发展方面的高度敏感性,他坚持将 HDS 项目资助授予最初被否定的得州仪器公司数字镜像投影技术提案,直至该提案最终取得巨大成功②。

3.4.3 技术变革的坚强推动者

颠覆性创新的过程充满着变数和挑战。因此,除了专业知识和管理技巧之外,坚定的信念和顽强的意志同样是 DARPA 项目经理所具备的宝贵品质。高保证网络军事系统(HACMS)项目的实施,便是 DARPA 项目经理坚持不懈推

---

① Tammy L. Carleton, "The value of vision in radical technological innovation," September 2010, https://purl.stanford.edu/mk388mb2729, pp. 27.

② William B. Bonvillian, Richard Van Atta and Patrick Windham, The DARPA Model for Transformative Technologies (OpenBook Publishers, 2019), pp. 262–268.

动技术变革的又一典型案例①。

长久以来，美国国防部一直关注尖端武器所具有的"普遍脆弱性"，即先进的电子通信设备容易遭受外来信号干扰，从而失去原有性能。这一缺陷对于自主武器系统的使用安全性尤为重要；因此，如何利用创新技术手段为武器系统创建安全的网络连接成了不可忽视的问题。基于自身专业理解和对该领域工业实践进展的多年跟踪，塔夫茨大学计算机科学家凯瑟琳·费希尔（Kathleen Fisher）博士敏锐地察觉到了这一问题，并提出基于正式方法的软硬件开发构想来构建高可靠性网络物理系统的改进思路②。在成功说服 DARPA 资助这一构想后，由费希尔博士担任项目经理的 HACMS 项目于 2012 年正式启动③。HACMS 项目希望通过发明与现有软件编制方法存在根本性不同的代码生成技术，来实现高保证军用装备信息物理系统，并在军用车辆、无人机、操作系统及控制组件上进行技术验证。该项目分为三个阶段实施，历时 4.5 年，耗资 6000 万美元，并成功吸引了明尼苏达大学、罗克韦尔·柯林斯及波音公司等机构参与。在历经多次尝试和失败后，2017 年 HACMS 项目进入了令人瞩目的演示验证阶段。在演示现场，由专业人员组成的红队对一架波音"无人小鸟"（ULB）直升机发动网络攻击，他们的任务是扰乱直升机的正常操控。攻击人员对该机型系统有着深入了解，并且被授予了飞机任务控制计算机上一个分区的完全访问权限。然而，在 HACMS 项目技术成果的保护下，本次攻击没有成功。这次测试也是 HACMS 项目的高潮，它有效证明了费希尔博士所提出的技

---

① "HACMS: High-Assurance Cyber Military Systems," https://www.darpa.mil/research/programs/high-assurance-cyber-military-systems.

② Kathleen Fisher, "Using Formal Methods to Enable More Secure Vehicles," published August 19, 2014, https://doi.org/10.1145/2628136.2628165.

③ DARPA-BAA-12-21, "High-Assurance Cyber Military Systems (HACMS)," posted March 1, 2012, https://www.highergov.com/grant-opportunity/high-assurance-cyber-military-systems-hacms-146074/.

术构想的可行性①。2021 年，DARPA 再次向 Defcon 航天村的所有参与者发出挑战，邀请他们通过无线网络闯入同样由 HACMS 项目团队开发的开源测试平台——SMACCMcopter②。结果，本次挑战赛以航天村一方的失败而告终，再一次验证了 HACMS 项目成果的有效性。正是因为项目经理所具有的执着精神，使得部分项目经理可以在 DARPA 需要时反复聘任，并不断为 DARPA 带来新的技术进展和创意，推动其不断实现颠覆性创新。

3.5 项目经理制度分析

DARPA 项目经理制度深受范内瓦·布什所提倡的专家管理机制影响，构成了 DARPA 模型的核心特征；同时，该制度也是 DARPA 同周边创新生态不断相互促进产生的积极成果，并在近年来被联邦政府推广到能源高级研究计划局（ARPA-E）和情报高级研究计划局（IARPA）等其他机构③。项目经理制度的实施，成功吸引了众多来自大学、企业、联邦实验室、政府资助的研发中心等机构的人才加入到 DARPA 颠覆性创新过程中来，推动了一次次技术变革的产生。

3.5.1 实施效果

项目经理搭建了新技术演示验证与实际应用之间的桥梁，在技术转

---

① Kathleen Fisher, "Serving as a DARPA PM: A very long lever arm," October 2021, https://cra.org/crn/2021/10/serving-as-a-darpa-pm-a-very-long-lever-arm/.
② 航天村是一个由黑客、工程师、飞行员、政策领导人以及来自公共和私营部门人员组成的多元化社区，以创建和发展航空航天网络安全技术为重点，促进该领域发展。详见"The mission," https://www.aerospacevillage.org/mission。
③ Bonvillian W B., and Van Atta R, "ARPA-E and DARPA: Applying the DARPA Model to Energy Innovation" The Journal of Technology Transfer, 2011, 36: 469-513.

移中起到了关键促进作用。DARPA一直致力于实现根本性技术变革，并一直努力投资于该机构所谓的"平台"——不仅仅是特定的产品，还包括可以用于持续发展的技术基础和实践社区。以"大机制（Big Mechanism）"项目为例，该项目的目标是开发针对大量数据的自动化分析能力，使计算机能够识别因果关系和其他数据模式①。在该项目实施前，大量数据分析需要一个劳动密集型的手动过程来实现。"大机制"项目的重点成果是解释Ras蛋白在癌症形成过程中的作用。人们希望可以借助对大量研究文献的智能化自动分析以对癌症形成机理产生新的理解，这些新知识有助于预防和治疗癌症。这已经是一个无价的项目成果，但该项目还有一个更为宏远的目标：在许多问题上使用"大机制"的潜力和开发技术，包括对大量情报信息进行快速和全面的分析。换句话说，要开发一个新的"平台"②。

3.5.2 成功的原因

DARPA项目经理制度能够有效沿用至今，其根本原因在于它满足了颠覆性创新管理的客观需要；同时，完备的法规也为项目经理制度实施提供了基础和保障。履行公权力的岗位职责要求DARPA项目经理为国家公职人员，而颠覆性技术创新又提出了专家参与科研管理的必然要求。对此，DARPA项目经理制度完美实现了上述两者的结合，成为了DARPA迈向成功的关键因素。

---

① "Big Mechanism," https://www.darpa.mil/research/programs/big-mechanism.
② Paul R Cohen, "DARPA's Big Mechanism program" published July 15, 2015, https://iopscience.iop.org/article/10.1088/1478-3975/12/4/045008.

3.5.3 职位吸引力

DARPA前局长克雷格·菲尔兹（Craig Fields）曾说过，"在你想做事情时，有没有找到合适的项目经理？如果没有，那什么都不会发生。"[①] 那么为何众多才华横溢的杰出专家会选择离开大学终身教职或公司高级管理岗位，降薪接受有限任期的项目经理一职呢？

首先，拥有充分的信任、自由与资源，是吸引项目经理加入的最直接原因。许多项目经理来到DARPA，可以有机会实现他们多年来一直在思考和酝酿的技术构想，而此前他们并没有时间和资金来完成这些想法。战术技术办公室（TTO）项目经理丹·帕特（Dan Patt）将自己在DARPA的工作描述为一个机会，可以"成为变革和塑造未来的一部分"。生物技术办公室（BTO）项目经理菲利普·阿尔瓦尔达（Philip Alvelda）正在从事下一代脑机接口技术研究，这项技术使人们能够利用自己的意念来移动假肢。他说，"有多少人能运用他们的专业知识，为我们从工业时代走向由思想控制的时代作出贡献？在地球上所有地方中，DARPA就是可以实现这一点的地方。"国防科学办公室（DSO）项目经理约翰·梅因（John Main）表示，一些在以前工作岗位上自称为"无聊学者"的项目经理，愿意用枯燥乏味的例行公事换取在一个"每天生活都可能不同"的地方从事非凡工作的机会，这并不奇怪。同时，约翰·梅因还在DARPA项目经理身上看到了"强烈的爱国主义"。"他们想用他们擅长的技能帮助这个国家，"梅因说道，"对于科学家来讲，能为国家安全作出贡献的方式并不多。[②]"

DARPA给予了项目经理在挑战极限过程中高度的信任，并为此授予他们

[①] Jeffrey Mervis, "What Makes DARPA Tick?" Science, February 5, 2016, DOI: 10.1126/science.351.6273.549, pp.552.

[②] "Innovation at DARPA," July, 2016, http://www.darpa.mil/attachments/, pp.10-11.

作出决定和按照他们认为最合适的方式开展工作的自主权。DARPA 认为，无须获得主管许可即可自由作出决定和采取行动，这一点对于该机构的创新至关重要。正如微系统技术办公室（MTO）主任查普尔（Chappell）所说的那样，"找到最好的人，然后信任他们。"[①] DARPA 的项目经理不用进行大量的重复性汇报，可以把有限的时间和精力放在项目跟进和源源不断产生的新奇点子上。在经费安排上，项目经理可以根据需要做出调整，甚至可以根据需要启动或者叫停某个子项目。此外，DARPA 的项目经理拥有可供其支配的大量资源。例如，项目经理吉尔·普拉特博士曾在2012—2015年间担任 DARPA 机器人挑战赛的领导者，其在 DARPA 供职期间每年经费预算约5000万美元，六年时间的总经费预算达到了2.9亿美元。吉尔·普拉特博士使用这些经费在推进项目的同时还推动开办了机器人、神经形态计算和计算机视觉等课程，在知识传播和建立该项目相关的技术社区方面得到了 DARPA 足够的支持[②]。

其次，项目经理可以成为所属技术领域连接大学、企业、研究机构和社会组织的核心节点，创建加速学科发展的技术社区。在同外界不断的交流过程中，许多项目经理意识到建立一个长久存在的技术社区来推动技术进步与行业发展，也是自己的重要职责之一。技术社区是将新技术从培育开发过渡到成功应用的重要促进因素，不仅社区成员可在技术商业化过程中作出贡献，社区自身还可能产生远远超出当前项目所期望的创新成果。DARPA 信息创新办公室（I2O）项目经理麦克·沃克说道，"工程进展多是通过咖啡屋来发生，而我的工作便是建造咖啡屋。" TTO 项目经理丹·帕特同样认为："项目结束了，但是社区会留下持久的价值。"[③] 大多数项目经理在回忆起曾经的 DARPA 岁月

---

① "Innovation at DARPA," July, 2016, http://www.darpa.mil/attachments/, pp. 5.
② William B. Bonvillian, Richard Van Atta and Patrick Windham, The DARPA Model for Transformative Technologies (OpenBook Publishers, 2019), pp. 318-320.
③ "Innovation at DARPA," July, 2016, http://www.darpa.mil/attachments/, pp. 15.

时,都认为在该机构的任职经历是其职业生涯中最激动人心和刺激的时期①。

3.5.4 局限性

虽然项目经理制度在 DARPA 颠覆性创新过程中起到了重要推动作用,成为该机构长久保持创新活力、不断吸收新奇构想的制度基础,但同时在人员归属感、职业发展诉求等方面也存在一些局限。

首先,联邦政府公职人员聘任的长期性与项目经理的短任期之间存在矛盾。DARPA 项目经理属于临时联邦雇员,其任务使命为在有限的时间内完成颠覆性技术开发,并推动技术成果的顺利转移。这一职位不具备长久性和稳定性。短任期固然有助于项目经理将全部精力投入项目策划和管理过程,避免其受到职位升迁、官僚文化的影响而失去冒险精神,但同时也无法对项目经理职业生涯的连续性和归属感带来积极作用。多数情况下,项目经理因其个人梦想、激情、对改变的渴望参与到技术冒险中,他们所面临的是未知的探险旅程和任期结束后的再次选择。在学习借鉴 DARPA 的成功经验时,需要审慎对待该机构项目经理制度本身固有的两面性。

其次,DARPA 部分项目经理缺乏专业理论和工程实践经验。DARPA 项目经理人员组成较为多样,虽然绝大部分拥有深厚的科学与工程实践背景,但也有个别人员只是发挥组织和监督职能。这些项目经理有些来自军方,他们更加熟悉装备部署的现状和未来需求;有些则仅仅提出一个构想,他们是单纯的梦想家。此外,尽管大部分项目构想在 DARPA 规定的框架下被同一项目经理提出和实施,但也有部分技术项目创意的实施者并非提出者本人,甚至有些项目经理是在完成他人遗留的工作任务后才开始将自己的技术构想

---

① William B. Bonvillian, Richard Van Atta and Patrick Windham, The DARPA Model for Transformative Technologies (OpenBook Publishers, 2019), pp. 54.

付诸实践。

再次,DARPA 项目经理制度依然需要完善。至今为止,DARPA 从未在其官方文件中对该机构的项目经理制度进行过系统阐述,甚至在项目经理招聘方面也没有固定的方法与流程。DARPA 项目经理的招聘主要基于个人技术愿景和沟通协调能力[1],所采取的方式更多地基于推荐、交流和邀请。此外,DARPA 项目经理的短任期属性也迫使他们不得不将更多的精力投入到技术实现上来,而忽视了技术信息传播等方面的培训[2]。

---

[1] Tammy L. Carleton, "The value of vision in radical technological innovation," September 2010, https://purl.stanford.edu/mk388mb2729, pp. 70.

[2] 参见 "Defense Advanced Research Projects Agency: Key Factors Drive Transition of Technologies, but Better Training and Data Dissemination Can Increase Success," U. S. Government Accountability Office, November 18, 2015, https://www.gao.gov/products/gao-16-5. 和 "Defense Technology Development: Management Process Can be strengthened for New Technology Transition Programs," U. S. Government Accountability Office, June 17, 2005, https://www.gao.gov/products/gao-05-480。

FRONTIER TECHNOLOGY
INNOVATION MANAGEMENT OF
DARPA

第4章
DARPA的项目管理

从名称可知，DARPA 是一个项目管理机构，该机构名称中最重要的词为"项目（Projects）"。美国国防部 5134.10 号指令明确规定，DARPA 的重要职责便是"追求未来可能对国家安全产生重大影响、超越当今已知需求和要求的富有想象力和创新性的研发项目"[①]。多年来，DARPA 一直专注于具有高风险和高收益属性的颠覆性技术开发，并在常规项目管理模式基础上形成了自己独特的管理哲学。虽然目前没有官方文件对 DARPA 的项目管理过程进行系统阐述，诸多针对该机构项目管理机制的研究也各有观点[②]，但 DARPA 在颠覆性技术探索中表现出的前瞻性、连续性和有效性早已得到人们共识。同时，该机构项目管理所体现出的灵活性与创新性，也给其他效仿机构带来了众多启示。

4.1 项目整体情况

2008—2017 年 DARPA 项目统计如表 4-1 所列。

表 4-1 DARPA 项目统计（2008—2017 年）[③]

项目相关数据	年份									
	2008 年	2009 年	2010 年	2011 年	2012 年	2013 年	2014 年	2015 年	2016 年	2017 年
预算/亿美元	26.7	30.15	29.91	28.35	28.16	28.17	27.79	29.15	27.53	29.16
项目单元数量/个	18	19	19	19	22	19	17	16	17	17

---

① "Defense Advanced Research Projects Agency (DARPA)," Department of Defense, May 7, 2013, https://www.esd.whs.mil/Portals/54/Documents/DD/issuances/dodd/513410p.pdf, pp. 2.

② 郝君超、王海燕、李哲：《DARPA 科研项目组织模式及其对中国的启示》，《科技进步与对策》2015 年第 9 期；贾珍珍、曾华峰、刘戟锋：《美国颠覆性军事技术的预研模式、管理和文化》，《自然辩证法研究》，2016 年第 1 期；李涵宇、李景龙：《美国情报高级研究计划局项目管理研究》，《情报杂志》，2018 年第 9 期；开庆、窦永香、王天宇：《生命周期视角下美国国防部高级研究计划局颠覆性创新项目管理机制研究》，《科技管理研究》，2022 年第 15 期。

③ 杨芳娟、梁正、薛澜等：《颠覆性技术创新项目的组织实施与管理——基于 DARPA 的分析》，《科学学研究》2019 年第 8 期。

续表

项目相关数据	年份									
	2008年	2009年	2010年	2011年	2012年	2013年	2014年	2015年	2016年	2017年
领域数量/个	38	38	39	39	46	43	39	39	39	38
项目数量/个	286	314	270	252	196	170	162	170	219	205
广泛机构公告数量/个	70	75	93	73	63	34	65	64	68	70

从近些年统计情况来看，DARPA 年度正常开展的项目约为 250 个，年均经费预算接近 30 亿美元①，平均每个项目所获得的经费支持超过 1200 万美元②。这些项目周期一般为 3~5 年，部分项目（如"可解释人工智能"，XAI）分成前后两个阶段，后一阶段的经费和研究目标会根据前一阶段进展情况视情调整，实施进展不理想的项目可能被终止或合并进入其他项目集③。DARPA 的项目管理结构分为三级，从大到小依次为项目单元（Program Element）、领域（Project）和项目（Program）④。近年来，该机构年度预算列出的项目单元、领域和项目数量基本维持稳定。以 2023 年为例，DARPA 共安排 14 个项目单元、33 个技术领域，每年调整和新增项目约占 20%（图 4-1）。

---

① "Breakthrough Technologies for National Security," March 2015, https：//www.esd.whs.mil/Portals/54/Documents/FOID/Reading%20Room/DARPA/15-F-1407_BREAKTHROUGH_TECHNOLOGIES_MAR_2015-DARPA.pdf, pp.3.

② 2021—2023 年间，DARPA 的年度经费预算不断增长，平均值约为 35 亿美元；其中，2023 年预算已超过 40 亿美元。

③ 部分 DARPA 项目周期长达 7~8 年，如隐身飞机（Have Blue）、突击断路器（Assault Breaker）和琥珀色（Amber）等。参见 William B. Bonvillian, Richard Van Atta and Patrick Windham. The DARPA Model for Transformative Technologies.（OpenBook Publishers, 2019），pp.236。

④ DARPA 年度预算便按照此三级项目形式进行编制。

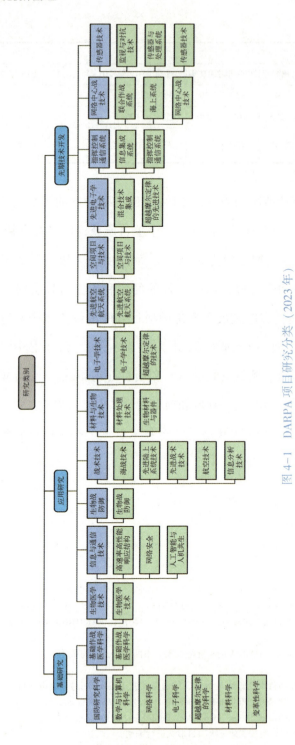

图 4-1 DARPA 项目研究分类（2023 年）

4.2 项目管理流程

作为项目管理机构，DARPA 项目管理工作的开展基于美国国防部管理体系和制度基础，并无特殊之处。相比我国现有科研项目管理而言，DARPA 项目管理强调从技术构想提出到实现技术转移的完整闭环过程。在众多针对 DARPA 创新机制和成功探秘的研究资料中，鲜有关于其项目管理流程与制度的系统性阐述，即便在 DARPA 发布的官方文件中也只是片段化表述。综合分析众多相关材料，作者认为 DARPA 的项目管理流程可大致分为五个阶段①，如图 4-2 所示。

图 4-2　DARPA 项目管理流程

4.2.1　招聘项目经理

DARPA 坚持认为，在没有好的技术构想和实现这一构想的合适人选时，该机构不会启动任何项目②。因此，DARPA 对项目经理招聘工作非常重视。DARPA 项目管理的一个突出特点，即是在该机构战略规划指导下通过征集项目经理来征集项目创意。DARPA 官网上并无项目征集公告，但长年刊登项目经理招聘启事。应聘项目经理职位的候选人要提交项目创意书，该创意书需按

---

① Tammy L. Carleton, "The value of vision in radical technological innovation," September 2010, https://purl.stanford.edu/mk388mb 2729. pp. 63.
② "Strategic Plan," DARPA, February 2003, https://ro.scribd.com/document/728053571/1068, pp. 5.

照海尔迈耶准则（Heilmeier Catechism）来组织；也就是说，具备"新想法（Fresh Thinking）"是成为 DARPA 项目经理的必要条件①。20 世纪 70 年代中期，由于缺乏创新性的技术构想，DARPA 一度陷入低谷。当时，很多项目仅仅因为申报人与国防部有着良好的信任关系，就可以年复一年获得几百万美元的支持，而不用对资金的用途做出详细解释。这一境况直到 DARPA 新局长海尔迈耶（G. H. Heilmeier）上任后才得到缓解②。海尔迈耶所提出的一系列看似浅显却独具深意的问题，重新激活了 DARPA 的创新灵魂。

DARPA 项目管理的一个显著特点是该机构主要资助短期项目（项目周期一般为 3~5 年）。通常，只有物色到合适的项目经理，DARPA 才会启动项目工作。正如 DARPA 自己所说的那样，"如果找不到项目经理，那么什么都不会发生"③。在不断进行项目经理筛选的过程中，DARPA 总结出一些直觉标准，包括技术专长、远见思维、领导力、沟通技巧和责任心。一位曾在 DARPA 任职的副局长表达了他对于项目经理招聘的体会，强调创造力和技术知识相结合的重要性："我们需要人们思考宏大的想法，真正推动技术前沿，但要以严谨的方式去做。这不仅仅是说，我想要建造一台传送机，还要说明你到底想怎样做，以及我们为什么相信你可以成功。这就是我所说的技术创造力、严谨和诚实。这是一种创造力，但同时需要与有意义的事情联系在一起。"④

一般来说，DARPA 的招聘过程并不依赖于特定的评估测试、个人面试或者性格分析，除了利克莱德（J. C. R. Licklider）在 20 世纪 70 年代通过米勒类

---

① "Research Opportunities," https://www.darpa.mil/work-with-us/opportunities.
② Heilmeier 因其在普林斯顿 RCA 实验室所从事的液晶电光效应领域的开创性工作而获得国际公认，并曾担任 DARPA 局长（1975—1977）和 Bellcore（Telcordia Technologies）公司首席执行官。参见 "George H. Heilmeier 1936-2014," https://www.nae.edu/192028/GEORGE-H-HEILMEIER-19362014。
③ Jeffrey Mervis, "What Makes DARPA Tick?" Science, February 5, 2016, DOI: 10.1126/science.351.6273.549, pp. 552.
④ Tammy L. Carleton, "The value of vision in radical technological innovation," September 2010, https://purl.stanford.edu/mk388mb2729, pp. 71.

比测试和研究生入学考试（GRE）成绩来评估研究生以外，DARPA 对候选人的评估历来采用非正式的形式。一名技术办公室主任解释说，"这不是一个正式的过程，我们不给他们做什么测试。相反，对候选人的评估很大程度上基于他所提出的技术愿景的相关性和与 DARPA 文化的契合度。"总的来说，雇佣众多有远见的项目经理至少在两个方面使 DARPA 受益。首先，这些远见卓识者开辟了新的研究领域，而这些领域往往以前并不存在。其次，技术办公室主任可以通过雇佣具有创新愿景的项目经理而在国防研究领域获得更广泛的影响力[1]。

4.2.2 愿景制定

愿景制定是新项目经理加入 DARPA 后所从事的一项重要工作，其本质是技术构想的形成。一些项目经理带着清晰和长远的想法来到 DARPA，而另一些人则从部分想法开始通过研讨、概念论证等工作迅速改进最初的设想，将种子构想不断成熟。这一阶段活动结束时项目经理完成广泛机构公告（BAA）的制定，此时所有的技术构想已被规范化和文档化，并成为待批准的候选项目[2]。一般情况下，BAA 会经过项目经理、项目管理助理局长、技术办公室主任、总法律顾问、小企业项目办公室、合同官员、局长、合同管理办公室等评审，并最终由 DARPA 局长批准后公开发布[3]。BAA 得到发布批准，标志着愿景制定阶段的结束。

愿景制定阶段通常为期 18 个月左右，这是一个项目经理主导的反复迭代

---

[1] Tammy L. Carleton, "The value of vision in radical technological innovation," September 2010, https://purl.stanford.edu/mk388mb2729, pp. 72.

[2] DARPA 发布项目建议征集有多种形式，包括广泛机构公告（BAA）、研究公告（RA）、项目公告（PA）和特别通知（SN）等。其中，BAA 是最主要的提案征集方式。

[3] "DARPA Guide to Broad Agency Announcements and Research Announcements," DARPA, January 23, 2014, https://www.darpa.mil/sites/default/files/attachment/2024-12/darpa-guide-broad-agency-announcements-research-announcements.pdf, pp. 10.

的过程。在阶段目标定义中，项目经理需要说清楚想做什么，并且符合 DARPA 的使命任务要求。需要注意的是，并非所有的想法最终都能转化为项目实施，不能清晰定义项目目标或不满足 DARPA 使命任务要求的构想将被放弃。虽然每一个项目的研究内容和目标各有不同，但这些项目在挑战未来方面有着共同的愿景。鼓舞人心的愿景在技术上普遍具备挑战性、可操作性、多学科性和深远性等特征，见表 4-2。这四个愿景的共同特征在 DARPA 内部被定义成一个新的术语——"DARPA 内涵（DARPA Hard）"。"DARPA 内涵"代表了一个无法轻易解决的、大胆的技术挑战，通常需要新的知识、创意和非常规举措才能实现。这一概念已经深深植入 DARPA 的组织文化中，成为评估技术创意的内部标准[①]。

表 4-2　DARPA 项目愿景标准

愿景特征	描　述
技术挑战性	愿景必须超越当前技术与知识状态的局限
可操作的	愿景可以落地，并且产出结果
多学科融合	愿景实现需要基于多领域的知识和专家贡献
深远的	愿景对社会进步有着重大推动作用

4.2.3　项目启动

项目启动阶段是确定承包商的过程。一旦项目被批准，DARPA 的项目管理流程便进入项目启动阶段，此时项目经理可以通过官方征集程序公开宣布并启动新项目。在 DARPA 成立早期，项目经理在招募承包商时更依赖于使用临时举措，但在 1984 年之后，国会要求 DARPA 对于项目承包商的选择和评估均

---

① Tamara Carleton, "Point of View: Changing Culture Through Visionary Thinking: Applying the DARPA Hard Test for innovation," June 2015, DOI: 10.5437/08956308X5803008.

通过 BAA 形式进行①。BAA 不同于竞争性建议征集（RFP）程序，后者是一种美国联邦政府制定的与特定系统或硬件采办开发相关的更为常见的获取形式②。项目启动阶段结束时，项目承包商、资助方式和技术实现路径会最终选定；有时根据需要，一个复杂项目会被分解成多个子项目由不同的团队来实施。

DARPA 发布的 BAA 具有以下特点：一是目标清晰，路径开放。BAA 文件通常包括项目简介、目标、实施阶段、技术要点、计划进度表、里程碑节点、提交成果等内容③。BAA 在时间维度上将项目分解为若干实施阶段，在技术维度上将项目分解为若干技术要点，详细描述每个要点关注的问题及相互关系，设定每个要点的阶段目标和提交成果。二是项目评审标准明确。BAA 清晰阐述了 DARPA 的项目评审标准，按照权重从高到低，包括项目总体科技水平、对 DARPA 使命的潜在贡献及相关性、成本预算的真实性。根据实际情况，可能还考虑计划进度的可行性、组织管理架构的合理性、申请人的研究基础或经历等因素。三是具有较高的申请门槛和较强的针对性。从内容来看，大部分 BAA 对申请者的资质没有特殊要求，但要提交合格的项目建议书，这对申请者来说是一件极其严肃慎重的事，不仅需要阐明项目规划和技术途径，还需要提交详细的经费测算报告和演示文档。只有那些在相关技术领域具有长期积累、真正有实力且有信心完成所要求研究任务的申请人，才可能提交合格的项目建议书。

DARPA 根据相关法规要求，通过公开公平的竞争程序征集项目承包商。

---

① Tammy L. Carleton, "The value of vision in radical technological innovation," September 2010, https://purl.stanford.edu/mk388mb2729, pp. 64.

② 有关竞争性建议征集（RFP）程序的使用，可参见联邦按条例（FAR）"15.203 Request for Proposal," https://www.acquisition.gov/far/15.203。

③ "DARPA Guide to Broad Agency Announcements and Research Announcements," DARPA, January 23, 2014, https://www.darpa.mil/sites/default/files/attachment/2024-12/darpa-guide-broad-agency-announcements-research-announcements.pdf.

在 BAA 正式发布前后几天或几周，DARPA 通常会举行提案者日（Proposers' Day）活动①，向潜在参与者讲解项目目标、项目内容、合同签订流程等内容。提案者日往往能邀请到几十或上百家相关领域潜在承包商的参与，他们可就自身关心的问题向项目经理和 DARPA 有关人员提问。同时，该活动也为各潜在承包商提供了一个交流互动的机会。以 2013 年 3 月"战术利用侦察节点（TERN）"项目提案者日活动为例，该活动共有包括企业、大学、政府和军方科研组织在内的 129 家机构参与②。考虑到个别项目合作方的需求，在提案者日活动结束后 DARPA 也会与其进行一对一的交流讨论。

在决定参与 DARPA 项目后，潜在承包商依据 BAA 撰写并提交项目建议书，并需要确保建议书内容完整和格式正确。与其他机构项目评审方式不同，DARPA 不使用传统的"同行评审（peer review）"方式，而是采用"科学评审（Scientific Review）"方式。评审主要审查方案可行性、技术创新性、预算的合规合理性等是否符合 BAA 要求。科学评审由项目经理为核心的评审团队负责实施。项目经理首先指定不少于 3 名审查人（均为政府雇员）对建议书给出书面意见（不进行建议书之间的相互比较），并就有关技术问题指定主题专家（Subject Matter Expert）做出书面评价。此后，项目经理综合审查人和主题专家意见，书面记录自己的资助决定（可以与审查人和主题专家意见不同，但需说明理由）。该决定会报送科学评审官（一般为技术办公室主任）审核，由其对项目经理的选择出具最终评审意见。当项目成功获得资助意向时，科学评审官将签署订单采购指南（ARPA Order Procurement Guidance，AOPG），给出项目资助额度建议。需要特别指出的是，项目经理在"科学评审"中几乎拥有绝对的权威，科学评审官极少推翻项目经理的资助建议。图 4-3 所示为

---

① "DARPA Guide to Broad Agency Announcements and Research Announcements," DARPA, January 23, 2014, https://www.darpa.mil/sites/default/files/attachment/2024-12/darpa-guide-broad-agency-announcements-research-announcements.pdf, pp. 7.

② "Tern: Tactically Exploited Reconnaissance Node," https://www.darpa.mil/research/programs/tern.

BAA 发布-合同授予流程。

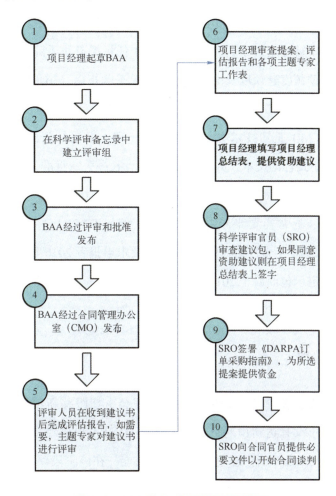

图 4-3　BAA 发布-合同授予流程图①

DARPA 对于研发项目常用的资助方式包括合同、协议、其他交易等②，根据项目类型与承包商特点，由 DARPA 和承包商协商确定。合同定价是

---

① "Improvements needed at the Defense Advanced Research Projects Agency when evaluating Broad Announcement Proposals," September 6, DoD Inspector General, 2013, https://media.defense.gov/2013/Sep/06/2001713302/-1/-1/1/DODIG-2013-126.pdf, pp. 4.
② 参见 "Using Procurement Contracts and Grant and Cooperative Agreements," https://www.govregs.com/uscode/title31_subtitleV_chapter63 和 "Why Use the OT process?" https://acquisitioninnovation.darpa.mil/why-use-the-ot-process。

DARPA 经费审批的重要环节，这一过程会重点审查经费需求的合理性、测算支出的正确性和成本数据的真实性。合同定价的完整流程包括：项目建议书技术内容通过评审被确定资助后，技术办公室主任将拟资助项目的建议书、专家评审意见、资助额度建议以及由此生成的订单采购指南（AOPG）一并提交给合同管理办公室（CMO）；合同管理办公室组织实施定价程序，确定合同资助价格；之后，CMO 通知技术办公室和项目经理，根据最新的价格信息修改 AOPG 后起草正式合同文本，并报 DARPA 主计长办公室批准生效。

在承包商获得资助后，项目经费会被纳入后续财年预算。从 BAA 发布到项目纳入预算，通常需要半年左右的时间。例如 DARPA "可解释人工智能（XAI）"项目 2016 年 8 月 10 日发布 BAA，要求申报者 2016 年 11 月 1 日前提交建议书，确定承包商后于 2017 年 5 月将资助经费额度纳入国防部 2018 财年预算①。

4.2.4 过程管理

在项目过程管理阶段，DARPA 项目经理会密切跟踪新项目的工作进展，并随时准备终止没有达到预期目标或无法对 DARPA 提供经验帮助的子项目。这一阶段强调 DARPA 项目经理的实际管理技能，在该阶段项目经理通常以年度为周期对其所管理的技术投资进行进度评估和经费审查。

DARPA 项目过程管理严格按照合同协议进行，强调契约精神。在合同执行过程中，承包商需要按照约定提交定期进展报告（一般是每年提交一次，合同可以约定更高的提交频次），项目经理对里程碑节点和项目进展情况进行评估，给出继续执行或终止项目等意见，并根据合同约定采用预先支付、按进

---

① 参见 "Explainable Artificial Intelligence（XAI），" DARPA‐BAA‐16‐53, August 10, 2016, https://www.highergov.com/contract‐opportunity/explainable‐artificial‐intelligence‐xai‐darpa‐baa‐16‐53‐p‐c5293/, pp.4 和 "Department of Defense Fiscal Year（FY）2018 Budget Estimates," May 2017, https://comptroller.defense.gov/Budget‐Materials/Budget2018/。

度支付、按绩效支付等不同方式付款，在有效保障项目经费使用需求的同时防控经费使用不当的风险。

4.2.5 技术转移

DARPA 项目管理流程的最后一个阶段是技术转移，这也是该机构将研究成果向实际应用转化的关键环节①。在这一阶段，项目经理多以功能原型样机的形式将开发完成的技术成果移交给军事部门或相关工业部门，并通过谅解备忘录（MOU）和用户测试程序等方式与用户进行沟通②。

在项目管理过程中，DARPA 下述举措有助于实现技术转移：一是 DARPA 充分利用各种宣传途径，对新技术进行演示验证。例如，DARPA 认为使用开放标准的计算机网络可以取代专有网络，以此推动了商业互联网的发展③。由于在先进武器技术开发上的预见性，DARPA 推动了隐身技术、夜视技术、精确打击系统和无人机的初步验证。此外，DARPA 还利用公开会议、大奖赛和"技术插入项目"（在现有军事系统中演示新技术）等方式来宣传各种新技术能力④。二是 DARPA 创造了一个新技术倡导者社区。DARPA 项目经理与承包商共同创建了一个技术社区，参与项目的研究人员在政府部门、大学和企业等不同机构任职，他们成为了该技术领域的"变革倡导者"。三是 DARPA 与国防部领导层保持着密切联系。DARPA 致力于解决国防部高层关注的问题，该机构与国防部长和其他高级官员的密切联系不仅有助于保持其自身的独立性，

---

① 事实上，DARPA 非常注重技术转移，项目经理从立项之初便需要考虑后续技术转移的实施过程，项目推进过程中也需要审核技术转移策略的执行效果。鉴于技术转移工作的主要内容在项目开发中后期发生，这里将技术转移工作作为 DARPA 项目管理的最后一个阶段予以讨论。
② Tammy L. Carleton, "The value of vision in radical technological innovation," September 2010, https://purl.stanford.edu/mk388mb2729, pp. 65.
③ Kevin Featherly, "A packet of data in ARPANET," updated November 7, 2024, https://www.britannica.com/technology/Internet/Foundation-of-the-Internet.
④ DARPA 60 years: 1958-2018 (Faircount Media Group, 2018), pp. 18.

而且在 DARPA 发起的持续交互过程中，国防部高层迫切希望看到新技术的进一步开发、转化和运用①。四是 DARPA 与客户保持着持续沟通。一方面，国防部可以通过联邦实验室、承包商或采办系统获得由 DARPA 开发的先进原型技术，将该技术转化为实际产品；另一方面，私营部门可以通过与 DARPA 合作，将项目技术成果实现商业化应用。

从上述分析可知，DARPA 的项目管理过程涵盖了技术构想提出、BAA 编制、提案者日交流、承包商合同签署、执行过程评估和技术转移等多个环节，这些环节紧紧相扣，构成了 DARPA 完备且独特的项目管理体系。

4.3 项目管理特点

回顾 DARPA 所完成的各类前沿技术开发项目可以发现，每个项目在技术实现路径和应用场景方面都有其独特的属性。至今为止，DARPA 没有形成也从来未曾设想去寻找一个共同的范式进行项目管理②。相比使用统一的管理模式而言，DARPA 在遵循项目管理基本要求基础上，强调前沿创新管理必须符合客观规律。有时，为了考察不同技术途径的可行性，项目经理会同时支持多个技术方案，并在必要时中途引入新的承包商，采用"组合投资"的方式来提高项目成功率。总体上看，DARPA 项目管理具有下述特点。

4.3.1 合理的项目生成方式

DARPA 的技术开发始终以任务需求为导向，采用"自上而下"的流程定义问题，并以"自下而上"的流程找到想法。在确定支持范围方面，该机构

---

① William B. Bonvillian, Richard Van Atta and Patrick Windham, The DARPA Model for Transformative Technologies (OpenBook Publishers, 2019), pp. 22-23.

② "Innovation at DARPA," July, 2016, http://www.darpa.mil/attachments/, pp. 16.

立足于自身使命和愿景，紧密围绕美国国防建设需要和国防战略规划，采取了"自上而下"为主的项目生成机制（图4-4）。DARPA项目研究领域与美国国家战略规划中所重点关注的技术领域高度一致，项目选择符合DARPA自身战略规划中所明确的研究领域和类别要求，并在系列战略规划文件指导下论证形成广泛机构公告（BAA）和研究公告（RA），以公开发布并征集承研单位。

图4-4　DARPA项目生成机制

2022年10月，美国正式发布了2022年度《国家安全战略》（NSS）报告①。该报告明确阐述了美国在网络和空间应用、导弹防御能力、可信人工智能、量子系统等在内的先进技术领域的投资计划，重申了美国国家层面将在微电子、先进计算、生物制造和清洁能源等技术方向加大投入，并加快下一代数字传播技术和5G等先进通信技术网络基础设施建设。同一时期，美国国防部发布了2022年国防战略（NDS）、核态势评估（NPR）和导弹防御评估（MDR）文件②。在文件中，国防部明确将应对大国威胁、优先防范印太地区

---

① "National Security Strategy," October 12, 2022, https://www.whitehouse.gov/wp-content/uploads/2022/10/Biden-Harris-Administrations-National-Security-Strategy-10.2022.pdf.

② "Department of Defense Releases its 2022 Strategic Reviews - National Defense Strategy, Nuclear Posture Review, and Missile Defense Review," October 27, 2022, U.S. Department of Defense, https://www.defense.gov/News/Releases/Release/Article/3201683/department-of-defense-releases-its-2022-strategic-reviews-national-defense-stra/.

和欧洲地区来自俄罗斯的挑战、构建联合军力和防卫生态系统等工作列为国家安全优先事项，并选择了综合威慑、战役和建立持久优势三个不同途径来实施其各项举措。基于美国国家安全战略和国防部国防战略，DARPA制定了该机构自身战略规划，确定了保卫领土、威慑并战胜对手、实施稳定性举措和推进预先基础研究等四项战略重点，并对该机构优先支持的技术开发方向进行了详细论述（图4-5）。

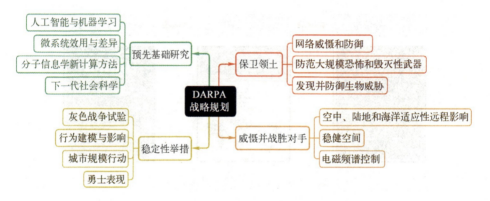

图4-5　DARPA重点支持方向

通过不定期发布战略构想文件，DARPA向公众介绍当前阶段进行项目设计与遴选的原则；但同时，DARPA也为项目"自下而上"地提报预留了渠道。项目经理可以根据自身专业和经验提出项目构想，前提是所提构想符合美国国家安全战略和DARPA战略的需要。无论哪种项目生成方式，DARPA确定要开展某一技术领域的研究，才会有目的地招聘这方面的专家，并且极为注重项目经理的专业素养和组织协调能力。如果将项目比喻成电影，那么项目经理便是编剧和导演，承包商是被选用的演员，而剧本则是满足国防战略要求的BAA文件。DARPA科学高效的项目管理过程展现了先有编剧和导演（项目经理），再由其确定剧本（BAA），最终根据剧本选择演员（承包商）的完整过程（图4-6）。

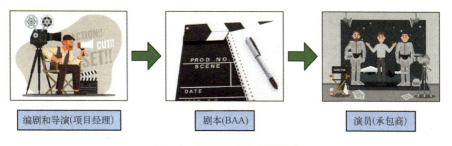

图 4-6　合理的项目组织模式

在 DARPA 成立之初，很多项目的最初构想源自美国白宫、国防部和该机构局长等联邦政府高层，以"自上而下"的形式展开，这一点在 DARPA 早期所从事的太空探索、导弹防御和核武器试验监测等系统级项目研制中得到明显体现。近年来，以"自下而上"方式获得 DARPA 认可的项目有所增多（如国防科学办公室（DSO）的部分项目）[1]。许多时候，这些项目中的技术构想不仅来自项目经理个人，更代表了其背后深厚和广泛的技术社区。此外，DARPA 许多项目还体现了"自上而下"和"自下而上"两种方式的结合。例如，在国防部的指示下 DARPA 需要开展一个简易爆炸装置探测项目，而此时项目经理从业界研讨会中获悉了可能的技术方案，并通过 BAA 收集了更加可行的技术构想和承研团队。最终，该项目技术方案充分结合了原有设计思路和来自项目经理的反馈意见[2]。

4.3.2　全周期的项目经理负责制

项目经理在 DARPA 组织和运作中发挥了核心作用[3]。从提出技术构想到

---

[1]　William B. Bonvillian, Richard Van Atta and Patrick Windham, The DARPA Model for Transformative Technologies (OpenBook Publishers, 2019), pp. 277-279.

[2]　"Defense Advanced Research Projects Agency: Overview and Issues for Congress," updated August 19, 2021, https://crsreports.congress.gov/product/details?prodcode=R45088, pp. 8.

[3]　William B. Bonvillian, Richard Van Atta and Patrick Windham, The DARPA Model for Transformative Technologies (OpenBook Publishers, 2019), pp. 47.

实现技术转移，项目经理的工作一直贯穿始终。在调研分析未来技术发展趋势时，项目经理与所在领域的科学家和工程师广泛交谈，以了解技术趋势和可能的未来发展；同时，项目经理还深入了解军兵种和国防部的需求，以及哪些技术解决方案可能有所帮助。项目经理既是研讨会、提案者日等活动的组织者，也是 BAA 和研究公告（Research Announcement，RA）等重要文件的拟定者；他们负责制定项目目标、实施阶段、测试和评估标准，还需要解决项目中有关技术、采购和财务等问题①。由于 DARPA 项目通常不会按照计划进行，项目经理需要不断评估项目进展，调整研发计划。项目经理拥有高度自主的技术决策权、承包商选择权和经费支配权，并负责塑造、引领和促进各自的技术愿景②。

4.3.3 仔细斟酌的项目定义过程

DARPA 项目定义过程大都经过严格缜密策划，项目周期多为 4~6 年，并按设计、制造、演示验证等不同阶段分步实施。通常，在正式立项之前，项目经理会花费 1~2 年的时间完成项目定义，这一过程旨在清晰阐述一定资源边界下的项目研发目标、技术指标、实现路径、测试和成果评估准则等内容。同时，项目经理还会制定项目质量标准，并通过设置里程碑节点降低项目总体风险。此外，项目经理还会与学术界、工业界的众多专业人士广泛沟通，以便客观评估当前技术发展与项目目标之间的差距，从而提高项目成功的可能性。DARPA 的 BAA 内部批准过程一般需要 1 个月时间，回应 BAA 的技术提案通

---

① "Program Manager," https://www.darpa.mil/careers/program-manager.
② William B. Bonvillian, Richard Van Atta and Patrick Windham, The DARPA Model for Transformative Technologies (OpenBook Publishers, 2019), pp. 128.

常在其发布后 45~60 天内提交①。这些建议书包含了详尽的技术分析、进度规划和成本估算等信息，DARPA 项目经理和政府专家团队会花费两个月时间对各种提案进行评估，并对承包商选择做出最终决定。通常，DARPA 会在项目第一阶段选择多个承包商进行资助，第二和第三阶段项目参与者则从第一阶段承包商中择优选取。

在如何甄别哪些项目值得投资方面，海尔迈耶准则是一项极具价值的工具。该方法已经在 DARPA 内部应用多年，并将长久持续下去②。海尔迈耶准则提供了一种逻辑完备的项目质询方法来重新审视立项的可行性，这些问题看似简单，但却对 DARPA 遴选值得投资的技术提案提供了极大帮助。它要求项目经理使用他人能理解的语言来讲述他们想做什么，并有效地将项目经理最初相对宽泛的技术设想聚焦到 DARPA 认为最可行的范围中来（表 4-3）。

表 4-3 海尔迈耶准则③

问题 1	你想要做什么？能否用通俗易懂、非专业化的语言阐述项目的目标？
问题 2	这项工作今天是怎样实现的？当前人们所采用的技术的局限是什么？
问题 3	你准备选择的技术路径的新颖之处是什么？在你看来它为什么能够成功？
问题 4	谁会关心该项技术进展？如果你成功了，现实会发生怎样的变化？
问题 5	风险和收益各是什么？
问题 6	所需经费大约是多少？
问题 7	为了检验项目成功与否，中期和结束的验收标准各是什么？

由此可见，DARPA 的项目定义过程审慎、周密又不乏效率，追求在一定资源边界下实现突破性创新的最大可能。DARPA 拒绝对泛化定义的项目提供支持，只对参数明确的技术开发构想提供资助。

---

① "DARPA Guide to Broad Agency Announcements and Research Announcements," DARPA, January 23, 2014, https://www.darpa.mil/sites/default/files/attachment/2024-12/darpa-guide-broad-agency-announcements-research-announcements.pdf.

② DARPA 60 years: 1958-2018 (Faircount Media Group, 2018), pp. 14.

③ "The Heilmeier Catechismhttps," https://www.darpa.mil/about/heilmeier-catechism.

4.3.4 有利于创新的评审方式

不同于其他研发机构常用的同行评审方式，DARPA 在项目决策上采用科学评审机制。同行评审一般需要对建议书进行比较排序，评审专家在达成共识后形成统一结论，多适用于传统学术和工程领域的技术决策，并且有时会带有"保守性"色彩①；而对于充满风险和挑战的 DARPA 项目而言，显然科学评审方式更适用于颠覆性技术开发。科学评审方式的优势是能够充分体现出项目经理对当前技术开发工作的理解和直觉，摒弃了同行评审可能造成的因学术观点或利益不同而导致的倾向性意见。项目经理对评审结果负责，并且对承包商的选取拥有几乎绝对的权威②。

科学评审看似"专制"的做法，确保能够选出优秀的、真正具有创新活力的承研单位，其中一个关键的原因在于责任落实。项目经理对项目的实施负责，有强烈意愿选择最有能力做好项目的承包商；同时，DARPA 有着一套严格公正的评审程序，评审全过程均有记录，评审结果也会公开发布，并接受国防部和政府问责局（GAO）的例行监督③。可以说，科学评审是 DARPA 专家参与项目管理机制的最直接体现。

4.3.5 严格规范的过程管理

在完成项目定义后，严格规范的过程管理占据了项目经理们的绝大部分时

---

① Michael J. Piore, Phech Colatat, and Elisabeth Beck Reynolds, "NSF and DARPA as Models for Research Funding: An Institutional Analysis," MIT Industrial Performance Center, July 2015, https://ipc.mit.edu/wp-content/uploads/2023/07/NSF-and-DARPA-as-Models-for-Research-Funding-An-Institutional-Analysis.pdf, pp. 4.

② Jeffrey Mervis, "What Makes DARPA Tick?" Science, February 5, 2016, DOI: 10.1126/science.351.6273.549.

③ "Contractor Relationships: Inherently Governmental Functions, Prohibited Personal Services, and Organizational Conflicts of Interest," DARPA, May 5, 2014.

间。一旦研发目标和技术方案确定下来，项目经理便会根据阶段性目标和里程碑节点全力推进项目进展，跟踪项目状态，并适时进行资源调整。出于技术挑战、风险等因素影响，项目实施过程中后续阶段工作会根据前一阶段进展情况视情调整，并不完全与 BAA 安排一致。比如，"可解释人工智能"项目原计划 2017 年 5 月启动、2021 年 4 月结束，研究周期共计 48 个月，并分为技术示范和对比评估两个阶段；但最终，该项目一直持续到 2022 年①。

在 DARPA 的合同协议中，参与双方的权利、义务和成果交付形式等都十分明确，在恪守契约精神的基础上，DARPA 与承包商平等合作，协力完成合同内容。承包商按照合同要求按时提交年度进展报告，项目经理根据项目进展需要组织同承包商的交流活动，并根据承包商里程碑节点达成情况拨付经费。

4.3.6 对技术转移的高度重视

技术转移是 DARPA 项目管理过程的最后一个阶段，也是该机构项目管理的特色之一。事实上，在大多数其他研发机构，技术转移与项目实施通常是分离的。从立项开始，技术转移便贯穿于 DARPA 整个项目管理过程，并且项目经理对此全权负责。

美国国防部认为，在科技研发部门与采购部门之间存在着一条阻碍技术转移顺畅进行的鸿沟，并称之为"死亡之谷"②。与各军兵种科研机构相比，DARPA 的技术转移面临着更为严峻的挑战。首先，DARPA 的多数项目成果技术成熟度较低，在应用时需要进一步开发，而该机构接受国会资金拨款的研究范围仅局限在基础研究、应用研究和先期技术开发领域，缺乏后期研发的资金支持；其次，各军兵种具备"主场优势"，会优先推动自身研究机构的项目成

---

① 通过财年预算文件查阅可知，DARPA 在 2022 财年依然为 XAI 项目安排了预算。
② William B. Bonvillian, Richard Van Atta and Patrick Windham, The DARPA Model for Transformative Technologies (OpenBook Publishers, 2019), pp. 34.

果进入应用；再次，颠覆性技术带来的剧烈冲击难以在最初被潜在用户接受，技术价值不易被认识到，在后期应用推广时还可能面临既得利益者的阻碍。对此，DARPA 强调在项目管理全过程贯彻技术转移要求，并根据项目类型和应用场景分类设计了技术成果转移渠道。此外，DARPA 还通过设立临时专门机构、建立常态联络渠道、发起虚拟技术社区、大力宣传推介及原理样机路演等手段促进提升技术转移效果①。尽管从提出技术构想到实现装备部署需要经历曲折的过程，但 DARPA 项目经理在其中成功扮演了催化剂的角色。

4.3.7 对风险与失败的正确认识

根据 DARPA 前局长托尼·泰克（Tony Techer）回忆，大约 85%~90% 的项目未能达到其全部目标②。在 DARPA 的项目管理过程中，该机构认为前沿技术开发本身便具有"高风险、高回报"的特征，失败是不可避免的代价；因此，DARPA 历来鼓励项目经理对技术极限发起挑战，并接受因此可能导致的失败。在 DARPA 看来，项目失败的方式和原因也很重要。正确的失败来自雄心勃勃，源于将技术的可能推向边缘；即使项目目标没有完成实现，也经常产生有价值的知识。正如 DARPA 首任女局长雷吉纳·杜甘（Regina Dugan）所说的那样，"在具有重要意义的事情上失败比在没有意义的事情上成功更为重要"③。需要说明的是，DARPA 对于失败的接受态度源自高风险技术开发过程中各种可能结果的客观认知，而并非对因项目经理、承包商消极履职而造成负面后果的宽容。在项目管理过程中，DARPA 更多体现出按照合同照章办事

---

① "Defense Advanced Research Projects Agency: Key Factors Drive Transition of Technologies, but Better Training and Data Dissemination Can Increase Success," U.S. Government Accountability Office, November 18, 2015, https://www.gao.gov/products/gao-16-5, pp. 12–16.

② Nick Turse, "The wild and strange world of DARPA," https://www.historynewsnetwork.org/article/the-wild-and-strange-world-of-darpa.

③ "Meet the Woman Launching Google's Fastest Moonshots," April 21, 2015, https://www.wired.com/2015/04/regina-dugan/.

的原则，简明规范且强调契约精神。

一个真正致力于承担风险的组织，必须证明它接受并重视承担重大风险所带来的失败。DARPA 正是这样，积极鼓励那些未能实现其最初雄心勃勃目标但又极具价值的工作。例如，在高超声速技术飞行器 HTV-2 项目研制过程中，2010 年 4 月原计划 30min 的第一次飞行测试在进行到 9min 时飞机便发生了翻滚，2011 年 8 月的第二次飞行试验也因为摩擦加热撕裂了飞机部分蒙皮而失败[1]。然而，项目经理克里斯·舒尔茨（Chris Schulz）却被评为了 2011 年度 DARPA 最佳项目经理，以表彰该项目在极为艰巨的挑战中所取得的阶段性成果[2]。又如，2004 年 3 月，为了激发无人驾驶领域各创新团体的参与热情，加速在军事领域车辆自动驾驶技术的发展，DARPA 发起了一项从加利福尼亚州巴斯托出发到内华达州普里姆结束的无人车辆挑战赛，并为获胜者提供了 100 万美元的高额奖金。遗憾的是，当时 15 个参赛团队均未能成功完成该既定路线的穿越，此次挑战赛以失败告终。一年之后，在靠近加利福尼亚州与内华达州州界举行的二次挑战中，5 支参赛团队成功完成了 132 英里（约 212km）沙漠地形的无人车辆行驶验证。其中，斯坦福大学团队获得了第一名，并成功领走了 DARPA 提供的 200 万美元奖金[3]。正是出于对前次挑战失败的理性接受，DARPA 才加速了无人驾驶技术社区的建立，并促进了该领域 10 年后的井喷式发展。

---

[1] 参见 "DARPA's ERB reveals HTV-2 second test flight report," April 24, 2012, https://www.airforce-technology.com/news/newsdarpas-erb-reveals-htv-2-second-test-flight-report/ 和 Eyder Peralta, "DARPA explains crash of hypersonic glider," April 23, 2012, https://www.kuer.org/2012-04-23/darpa-explains-crash-of-hypersonic-glider。

[2] "Innovation at DARPA," July, 2016, http://www.darpa.mil/attachments/, pp. 7。

[3] "The Grand Challenge," https://www.darpa.mil/about-us/timeline/-grand-challenge-for-autonomous-vehicles。

FRONTIER TECHNOLOGY
INNOVATION MANAGEMENT OF
DARPA

第5章
DARPA的合同管理

根据美国《联邦采办条例》(FAR)规定,联邦政府及其下属机构从外界获取产品、服务、研究和技术援助时必须同供应方签订合同条款,以此对双方的权利和义务予以约束①。FAR 第 16 章详细规定了政府采办过程中涉及的合同类型与选择标准,为国防部(DoD)和 DARPA 的日常合同管理工作提供了官方指导。目前,国防部所采用的资助方式主要有采购合同、授予协议、合作协议和其他交易(OT)等形式。从狭义角度看,合同专指 FAR 所规定的采购类合同;从广义角度看,可以将上述资助方式统一称为合同,这也符合我国国防科技管理业务的特点。后文表述中,除单独指明采购合同外,"合同"一词泛指各类资助工具。

5.1 合同整体情况

DARPA 资助对象主要包括美国国内各商业公司、高校、研究机构等,资助形式包括合同、授予、技术协议、其他交易等,同上述实体每年签订和执行的合同总数超过 2000 个②,平均合同单价约 150 万美元。表 5-1 展示了 2021—2023 年期间 DARPA 资助经费统计情况。从该表可以看出,近年来 DARPA 通过合同(Contracts)资助的项目经费占该机构总经费的 85% 以上,通过授予(Grants)资助的项目经费不足 10%;通过其他方式资助的经费约占 5%。

---

① "List of All Types of Government Contracts. Potomac Officers Club," https://potomacofficersclub.com/articles/list-of-all-types-of-government-contracts/.

② "Breakthrough Technologies for National Security," March 2015, https://www.esd.whs.mil/Portals/54/Documents/FOID/Reading%20Room/DARPA/15-F-1407_BREAKTHROUGH_TECHNOLOGIES_MAR_2015-DARPA.pdf, pp. 3.

表 5-1　DARPA 资助经费统计情况（2021—2023 年）

年份	资助活动				
	资助类型	约定资助金额/万美元	交易数量/个	新增资助数量/个	金额占比/%
2023年	合同	162450.69	1615	163	88.04
	无限期交付工具合同	0	31	0	0.00
	授予	14775.31	287	42	8.01
	直接付款	661.53	6	2	0.36
	其他财政援助	6632.38	73	24	3.59
2022年	合同	166998.69	1779	214	87.05
	无限期交付工具合同	0	14	1	0.00
	授予	15168.35	308	40	7.91
	直接付款	0	0	0	0.00
	其他财政援助	9672.16	61	6	5.04
2021年	合同	153229.67	1446	242	85.75
	无限期交付工具合同	0	15	1	0.00
	授予	12517.31	277	31	7.01
	直接付款	0	0	0	0.00
	其他财政援助	12937.22	60	7	7.24

注：数据来自美国政府支出数据统计官方网站（https://www.usaspending.gov/）。

从合同属性划分，DARPA 合同可以分为基础研究合同和限制性研究合同。基础研究合同包括由大学、工业界参与且由 RDT&E 预算活动 6.1（基础研究）资助或仅由大学参与且由 RDT&E 预算活动 6.2（应用研究）资助的合同、授予和协议[①]。国防部不会限制基础研究合同的成果披露，除非此类成果涉及国家安全或受限于其他法律、规章、行政命令的要求；限制性研究指的是在合同或授予中明确记录限制协议的研究，该类研究可能在某些特殊情况下受到限制，比如研究成果涉及国家安全、保密规定、军事设备管制，以及由预算活动

---

① 美国国防部研究开发研究、开发、测试和评估（RDT&E）经费按照不同代码分类管理，详见"Defense Advanced Research Projects Agency: Overview and Issues for Congress," updated August 19, 2021, https://crsreports.congress.gov/product/details?prodcode=R45088, pp. 10。

6.2（应用研究）资助，但并未选择大学作为承包商等情况。

DARPA 的合同管理工作是在美国国防采办体系框架下进行的，需要遵循《联邦采办条例》《国防联邦采办补充条例》等规定。从这一角度看，该机构在合同管理方面并无特殊之处。自 DARPA 成立之日起，务实、高效的合同管理便是该机构一直追求的目标。在 DARPA 内部，合同管理主要通过内设的合同管理办公室（CMO）来主导。CMO 在 DARPA 颠覆性技术开发实践过程中起到了重要的支撑作用，其职责为负责合同、授予、合作协议和其他交易等各种文件的签订和管理。CMO 承担了 DARPA 采办顾问的角色，为该机构选定的关键技术领域提供资金支持①。

与 DARPA 技术办公室工作风格类似，合同管理办公室也聚焦于如何完成工作，而不像其他一些机构的合同管理人员一样只关注于严格遵守合同管理规定和"谨慎"传统，即便这些规定事实上对业务部门工作产生了阻碍。DARPA 合同管理工作秉承的哲学是既可以在必要时提出制度与规则方面的创新举措，又能够最大限度基于传统合同管理体系灵活地开展创新工作②。CMO 副主任斯科特·乌里（Scott Ulrey）曾表示，DARPA 的合同管理"最大限度地减少了办公室内的政策，避免了多余和不必要的做法——不是为了违反规则，而是为了在尽可能少的官僚干预下遵守规则"③。合同管理办公室擅长利用政府订约固有的灵活性，以避免僵化地遵守规定可能带来的不必要流程。针对 DARPA 技术创新过程中经常遇到的项目特点多样性和小企业难以具备复杂合同管理能力等特殊情况，CMO 能够推动创新合同方式以适应不同需要。

在 DARPA 合同管理办公室所签订的合同中，大部分属于传统国防采办合同范畴。一方面，此类合同可以满足 DARPA 对项目管理的需要；另一方面，

---

① "Contracts Management Office," https://www.darpa.mil/about/offices/contracts-management.
② "Innovation at DARPA," July, 2016, http://www.darpa.mil/attachments/, pp. 20.
③ "Innovation at DARPA," July, 2016, http://www.darpa.mil/attachments/, pp. 18.

这些合同的参与者多为国防领域具备多年政府合作经验的传统供应商。同时，授予协议与合作协议多在资助大学和非营利性组织所承担的基础研究和应用研究项目中使用，少数通过其他交易的形式资助。

5.2 资助方式类型

《联邦采办条例》（FAR）及以其为基础制定的相关规定，为美国联邦政府采办工作顺利开展提供了坚实基础；但同时，规定所固有的要求细致、流程复杂等特点也造成了合同签订普遍耗时较长，这与 DARPA 项目在敏捷执行方面的诉求形成了矛盾。此外，通常美国小企业的财务系统在流程规范性和严谨性方面难以满足 FAR 要求，传统合同资助方式在一定程度上将它们挡在了门外。对此，DARPA 在前沿创新项目管理过程中合理使用了各类非采购工具，有效地解决了上述问题（图 5-1）。

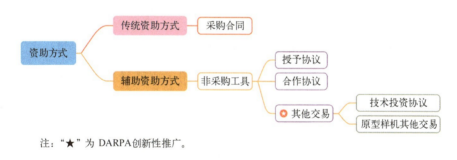

注："★"为 DARPA 创新性推广。

图 5-1　DARPA 资助方式

5.2.1　非采购工具的使用

授予协议、合作协议和其他交易统称为非采购工具。在使用非采购工具时，可以豁免《联邦采办条例》中的部分要求，只需满足各类工具的授权条款和相应法律规定即可。比如，基于 FAR 制定的采购合同不仅受到该条例与

《国防联邦采办补充条例》(DFARS) 的约束,同时还需要满足 FAR 成本会计准则要求;授予和合作协议则仅需满足联邦规章中成本核算原则等条款要求,其他交易也无须满足 FAR 成本会计准则①。

1989 年,在 DARPA 推动下,国会批准了该机构"其他交易(OT)"资助方式的使用授权②。OT 是一种创新机制,与合同、授予或合作协议等传统资助方式不同,这一方式不需要完全遵守联邦采办条例(FAR)要求。OT 方式适用于政府从无法完全满足 FAR 要求的商业实体机构获得前沿研发成果或原型样机的采购行为,且迄今为止只有类似于 DARPA 等少数机构在国会的授权下才能应用该方式进行合同签署③。该方式体现了被授权机构可以根据项目及其承包商需要定制采购协议的灵活性。1991 年,美国国会授予 DARPA 其他交易永久授权,并在国防部内部各机构普及推广④。两年后,DARPA 获得了国会关于使用其他交易方式进行原型样机采购(OTFP)的授权,这一授权随后于 1996 年扩大到整个国防部,并通过 2016 财年《国防授权法案》实现了永久法律效力⑤。OT 方式的出现鼓舞了美国小企业参与国防创新项目的热情,在传统采购合同、授予和合作协议等资助方式之外开辟了新的采办渠道。

其他交易包括技术投资协议(TIA)和用于原型样机采购的其他交易

---

① "How are OTs different from FAR-based procurement contracts or grants and cooperative agreements?" https://www.darpa.mil/work-with-us/contract-management.
② 参见 Public Law No. 101-189, §251 条款:"Public Law 101-189," November 29, 1989, https://www.govinfo.gov/content/pkg/STATUTE-103/pdf/STATUTE-103-Pg1352.pdf。
③ 参见 "Use of 'other transaction' agreements limited and mostly for research and development activities," U. S. Government Accountability Office, published January 7, 2016, https://www.gao.gov/products/gao-16-209。
④ 参见 Public Law No. 102-190, §826 条款:"Public Law 102-190," December 5, 1991, https://www.govinfo.gov/content/pkg/STATUTE-105/pdf/STATUTE-105-Pg1290.pdf。
⑤ 参见 Public Law No. 103-160 和 No. 114-92。"Statutes at Large and Public Laws," https://www.congress.gov/public-laws/103rd-congress。

（OTFP）两种形式。技术投资协议的法律基础为美国法典第10章第2371条款[①]和国防部《授予和协议条例》（DoD GARs）第37分部[②]。它是一种支持研究开发的辅助工具，在扩大国防部合同承包商选择范围上发挥了积极作用。根据国防部政策，只有当一个或多个营利性公司参与且能够胜任项目绩效要求时才可以使用该资助方式，且受到TIA资助的非联邦机构在从事项目研究时至少提供所需费用的50%[③]。此外，虽然FAR和DFARS中成本会计准则的相关要求并不适用于TIA合同，但TIA项目承担方依然受到公认会计准则（GAAP）的约束[④]。原型样机其他交易（OTFP）方式被广泛用于涉及材料、部件、系统、样机等美国国防项目采办合同的签订。使用该方式时，至少需要有一个非传统国防合同承包商参与，或者所有的合同参与者均为小企业或非传统国防项目承包商。如果当前的潜在合同承包商组成并不满足上述要求，则承包商需要承担至少1/3项目成本，除非此项要求在合同签订时得到豁免[⑤]。OFTP方式的提出，为DARPA从具备前沿技术开发能力的小企业获取样机产品提供了新的渠道。借助其他交易资助形式，DARPA可以豁免FAR和DFARS中部分条款规定，在互信的基础上同承包商自由协商合同内容。其他交易形式不仅适用于承包商为缺乏先前国防项目参与经验的商业公司场景，特定情况下，还可以用于传统国防承包商和大学等机构参与的DARPA项目[⑥]。

[①] "10 U.S.C. § 2371 Research projects: transactions other than contracts and grants," https://www.govinfo.gov/app/details/USCODE-2010-title10/USCODE-2010-title10-subtitleA-partIV-chap139-sec2371.

[②] "32 CFR Part 37 Technology Investment Agreements," https://www.ecfr.gov/current/title-32/subtitle-A/chapter-I/subchapter-C/part-37.

[③] "Contract Management: TIAs" https://www.darpa.mil/work-with-us/contract-management.

[④] "About GAAP," Financial Accounting Foundation, https://accountingfoundation.org/accounting-and-standards/about-gaap.

[⑤] "OTs for Prototypes," https://www.darpa.mil/work-with-us/contract-management.

[⑥] "When are OTs used?" https://www.darpa.mil/work-with-us/contract-management.

5.2.2 不同资助方式特点分析

在资助方式选择上，DARPA 一方面采取灵活、高效、务实的使用策略，另一方面不断推动有利于科技创新的新型资助方式的推广。不同资助方式适用于不同的项目与承包商组合，DARPA 对资助方式科学合理的运用有效促进了众多颠覆性创新成果的问世。

1. 采购合同

采购合同是联邦政府通过购买、租赁、交换等方式直接获得产品或服务时采用的法律工具，其使用必须遵守《联邦采办条例》，执行过程受联邦采购政策办公室（OFPP）的监管①。采购合同的使用要求主要包括：①选择合同接受方时必须经过竞争程序，内容通常包括技术评估和成本分析两个方面；②采购合同由政府提出明确清晰的研究任务和工作边界，接受方按照谈判确定的节点要求提交报告，政府在使用有关产品和服务时拥有相应的知识产权，限制公开相关成果；③采购合同对履约双方具有很强的约束力，且对于转包有明确限制，变更或终止程序复杂，未完成预期目标将视为违约；④经费拨付节点通常在合同签订时由双方谈判确定，按里程碑节点管理，经费支出要求与合同类型有关。

所有研发项目都可使用采购合同这种资助方式。从项目类型和采购合同的使用要求来看，对于研究目标、研究内容、技术要求和成本估算等比较明确的项目，应优先使用采购合同。此外，在一整套管理制度的严格约束下，能够接受采购合同的任务主体通常是波音、雷声、洛克希德·马丁等美国传统国防承

---

① "Selection, appointment, and termination of appointment for contracting officers," https://www.acquisition.gov/far/1.603.

包商①。

2. 授予协议与合作协议

授予协议与合作协议是联邦政府根据法律授权②，为了资助、促进科技发展等公共目的，将政府经费转给接受方时使用的法律工具，其使用需遵守《联邦授予与协议法案》等相关法律规定，执行过程受到联邦财政管理办公室（OFFM）监管。根据授权法定义，政府在采购活动执行中无实质性参与时，应优先使用授予协议③；政府在活动执行中有实质性参与时，可以使用合作协议④。协议使用的要求主要包括：①按照"尽可能采用竞争"的原则选择合同接受方，内容通常只包括技术评估部分；②协议内容主要由接受方提出，一般要求提交年度报告，接受方拥有相应的知识产权，并鼓励公开研究成果以方便公众获取；③协议对履约双方的约束力弱于采购合同，可根据实际情况协商变更或终止，未完成预期目标但尽到最大努力的接受方可能不被视为违约。同时，对于转包没有明确限制（除授予"皮包公司"外）；④经费拨付节点通常与年度预算周期同步⑤。此外，美国联邦规章还对国防部使用授予协议与合作协议做出了专门规定，国防部指令《国防授予与协议管理系统》⑥和《授予协议、合作协议与其他交易》等也对上述两种资助方式的使用提出了补充要求。

鉴于以上，基础研究、应用研究和先期技术开发等研究目标不易清晰描

---

① "Defense Primer: Department of Defense Contractors," Congressional Research Service, updated June 6, 2024, https://crsreports.congress.gov/product/pdf/IF/IF10600.

② "U. S. C § 2358 Research and development projects," https://uscode.house.gov/view.xhtml?req=granuleid:USC-1999-title10-section2358&num=0&edition=1999.

③ "31 U. S. C. 6304 Using grant agreements," January 3, 2012, https://www.govinfo.gov/app/details/USCODE-2011-title31/USCODE-2011-title31-subtitleV-chap63-sec6304.

④ "31 U. S. C. 6305 Using cooperative agreements," January 3, 2024, https://www.govinfo.gov/app/details/USCODE-2023-title31/USCODE-2023-title31-subtitleV-chap63-sec6305.

⑤ "Subchapter C-DoD Grant and Agreement Regulations," https://www.ecfr.gov/current/title-32/subtitle-A/chapter-I/subchapter-C/part-21/subpart-C.

⑥ "Defense Grant and Agreement Regulatory System," February 6, 2014, https://www.esd.whs.mil/Portals/54/Documents/DD/issuances/dodd/321006p.pdf.

述、研究结果存在较大不确定性的项目，适合采用协议方式资助。由于协议具有援助性质，因此接受协议资助的任务主体通常是高等院校、科研院所等非营利性组织。

3. 其他交易

"其他交易"是除采购合同、协议之外的其他资助方式的统称，主要包括技术投资协议（TIA）和原型样机其他交易（OTFP）。该资助方式在使用时豁免了《联邦采办条例》《联邦授予与协议法案》等部分规定，具体合同条款由政府和承包商协商确定。

5.3 合同管理工作要求

5.3.1 整体要求

美国国防部第5134.10号指令授权DARPA局长可以为指定的预先研究项目分配资金，在《联邦采办条例》规定范围内同承包商签订合同，并与大学、非营利性组织、私营机构签订并管理授予、合作协议和其他授权交易。5134.10号指令奠定了DARPA合同管理工作的法律基础，而订单采购指南（AOPG）文件则为DARPA合同签订和批准工作提供了实际指导。AOPG在项目获得DARPA局长批准后由技术办公室发起，随后被转发给主计长办公室进行审查和签字，该文件的使用期限直至最终向合同承包商提供资金支持为止。DARPA项目经理无法授权合同承包商启动研究工作，只有在AOPG获得主计长签署后才能由合同官员告知承包商；在特殊情况下，如果项目经理希望承包商提前展开工作，则需要与合同官员进行协商讨论。有时，为了加速项目进程，满足承包商对合同实施前成本费用的处理需求，AOPG中可以包含DARPA的预先同意内容。此外，当原定的合同承包商无法完成既定合同内容时，在相关技术办公室、负责项目管理的助理局长等人协调下，该项目的资金将被重新授予新的承包商。

正常情况下，DARPA 在国防领域授予承包商的研究、开发、测试和评估（RDT&E）拨款使用有效期为 2 年，但该期限可以基于技术办公室与主计长的共同决定通过签署 AOPG 文件视情缩短，或在承包商的合理申请下以相同的批准方式予以适当延长。在资助经费发生变动时，所有更改都需要由项目经理所在的原技术办公室和主计长及其指定委托人以签署 AOPG 修正案的形式提出，通常这些更改包括对某一承包商工作内容和资助金额的变化、更换承包商和终止合同等。当 DARPA 的合同承包商选择将较大比重的工作（一般超过原合同工作量的 20%）外协至其他机构时，必须事先得到 DARPA 的书面批准，此时 DARPA 也会以 AOPG 修正案的形式来认可对该外协的授权。

AOPG 文件通常以两种方式向承包商分发。一种是电子辅助办公（OA）系统，合同承包商可以通过受控网站查看、下载或以邮件的方式接收相关文件，这也是 DARPA 的首选发放方式；另一种便是传真方式，只在有限的情况下使用。多数情况下，AOPG 会包含工作说明书（SOW）作为附件，这些说明书最早也是广泛机构公告（BAA）、项目建议书、小企业创新研究（SBIR）申请和研究公告（RA）的一部分。当 DARPA 需要对现有 SOW 文件资助范围进行更改或重新定义时，也会以签署 AOPG 修订文件的形式进行。在合同数据规定方面，DARPA 明确要求需要提交两类文件：项目管理/财务状况报告和技术报告。前者提供了有关项目进展、当前问题、财务和人力使用情况等基本信息，后者则包含了项目的技术目标与进度信息，用于技术办公室和项目经理评估当前项目进展同经费使用的匹配性。此外，根据国防部和 DARPA 规定，有时合同承包商还可能需要提交额外的数据信息。

DARPA 合同经费的使用情况需要上报至项目预算会计系统（PBAS），该系统被国防部用来对其内部到国防财务会计局（DFAS）之间的资金往来进行分配和监管。PBAS 将资金使用说明、收据等文件电子化处理，并能够将资金拨款额度限制在国会授权范围内，以防止过度分配①。实际使用时，DFAS 会对承包商的具体上报形式做出规定和协调。每月，DFAS 都会从资金使用者的会计系统中抽取相关财务数据，并通过拨款限制、验证数据完整性、勘误数据一致性、合并未分配余额等方式有效管理经费使用效率；同时，DFAS 也会按月向 DARPA 发送上述工作结果的电子报告，并与 DARPA 内部财务管理系统对账。

在合同签订过程中，各承包商可以对合同类型、经费结构、激励方式等内容提出自身的倾向性意见，但最终结果由承包商与 DARPA 技术办公室共同讨论决定。同时，DARPA 在采购战略、合同规划和采办评估领域的人员也会对此提出建议。合同类型需要与项目特点保持一致，并能够反映可能同时对 DARPA 和承包商发生影响的成本、风险和不确定性等方面的因素。此外，《国防联邦采办补充条例》中的适用内容也需要在合同签订时得到落实②。

1988 年 2 月，美国国防部第 7640.2 号指令"合同审计报告后续政策"颁布，要求合同官员充分考虑合同审计意见，并记录对审计建议的处理情况③。DARPA 合同官员一般在合同《标准绩效计划》文件中对这些建议的执行情况进行记录④。此外，《联邦采办条例》FAR 15.808 条款要求合同官员使用"价格谈判备忘录"记录承包商建议书摘要、现场定价报告建议及与定价报告建

---

① "PPBE Process Program Budget Accounting System（PBAS），" https：//acqnotes. com/acqnote/acquisitions/program-budget-accounting-system-pbas.

② "Proper Use of Non-DoD Contracts，" https：//www. acq. osd. mil/dpap/policy/policyvault/2005-0924-DPAP. pdf.

③ "Policy for Follow-up on Contract Audit Reports，" February 12, 1988, https：//apps. dtic. mil/sti/tr/pdf/ADA272488. pdf.

④ "Award and Administration of Contracts, Grants, and Other Transactions Issued by the Defense Advanced Research Projects Agency，" DoD, March 28, 1997, https：//media. defense. gov/1997/Mar/28/2001713656/-1/-1/1/97-114. pdf, pp. 9.

议产生差异的原因,并在现场定价报告颁发后向审计办公室提供备忘录副本①。

5.3.2 合同成本评估

美国联邦采办条例(FAR)规定了两种采购方式:单一来源采购和竞争性采购②。在合同授予过程中,DARPA 会对采购来源进行充分对比,做出审慎选择,对于技术开发要求明确且失败风险较小的项目,合同的成本和价格是 DARPA 主要考虑的因素;而对于需求相对不太明确、需要较大技术开发工作量且风险较大的研究项目,DARPA 会更加注重承包商的技术能力,并选择相对宽松的合同资助方式。FAR 第 15 部"通过谈判签订合同"规定了合同签订的主要流程。其中,15.404 条款规定合同官员需要使用当前成本与先前成本要素的对比分析来确定承包商所要求成本的合理性③。在合同谈判时,DARPA 合同官员会对承包商提出的资源和时间需求充分咨询和质疑,在技术代表和审计机构专业人员的协助下对承包商成本建议进行分析,分析中会充分考虑承包商人员工时、工作方式、材料费用、设备使用和差旅等实际影响因素。必要时,合同官员可以向国防合同审计局(Defense Contract Audit Agency,DCAA)等机构请求现场定价支持④。

根据《2013 财年国防授权法案》第 831 条规定,DARPA 的合同官员负责确定项目合同价格信息是否合理,并对合同进行成本或价格分析。在招标缺乏充分竞争时,以市场价格为基础的定价是确定合理价格的首选方法。合同价格

---

① 参见 FAR Part 15, 15.808 Price negotiation memorandum 条款, https://www.acquisition.gov/far/part-15。

② "FAR 15.002 Types of negotiated acquisition," https://www.acquisition.gov/far/15.002.

③ "FAR 15.404 Proposal Analysis," https://www.acquisition.gov/far/15.404.

④ "Award and Administration of Contracts, Grants, and Other Transactions Issued by the Defense Advanced Research Projects Agency," DoD, March 28, 1997, https://media.defense.gov/1997/Mar/28/2001713656/-1/-1/1/97-114.pdf, pp.6.

的合理性会基于DARPA支付的历史价格、采购数量和采购时机差异等因素来确定。在承包商合同利润估算方面，除了激励合同及与联邦政府资助的研发中心（FFRDC）签订的合同外，DARPA合同官员在获得承包商成本或定价数据情况下，会使用加权准则法等方式来确定利润值，并作为合同总价的一部分[1]。

美国国防部要求包括DARPA在内的下属机构在合同谈判过程中进行严格的成本评估（图5-2）。其中，主要国防采办项目（MDAP）、征求建议书（RFP）、多年采购（MYP）项目、快速原型项目、服务合同及软件采购项目属于成本估算工作中的重点范围[2]；对于合同总价超过50万美元的固定价格合同和超过1000万美元的费用型合同，承包商还需要提供实地定价报告[3]。此外，国防部项目的成本评估工作必须包含风险对项目成本和进度潜在影响的讨论，以及风险的应对措施；在可行的范围内，承包商历史实际成本信息可以作为重要的参考因素[4]。2009年，美国政府问责局（GAO）发布了项目《成本估算与评估指南》文件，该文件内容被纳入国防部项目成本定价指导[5]。为了便于国防部各机构进行项目成本评估，政府问责局还在该指南文件中制定了成本评估量化检查单。

---

[1] "215.402 Pricing policy," https://www.acquisition.gov/dfars/215.402-pricing-policy.
[2] "Cost Analysis Guidance and Procedures," March 13, 2020, https://www.esd.whs.mil/portals/54/documents/dd/issuances/dodi/500073p.pdf, pp. 6-8.
[3] "DOD Requests for Field Pricing Audit Support," DoD Office of the Inspector General, September 30, 1997, https://media.defense.gov/1997/Sep/30/2001713695/-1/-1/1/po97-058.pdf, pp. 2.
[4] "Cost Analysis Guidance and Procedures," March 13, 2020, https://www.esd.whs.mil/portals/54/documents/dd/issuances/dodi/500073p.pdf, pp. 9.
[5] "DOD Cost Estimating Guide" published December 2020, updated September 19, 2022, https://www.dau.edu/blogs/new-dod-cost-analysis-guidance-and-procedures-instruction, pp. 20.

第 5 章　DARPA 的合同管理

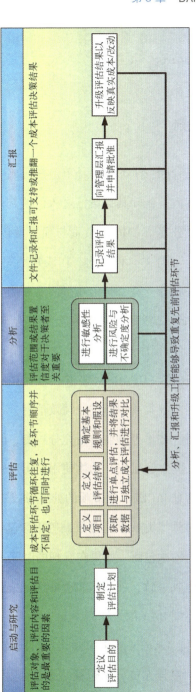

图 5-2　成本评估的过程①

---

①　"Cost Estimating and Assessment Guide," U. S. Government Accountability Office, March 2020, https://www.gao.gov/assets/gao-20-195g.pdf, pp. 34.

5.4 合同管理流程

5.4.1 合同谈判

合同谈判是合同授予的必要环节。在完成 BAA 评审工作后，DARPA 会书面通知每名提案人，告知其提案已进入待谈判环节或未被选定。在 DARPA 内部，合同管理办公室（CMO）负责与项目承包商进行合同谈判，双方进一步协商以最终确定合同文本和价款。在谈判期间，CMO 工作人员会评估每项开支的合理性，并就开支科目给出建议额度和依据。如果承包商提出的合同价款超出 AOPG 中的经费额度，DARPA 会对其合理性进行评估；若同意增加资助额度，DARPA 将按程序修订 AOPG。根据《联邦采办条例》（FAR）和《国防联邦采办补充条例》（DFARS）要求①，DARPA 合同官员会在谈判时验证必要的成本价格数据，收集承包商过往绩效信息，并遵循政府要求的承包商利润奖励政策，在价格、技术等方面进行充分权衡；同时，合同官员还会与承包商在合同谈判中就人类主题研究、动物使用、出口管制、分包及非国防部信息系统上受控非机密信息（CUI）等事项的处理方式进行明确。最终，在综合考虑拟议工作对项目的总体贡献、资金限制等因素基础上，DARPA 会将合同授予对政府而言最有利的承包商。如果在合理的时间内未能与承包商就工作条款、价格等合同内容达成一致，或承包商不能及时提供所要求的补充材料，DARPA 也可以选择放弃该 BAA 的合同授予。

谈判结束后，DARPA 合同官员会在合同档案中记录达成协议的主要内容，包括谈判目的、参与人员、承包商主要成本因素、双方分歧和利润基础等信

---

① 参见 FAR Part 15 Contracting by Negotiation 和 DFARS Part 215 Contracting by Negotiation 内容。

息①。合同正式签订后，双方会按照《联邦采办条例》等法律法规要求履行合同约定的权利和义务，推动研究任务落实。

5.4.2 过程管理

DARPA 的合同过程管理规范严谨，充分体现了订约双方的契约精神。项目执行过程中，项目经理同承包商共同推进研究工作，并关注各分包商工作进展。必要时，项目经理会引入新的承包商，或做出项目终止的决定。在合同监管、修改、分包及终止方面，DARPA 严格遵守《联邦采办条例》和《国防联邦采办补充条例》相关规定，并在合同过程管理中贯彻质量保证要求②。

通常，DARPA 合同约定承包商需要提交年度进展报告，以供项目经理和技术办公室评估项目进度同 BAA 计划预期的匹配性。多数项目会选择基于阶段性绩效达成情况付款，此时 DARPA 会依据项目里程碑节点的实现与否及时向承包商拨付经费。

5.4.3 经费拨付

DARPA 同承包商之间所签订的合同具有多种类型，包括固定价格合同（FFP）、成本加固定费用合同（CPFF）、技术投资协议（TIA）、授予协议、原型样机采购合同等。根据 DARPA 项目管理流程，通常在发布广泛机构公告（BAA）后才形成该项目的预算，纳入 DARPA 下一财年预算申请报批。申请人在提交响应 BAA 的项目建议书时，需同步提交项目经费预算，包括劳务费、材料费、差旅费、间接费用和其他费用等。

每年 2 月，DARPA 利用内部信息管理系统按照项目统计已拨付和计划申

---

① "FAR 15.406-3, Documenting the negotiation," https://www.acquisition.gov/far/15.406-3.
② 参见 FAR Subpart G Contract Management 和 DFARS Subpart G Contract Management 具体规定。

请的项目经费，将相关费用信息汇总到项目领域（Project）和项目单元（PE），并最终列入科研类预算后上报国会审批。通过国会批准后，预算资金将按项目单元拨至DARPA，之后DARPA再按照合同、协议、其他交易等资助方式条款要求支付给承包商。图5-3展示了DARPA研发经费的拨付流程。

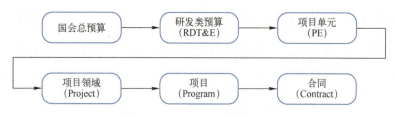

图5-3　DARPA经费拨付流程

在整个合同执行过程中，DARPA主要通过月度、季度、年度等不同阶段的技术报告与财务报告掌握相关合同进展情况，对合同经费开支和总成本变动形成有效控制，从而实现对经费使用和项目研发推进情况的有效监管。

DARPA对项目承包商的经费付款，是指DARPA通过国防部授权后，按照预先协定的价格向承包商支付其科研服务或科研成果的货币交付行为，实际上是一种采购行为。DARPA将此过程定义为"支付（Payment）"。通常，由国会将国家总经费相应部分拨与DARPA的过程称为"拨款（Appropriation）"，DARPA收到拨款后，由DARPA主计长办公室将经费拨与DARPA内部各技术办公室，该过程即为经费的"分配（Allotment）"；随后，各技术办公室按照合同约定价格给予承包商经费的行为称作"支付（Payment）"。在合同经费的拨付与使用中，DARPA主要依据《联邦采办条例》（FAR）、《国防联邦采办条例补充》（DFARS）以及《国防部财务管理条例》（DOD FMR）等法规执行。

DARPA采用国防部FMR中统一的付款方式，主要包括预先付款、按进度付款、按绩效付款和即时付款四种①。预先付款是指在任务完成前，DARPA 提前将经费拨付给主承包商，再由主承包商拨付给分包商，并在履约过程中逐步核减的一种付款模式。该方式一般适用于与非营利性教育或研究机构签订的资助协议，与小型企业等规模小、财力弱的承包商签订的合同，以及与政府利益密切相关的项目合同等情况。其中，资助协议预付款额度限制在满足项目前三个月的经费需求，且要求受资助方将资助款项存入生息账户，鼓励存入少数裔或妇女开办的银行，并将资金产生的利息汇给美国卫生福利部（HHS），资助接受方每年最多可自留 250 美元利息作为管理费用。按进度付款是指按照事先约定，在完成某一阶段性任务并通过评估考核后提供相应经费的支付方式，有时也称为分期付款。其中，按照里程碑节点拨付经费，是目前 DARPA 拨付经费所采取的主流模式。按绩效付款是指在承包商完成约定的全部任务后，DARPA 一次性支付相关成本和激励酬劳的方式。即时付款则是一种适用于所有类型合同的凭票据付款方式，DARPA 一般在收到正式票据的 30 日内向承包商支付其申请款项。

  统计表明，DARPA 项目支付方式多采用预先付款和按进度付款两种。1997 年国防部监察主任办公室（OIG）在其审计报告中指出，DARPA 当时项目预先付款的比例高达 87%，这可能导致较大的财务风险②。此后，按照进度付款方式逐渐成为了 DARPA 资助项目的首选。在这种付款方式中，合同中一般设有多个里程碑考核节点，随着项目实施通过各考核点并取得预期的阶段性成果，DARPA 分阶段拨付资助费用。不过，当承包商为非营利性教育或研究机构时，预先付款方式依然可以作为重要候选。但总的来讲，按照里程碑节点

---

① "Financial Management Regulation," https://comptroller.defense.gov/Financial-Management/Regulations/.

② "Award and Administration of Contracts, Grants, and Other Transactions Issued by the Defense Advanced Research Projects Agency," DoD, March 28, 1997, https://media.defense.gov/1997/Mar/28/2001713656/-1/-1/1/97-114.pdf, pp. 17.

进行进度付款是当前 DARPA 拨付经费的主流模式。

在付款渠道方面，国防财务会计服务局（DFAS）负责向所有为国防部提供产品或服务的承包商付款，DARPA 给承包商拨款也需要通过该机构（主要是 DFAS 下属的哥伦布中心）进行办理。具体操作中，美国国防部采用合同管理服务机制（MOCAS）系统来进行合同管理和经费拨付[①]。

5.5 合同管理特点

5.5.1 任务导向，专业高效

虽然《联邦采办条例》等规定已经可以有效控制各类合同签订过程中的固有风险，但在一定程度上也切断了国防部同其他非传统大型承包商之间的联系。传统政府合同中所包含的规定往往比私营公司所使用的商业合同更加繁重，这构成了部分创新组织同政府之间合作的阻碍因素[②]。特别是在一些较小资助金额项目中，复杂的合同签订流程和较高的管理成本严重降低了项目执行效率。鉴于 DARPA 技术开发工作的短期性和紧迫性，该机构经常需要小型创新企业来参与其各类项目，此时提出有别于传统资助方式的新型举措成为了必然。

DARPA 意识到，中小型企业是推动科技创新最积极、最活跃的力量之一，但在采购合同制定时往往因惧怕繁琐的签订程序而不愿参与到政府项目中来。对此，DARPA 务实地推广了其他交易资助方式，允许合同双方协商确定具体条款，简化了管理程序，为推动技术创新提供了有力支撑。同时，DARPA 也

---

① "Mechanization of Contract Administration Services（MOCAS），" https://www.highergov.com/contract-opportunity/mechanization-of-contract-administration-services-s5121a-mocas-r-e7ffb/.

② "Use of 'other transaction' agreements limited and mostly for research and development activities," U. S. Government Accountability Office, published January 7, 2016, https://www.gao.gov/products/gao-16-209, pp. 3–5.

认识到，颠覆性技术创新管理必须遵循客观规律，对于不同类型的项目、不同的任务主体需要采用不同的资助方式。在管理实践中，DARPA 摒弃了不假思索选择资助方式的粗放做法，要求合同管理人员认真评估项目技术状态、潜在承包商性质以及相关技术办公室的实际需求，当各方诉求存在冲突时还需要进行适当平衡，综合考量多种因素后再确定资助方式，做到"一案一策"。此外，DARPA 合同管理办公室强调人员素质是工作成功的关键，因而非常注重合同管理人员的专业能力，并为此招聘具有高水平专业知识和丰富工作经验的员工从事相关管理工作。

DARPA 合同管理办公室是任务导向而非过程导向的组织，以"通过提供创新的采办和商业解决方案推动颠覆性技术发展"为使命①，并总是在探索尽可能迅速的合同谈判和项目启动方法，以满足 DARPA 工作的紧迫性要求。在与潜在承包商接触的各类会议上，CMO 官员会反复强调 DARPA 内部合同管理的灵活性策略，以尽可能吸引承包商参与 DARPA 项目。在谈到 DARPA 为满足特定装备开发需要而采用的创新性合同签订方式时，CMO 主任蒂莫西·阿普尔盖特（Timothy Applegate）提到了"网络快速通道"项目②。该项目于 2011 年实施，其主要目的是吸引之前从未有过政府项目经验的独立研究人员和科创公司来开发一种全新的网络技术，以解决特定的战时网络安全问题。在 CMO 主动策划下，这个项目创造性地利用美国总务管理局的联邦供应计划表联系到了之前无法接触到的潜在承包商③。

合同管理办公室将信任作为合同谈判与签订的前提。CMO 深知，当合同双方缺乏信任时，所有条款的制定与执行都将是对抗性的④。在合同签订时，CMO 会充分和明确地解释合同每一项绩效要求，并告知承包商未来需要接受

---

① "Contract Management," https://www.darpa.mil/work-with-us/contract-management.
② "DARPA's Cyber Fast Track," https://archive.org/details/DARPAs_Cyber_Fast_Track.
③ "Innovation at DARPA," July, 2016, http://www.darpa.mil/attachments/, pp. 19.
④ "Innovation at DARPA," July, 2016, http://www.darpa.mil/attachments/, pp. 21.

的严格监督流程。DARPA 的诚信合同建立在这样一个假设上，即该机构与承包商都有着"工作至上"的共同理念和目标。

DARPA 专业和高效的合同管理工作所带来的直接益处便是在短时间内创造了多个技术开发奇迹，"全球鹰（Global Hawk）"无人机项目便是一个典型。"全球鹰"项目是 20 世纪 90 年代 DARPA 主导开发的一个先进概念技术演示验证（ACTD）项目，它填补了当时高空长航时无人机装备的空白。1994 年制定的"全球鹰"无人机第一阶段研制合同没有采取冗长的、格式繁琐的传统合同规定方式，而是采用原型样机其他交易（OTFP）的形式，仅用两页纸描述了无人机的预期性能（飞行高度 6 万英尺（约 18288m），续航时间 24h），且唯一要求是单架飞机采购成本不超过 1 千万美元。相比同类型传统飞机研制项目动辄 20 年以上的开发周期而言，"全球鹰"项目最终仅耗时 7 年便完成，并成功实现了向美国空军的技术转移[①]。

5.5.2 追求效率，注重监管

由于采购合同与非采购工具在使用中的管理要求不同，二者的监管措施也不相同。采购合同具有较强约束效力，使用时必须严格遵守《联邦采办条例》相关要求，各方按照合同约定开展工作，因而无须其他额外的监管措施。非采购工具在使用时并不需要完全遵守《联邦采办条例》规定，为降低使用风险，避免制度漏洞，国防合同管理局（DCMA）对非采购工具的使用提出了制定监管计划、审查付款条件、检查报告内容等各项明确的监管要求。

第一，在制定合同监管计划时，合同主管人员会明确研究进展评估标准及由何方进行评估、合同接受方以何种形式提交数据或报告、评估方式及评估频度等事项。第二，非采购工具中常用的拨款方式包括报销、预拨款和按时间节

---

① Bill Kizig, MacAulay Brown, "Global Hawk Systems Engineering Case Study," https://apps.dtic.mil/sti/tr/pdf/ADA538761.pdf.

点拨款三种。其中，报销要求合同接受方根据研究工作实际发生的费用提交报销申请，为首选拨款方式；预拨款是基于接受方对项目研究支出预估并在实际支出发生之前拨付的款项，拨款时间一般在临近实际支出前，额度也不能超过最高支出需求。预拨款通常拨至政府指定的担保账户，只有满足相应条件才能拨至接受方的计息账户①，且在接受方完成约定的全部研究任务并提交完整报告后再拨付尾款。第三，在项目执行过程中，合同主管人员会监管经费支出和使用情况是否匹配研究任务目标，当出现进度异常时会及时联系合同承包商，并要求其提供合理解释。此外，主管人员还会监管承包商是否按照约定提交相关研究报告，以及所提交的报告质量是否符合政府要求。

在 DARPA 对各种非采购工具的日常使用进行严格监管之外，美国政府问责局（GAO）与国防部监察部门还会不定期对 DARPA 的合同管理工作进行审计。2022 年，国防部监察主任对涉及资助金额 50 亿美元、共 34 个原型样机其他交易合同的授予和执行过程进行充分调查后发现，部分 DARPA 合同在授予时并未完全满足美国法典中对于其他交易合同参与者所需资质和成本评估的要求，这给 DARPA 引入非传统国防承包商参与其项目带来了额外风险②。在完成 2019—2021 财年期间国防部授予医疗国防、军备、航空和导弹业务等领域多个其他交易合同的审计后，GAO 建议国防部及其下属机构加强对上述合同经费使用和承包商工作内容汇报的系统性跟踪，并通过改善信息共享来提高其他交易合同授予的计划性③。

---

① 使用条件为：当年度获得的联邦经费总额低于 12 万美元；预拨款在计息账户中的年度利息不超过 250 美元；预拨款少于指定存管机构要求的最低额度。

② "Audit of DoD other transactions and the use of nontraditional contractors and resource sharing," DoD Inspector General, September 8, 2022, https://media.defense.gov/2022/Sep/12/2003074178/-1/-1/1/DODIG-2022-127.PDF.

③ "Other transaction agreements: DoD can improve planning for consortia awards," U.S. Government Accountability Office, September 20, 2022, https://www.gao.gov/products/gao-22-105357.

FRONTIER TECHNOLOGY
INNOVATION MANAGEMENT OF
DARPA

第6章
DARPA的预算管理与资助情况

在经费申请与使用方面，DARPA 严格按照美国联邦政府和国防部法规要求基于 PPBE 系统制定实施细则，进行规范化管理。整体上，DARPA 的经费管理过程同国防部其他机构隶属同一框架，并无特殊之处。该过程反映了美国国防科研经费管理的典型做法——既服务于高效率的技术开发，又不失过程管理的严谨性，并为 DARPA 的项目推进和合同执行提供有力支撑。

6.1 预算经费整体情况

近几年来，DARPA 年度研发预算一直在 30 亿美元上下浮动。2023 年，该机构年度预算上涨至 41 亿美元，达到历史巅峰。图 6-1 显示了 DARPA 1996—2021 财年不同类型经费的变化趋势。从图中可知，DARPA 的资助费用从 1996 财年的 22.7 亿美元增加到 2021 财年的 35.66 亿美元，增长了 54.2%，年复合增长率（Compound Annual Growth Rate，CAGR）为 1.7%。同时，近年来 DARPA 对于基础研究的资助比重有所提高。以 2021 财年为例，该财年预算总额为 35.66 亿美元，用于科学研究的费用为 34.79 亿美元。其中，基础研究 5.34 亿美元，占比 14.97%；应用研究 13.77 亿美元，占比 38.61%；先期技术开发 15.68 亿美元，占比 43.97%[①]。

图 6-2 显示了 DARPA 1996—2021 财年不同预算活动的经费占比情况。从图中可以看出，DARPA 基础研究经费从 1996 财年的 3% 左右上升至 2001 财年的 14.97%，应用研究和先期技术开发经费占比随时间推移而波动，近年来分

---

① "Department of Defense Fiscal Year (FY) 2021 Budget Estimates," February 2020, https://comptroller.defense.gov/Budget-Materials/Budget2021/.

第 6 章 DARPA 的预算管理与资助情况

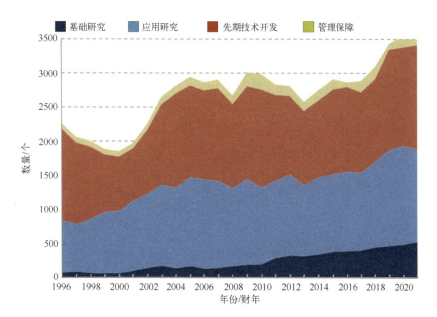

图 6-1　DARPA 资助趋势变化（1996—2021 财年）①

图 6-2　DARPA 不同预算活动经费占比（1996—2021 财年）②

---

① "Defense Advanced Research Projects Agency：Overview and Issues for Congress," updated August 19, 2021, https：//crsreports. congress. gov/product/details?prodcode＝R45088, pp. 11.

② "Defense Advanced Research Projects Agency：Overview and Issues for Congress," updated August 19, 2021, https：//crsreports. congress. gov/product/details?prodcode＝R45088, pp. 13.

别稳定在42%和45%左右。虽然拨款在逐年上涨，但DARPA资金在国防部研究、开发、测试和评估（RDT&E）拨款总费用中的占比却逐年下降。1996—2021财年，这一占比从6.4%下降至3.3%①（图6-3）。

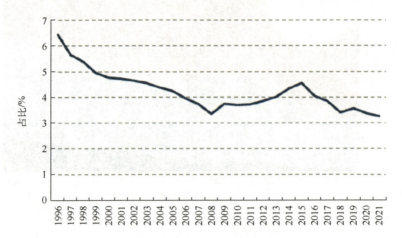

图6-3　DARPA经费在国防部RDT&E总额中占比（1996—2021）②

作为项目管理机构，DARPA并不直接进行研发，而是通过合同签署、授予、技术协议、其他交易等资助形式，支持各商业公司、高校、研究机构等承包商进行技术创新。以2020财年DARPA经费使用情况为例，各承包商所获经费资助份额如下：工业界机构62%（23亿美元），大学和学院18%（6.68亿美元），内部研发机构（如联邦实验室）11%（3.96亿美元），非营利性组织4%（1.46亿美元），联邦资助的研发中心（FFRDC）约4%（1.36亿美元），以及国外实体机构1%（5300万美元），如图6-4所示。

---

① "Department of Defense Research, Development, Test, and Evaluation (RDT&E): Appropriations Structure," Congressional Research Service, updated September 7, 2022, https://crsreports.congress.gov/product/pdf/R/R44711/11, pp. 19-20.

② "Defense Advanced Research Projects Agency: Overview and Issues for Congress," updated August 19, 2021, https://crsreports.congress.gov/product/details?prodcode=R45088, pp. 14.

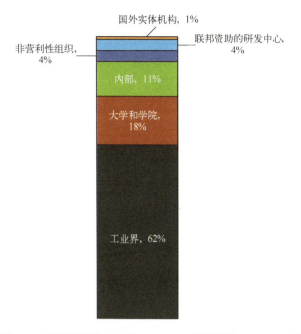

图 6-4　不同类型承包商的 DARPA 经费使用占比（2021）①

6.2　预算活动类型

在美国国防资源分配体系中，国防预算共分 11 大类，研究与开发（R&D）属于第 6 大类，全称为研究、开发、试验与评估（RDT&E）。DARPA 的资金主要来自 RDT&E 费用，编列在 6.1 基础研究、6.2 应用研究、6.3 先期技术开发和 6.6 管理保障（主要是行政运转费）4 个科目中②。此外，DARPA 还会从国防部与非国防部机构获得部分次级拨款资金。表 6-1 所列为美国国防部 RDT&E 预算分类。

---

①　"Defense Advanced Research Projects Agency: Overview and Issues for Congress," updated August 19, 2021, https://crsreports.congress.gov/product/details?prodcode=R45088, pp. 10.

②　有关经费活动代码与解释，可参见 Department of Defense Financial Management Regulation (DoD FMR), DoD 7000.14-R, Volume 2B, Chapter 5, 1.5 RDT&E Budget Activities 部分。

表 6-1　美国国防部 RDT&E 预算分类[①]

类别	名　称	描　述	属　性
6.1	基础研究	对事物或现象基本方面的理解，没有具体的应用设想	科学与技术
6.2	应用研究	用于满足特定需求的系统研究，多涉及对材料、设备、方法等进行系统开发	科学与技术
6.3	先期技术开发	包括子系统和部件开发，以及在模拟环境下将子系统和部件集成进系统或样机	科学与技术
6.4	先期部件开发与样机	在高保真度和真实使用环境下进行集成系统或样机评估	研究与开发
6.5	系统开发与演示验证	此时技术开发已进入量产前的工程制造阶段，主要用于验证系统或样机对特定需求的满足性	研究与开发
6.6	RDT&E 管理保障	对先前技术开发成果的使用提供持续性保障措施	研究与开发
6.7	作战系统开发	对已经获得规模量产批准或已经部署的系统进行升级以提高实际应用效果	研究与开发
6.8	软件和数字技术开发	针对软件、数字技术项目使用，有别于传统经费活动，其主旨是加速项目实施进程	研究与开发

6.3　PPBE 过程

与国防部其他机构一样，DARPA 同样使用 PPBE 系统来给各技术开发项目分配资源，并向国防部长办公室（OSD）、管理和预算办公室（OMB）、国会等机构提供这些资金分配的合理性证明文件，同时监管资金在项目中的实际使用情况。DARPA 提交给 OSD 和国会的预算涵盖了项目前一年、当前年份和未来一年所需要的资助金额、工作计划和工作成果等信息，所需资金数量的累

---

① 近年来，为了加快国防预算申请与执行效率，特别是适应人工智能和 ICT 领域的技术发展需要，国防部预算种类增加了类别 6.8：软件和数字技术试点项目。参见 "DoD 7000.14-R Department of Defense Financial Management Regulation（DoD FMR）"，https:// comptrollar.defense.gov/FMR/。

计构成了 FYDP 文件的制定基础。

DARPA 的年度预算受到美国众议院、参议院军事委员会、众议院和参议院国防拨款小组委员会等机构的全面审查。其中，前两个机构负责对 DARPA 项目的资助进行授权，并监督采办执行过程；后两个机构决定是否批准 DARPA 的资金申请，并在批准后进行拨款。

整体上看，DARPA 的 PPBE 流程如下：

（1）规划。DARPA 根据其使命任务、面临的威胁与需求变化，不定期地制定战略规划，明确未来一段时间内自身发展战略和工作重心，为项目立项等各项活动提供顶层指导。例如，2019 年 8 月 DARPA 公布了新版战略规划《为国家安全创造技术突破和新能力》，在该文件中深刻分析了美国国家安全面临的威胁环境，重申了 DARPA 的使命任务，明确了该机构的优先战略事项，并从保卫本土、威慑并战胜高端对手、持续稳定支持领域（应对非传统的灰色地带冲突和城市作战）、前沿科技基础研究（主要为人工智能和电子复兴计划）等四个方面阐述了其工作重心[①]。

（2）计划。DARPA 所有的研究资助均通过项目来实施，而"计划"过程便被用来生成 DARPA 将要资助的项目。DARPA 主要通过招聘项目经理来征集项目，并且项目经理的招聘也是在战略规划指导下进行的。项目经理组织论证形成项目，项目建议（含经费概算）经 DARPA 技术办公室主任和局长批准，以项目批准文件（Program Approved Document，PAD）的形式得到确认。此后，项目经理依据项目批准文件撰写广泛机构公告（BAA），并在 BAA 获得批准发布后征集承包商。同时，在对各个项目进行评估与优先级排序后，DARPA 会形成《项目目标备忘录》（POM）文件。POM 按程序提交国防部相关委员会评审，并根据评审意见进行修改。

---

① DARPA "Creating technology breakthroughs and new capabilities for national security," DARPA, August 2019.

（3）预算。DARPA 将与《项目目标备忘录》同步形成的《预算估计提案》（BES）文件提交国防部相关委员会和机构，并按程序评审后形成总统预算。预算文件按程序提交国会评审，DARPA 局长通常需在国会听证会上作证①。

（4）执行。总统预算批准后，国防部将经费拨付至 DARPA 审计长，由其将经费分配至各技术办公室。DARPA 根据项目建议书评审结果和批复的预算情况，与承包商进行合同洽谈后签订合同，并按约定向承包商拨付经费。此后，DARPA 会在项目实施过程中评估其研究进展与经费使用情况，据此履行向承包商的拨款计划。

6.4 近年来预算分析

6.4.1 经费投向

2022 年 4 月，DARPA 公布了该机构 2023 财年预算申请文件。从总额来看，2023 财年 DARPA 预算申请大幅增加至 41.19 亿美元，历史上首次超过 40 亿美元；从布局来看，微电子、生物技术、人工智能为重点资助方向。与 2021 财年（35 亿）和 2022 财年（38.68 亿）预算相比，2023 财年 DARPA 预算分别增加了 17.6% 和 6.8%。与 2022 财年相比，2023 财年预算基础研究部分为 4.83 亿美元，减少了 7.4%；应用研究部分为 16.51 亿美元，增加了 7.9%；先期技术开发部分为 18.84 亿美元，增加了 8.8%。在项目单元和领域层面，2022 财年与 2023 财年相比没有变化；而在项目层面，除因保密未公开的经费部分（7.59 亿，占比 18.4%）外，新增 29 个项目（占项目总数的

---

① 例如，DARPA 局长 Stefanie Tompkins 曾在 2021 和 2022 年度向美国参议院拨款委员会提交证词，参见 https://www.govinfo.gov/content/pkg/CHRG-117shrg44165/pdf/CHRG-117shrg44165.pdf。

16.9%），涉及经费 7.79 亿美元（占总经费的 18.9%）。

2019—2023 财年间，除 2021 年预算经费略有降低外，DARPA 的预算保持持续增长；这些经费的主要投入领域为应用研究和先期技术开发，充分反映出该机构以任务目标为导向的研发资助特点①。其中，应用研究经费投向了生物医学技术、信息与通信技术、生物战防御、战术技术、材料与生物技术以及电子技术 6 个项目单元，先期技术开发投向了先进航空航天系统、空间项目与技术、先进电子技术、指挥控制与通信系统、网络中心战技术和传感器技术 6 个项目单元，基础研究经费则主要用于对基础人工智能（AI）技术、替代计算、机器感知等项目进行资助。图 6-5 和图 6-6 分别为 2019—2023 财年 DARPA 经费类型和经费项目单元分布。

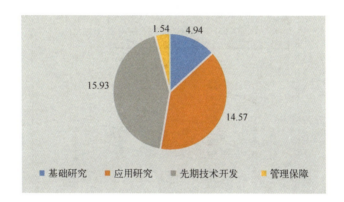

图 6-5　2019—2023 财年 DARPA 经费类型分布（单位：亿美元）②

随着美国大国竞争战略的逐步实施，国防部对半导体、微电子、高超声速和人工智能等技术领域愈发重视，DAPRA 以及各军兵种研发机构工作重心也相应向上述领域倾斜。为推进电子复兴计划（ERI）等重点项目，DARPA 通

---

①　2021 年 DARPA 在生物医学技术、战术技术、材料与生物学技术等应用研究领域的投入有所降低，随后 2022 财年和 2023 财年 DARPA 在数学与计算科学、信息与通信技术、生物学等技术领域的投入明显增加。

②　数据根据 DARPA 2019—2023 财年预算整理得到，该图显示了 DARPA 预算的宏观使用情况，相对比例更能反映出 DARPA 的经费投向。

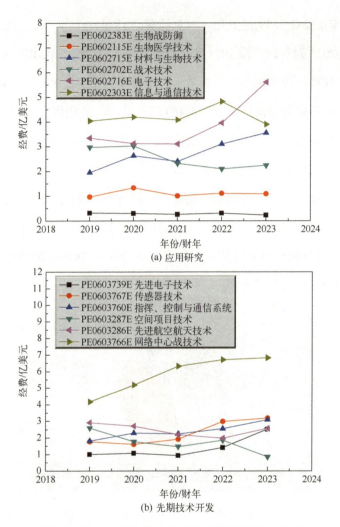

图 6-6　2019—2023 财年 DARPA 经费项目单元分布

过不同项目组合在微电子、材料、机械和架构设计等跨学科交叉领域进行探索，并从制造、封装、组装与测试等各个环节对微系统性能提升进行攻关[①]。同时，为了支持"马赛克战"概念实施，DARPA 在人工智能和自主系统技术领域的投资也占有重要比重。通过各类相关项目实施，DARPA 不断强化人工智能算法与架构创新，注重算法可靠性与鲁棒性，并以此为基础推进各军种自

---

① ERI Programs. https://eri-summit.darpa.mil/eri-programs.

主无人系统的研制和部署①。

6.4.2 布局特点

DARPA在项目预算与资助布局上体现出下述特点：

第一，服务大国竞争战略，不断加大颠覆性创新研发投入。美国近年来高度重视大国竞争，2022年国防部发布的《国防战略》（NDS）文件明确列出四大优先事项：①保卫本土，应对大国日益增长的多领域威胁；②遏制针对美国及盟友的战略攻击；③威慑侵略，优先考虑大国在印太地区和欧洲的挑战；④建立韧性联合部队和防御生态系统。为维持其竞争优势，国防部大幅增加DARPA预算投入力度，从2018财年的30亿美元逐步跃升至2023财年的40亿美元，以充分发挥DARPA在组织颠覆性技术创新中的作用。

第二，根据战略形势，不断优化关键技术领域布局。2021年拜登政府执政后，美军基于新的形势研判，提出"一体化威慑战略"，寻求通过不断的技术更新并促进新兴技术的军事应用，保持军事领先地位。2022年2月，国防部正式发布《竞争时代的技术愿景》②，遴选了对美国国家安全至关重要的14大关键技术领域。DARPA 2023财年重点投入的微电子、生物技术、人工智能、高超声速、量子等方向，都与美国国防部关键技术领域布局高度契合。

第三，瞄准新型作战概念，推进作战能力跃升。美军历来重视作战概念对

---

① "Strategic Technology Office Outlines Vision for Mosaic Warfare," August 4, 2017, https://www.darpa.mil/news/2017/sto-mosaic-warfare.

② "Technology Vision for an Era of Competition. Under Secretary of Defense," February 3, 2022, https://www.defense.gov/News/Releases/Release/Article/2921482/department-of-defense-technology-vision-for-an-era-of-competition/.

军事技术和装备发展的牵引作用,近年来相继提出"联合全域作战"①、"马赛克战"②等新型作战概念,由此牵引人工智能、集成网络体系等领域技术发展。DARPA 通过细化作战概念和能力需求,设置前沿探索研发项目,推动军事能力跨越式发展。如 DARPA 主导"马赛克战"概念发展,部署"天基自适应通信节点""任务集成网络控制"等项目,作为实现"马赛克战"的重要支撑;"黑杰克"项目已完成星间激光通信和星上自主控制技术在轨验证,未来将构建全球无缝覆盖的天基激光通信网络,为美军"联合全域指挥控制"提供有力支持。

---

① 有关联合全域指挥控制概念,可参见 Sherrill Lingel, Jeff Hagen, Eric Hastings, et al. ,"Joint All-Domain Command and Control for Modern Warfare," Rand Corporation, published July 1, 2020, https://www. rand. org/pubs/research_reports/RR4408z1. html 和 " Joint All – Domain Command and Control: Background and Issues for Congress," Congressional Research Service, March 18, 2021, https://crsreports. congress. gov/product/pdf/R/R46725/2。

② Bryan Clark, Daniel Patt, Harrison Schramm, "Mosaic Warfare: Exploiting artificial intelligence and autonomous systems to implement decision centric operations," Center for Strategic and Budgetary Assessments, February 21, 2020, https://csbaonline. org/research/publications/mosaic-warfare-exploiting-artificial-intelligence-and-autonomous-systems-to-implement-decision-centric-operations.

第7章

DARPA的技术转移

DARPA 组织开展各种前沿技术研究，是为了持续保持美国军事科技实力在世界大国博弈中的竞争优势，为美国实现全球经济、政治、军事等领域霸主地位提供科技力量支撑①。因此，技术转移作为 DARPA 项目管理全链条中的重要环节，历来受到美国国会和各军兵种的高度关注②。事实上，DARPA 的成功很大程度上依赖于其项目成果实现军事部署和商业化应用的效果。鉴于上述原因，本章对该机构的技术转移方法和成效进行详细探讨。

7.1 面临的特殊挑战

在美国国会看来，技术转移过程从 DARPA 所支持的研发项目开始，到完成军方或其他终端客户合同采办事项，一直是一个充满挑战的难题。美国参议院军事委员会在 2014 年的一份报告中曾不无担心地表示："委员会感到关切的是，一些技术项目可能成功完成，但未能转化为有记录的采办方案或直接投入实际使用。这可能是由于来自行政、资金、文化或项目方面的障碍，使得从科学技术项目到采办项目以及技术预期用户之间的差距难以弥合"③。

7.1.1 瞄准长远需求的障碍

在 DARPA 的研究工作中，项目选择的出发点是开发革命性技术以满足未来战争需求，而不是为解决当前战争需要。因此，DARPA 颠覆性技术开发的

---

① DARPA 60 years：1958-2018（Faircount Media Group, 2018），pp. 15.
② 技术转移（technology transfer）被定义为"将关键技术嵌入军用系统的流程，通过提供足量优质的武器或支援装备以满足军队人员执行特定任务的需要"。参见 DAU and the Office of the Deputy Under Secretary of Defense for Advanced Systems and Concepts, Manager's Guide to Technology Transition in an Evolutionary Acquisition Environment（DOD/DAU University Press, Fort Belvoir, Va.：2005），pp. 6.
③ "Carl Levin National Defense Authorization Act for Fiscal Year 2015," https://www.congress.gov/congressional-report/113th-congress/senate-report/176/1.

目标构成了技术转移的主要障碍；特别是在所开发的技术不明显属于某一特定任务范围或缺乏明确用户的情况下，这一障碍变得更为明显。有时，部分技术过于超前，目标过于激进，可能遭到各军兵种的抵制；此外，引进 DARPA 激进的创新技术还可能会打破当前军事项目、预算和作战理论现状，并在军事领域引发文化冲突[①]。某些 DARPA 官员曾表示，有时该机构研究所产出的技术能力让军方官员觉得并不需要，尽管实际上这些技术可以为军事实力的提升提供很大帮助。比如，根据美国政府问责局（GAO）报告，美国空军最初对于飞机隐身技术的投资便持反对意见，认为该项技术在实现转移之前需要得到充分的培育和验证[②]。在该项目实施中，正是由于 DARPA 在各种压力下的坚持，最终才看到隐身技术在 F-22 和 F-35 等多型战斗机设计中的应用，这也成为了美国武器开发系统中的经典案例。

7.1.2 技术成熟度较低

DARPA 的技术开发一般不会进行到某项技术完全成熟的阶段。相反，该机构侧重于展示新技术的可行性，验证新技术在现实世界中的应用潜力。因此，DARPA 项目结束后，大多数技术在准备投入战场部署或商业使用之前都需要经过进一步开发，这也导致技术后续完善成为 DARPA 技术转移过程中需要弥补的一环。事实上，DARPA 自己也承认，作为潜在技术转移接收方，美国政府采办机构通常不愿意承诺在缺乏进一步技术成熟性开发的情况下将新技术纳入他们的采办名录，而军方研究机构和实验室也都有自己的项目和优先事

---

① 参见 "Defense Advanced Research Projects Agency: Key Factors Drive Transition of Technologies, but Better Training and Data Dissemination Can Increase Success," U. S. Government Accountability Office, November 18, 2015, https://www.gao.gov/products/gao-16-5 和 "Innovation at DARPA," July, 2016, http://www.darpa.mil/attachments/, pp. 16。

② "Defense Advanced Research Projects Agency: Key Factors Drive Transition of Technologies, but Better Training and Data Dissemination Can Increase Success," U. S. Government Accountability Office, November 18, 2015, https://www.gao.gov/products/gao-16-5, pp. 18-21。

项清单①。同时，在资金支持政策上，授予 DARPA 的资金仅可以用于基础研究、应用研究和先期技术开发，而没有涉及使技术进一步成熟的原型样机和系统验证阶段。这种情况下，对 DARPA 项目成果的进一步开发可能会缺乏资金支持。根据 DARPA 官员的评述，这在相当长的一段历史时期内已经成了项目成果技术转移的一个主要障碍②。

在 2017 年美国政府问责局（GAO）出具的一份对比国防部和领先企业在科技项目管理实践方面异同的报告中，GAO 指出美国领先企业多半都会意识到颠覆性技术在商业化转移过程中所遇到的困难，并会对此提供资金支持以帮助该类技术进一步成熟，直至获得用户③。对此，美国国防部和 DARPA 在 2016—2018 年间显著增加了使用其他交易（OT）授权来开发原型样机的比例，这一举措有助于克服 DARPA 和国防部采办需求之间在技术成熟度方面的差距④。

7.1.3 不直接面向用户的弊端

同隶属于各军种的研发机构不同，DARPA 的颠覆性技术开发项目通常缺乏明确的直接用户，难以像前者一样在立项之初便具备清晰的应用场景，并在结项后将技术成果直接交付部署。缺乏军方用户的关注与支持不仅会对

---

① "Defense Advanced Research Projects Agency: Overview and Issues for Congress," updated August 19, 2021, https://crsreports.congress.gov/product/details? prodcode=R45088, pp. 16.

② "Defense Advanced Research Projects Agency: Key Factors Drive Transition of Technologies, but Better Training and Data Dissemination Can Increase Success," U. S. Government Accountability Office, November 18, 2015, https://www.gao.gov/products/gao-16-5, pp. 18.

③ "Defense Science and Technology: Adopting Best Practices Can Improve Innovation Investments and Management," U. S. Government Accountability Office, published June 29, 2017, https://www.gao.gov/products/gao-17-499.

④ "Defense Acquisitions: DOD's Use of Other Transactions for Prototype Projects Has Increased," U. S. Government Accountability Office, November 22, 2019, https://www.gao.gov/products/gao-20-84, pp. 8.

DARPA 项目需求获取造成困难，影响技术指标定义，同时会延缓项目成果的技术转移过程，因为让用户充分了解当前技术的应用潜力并为此找到最佳部署场景往往需要较高的时间成本。这一来自 DARPA 定位的固有属性，也对该机构技术成果顺利转移造成了不利影响。

7.1.4 管理与制度不完善

早在 1974 年，美国政府问责局便发现 DARPA 的技术转移过程缺乏制度化管理[1]；至今为止，美国国防部和 DARPA 都没有制定任何关于如何推动项目成果技术转移的统一政策[2]。在项目执行中，除了联邦政府授权的小企业项目以外，DARPA 在很大程度上选择不参与国防部的技术转移项目；而是将时间和资源主要集中在创造支持国防部作战任务的根本性技术创新上，将技术转移置于次要优先地位。DARPA 的管理层要求项目经理促进技术转移，但为后者提供的相关培训却较为有限。同时，该机构包括技术转移在内的项目管理流程多是在项目经理招聘时以非纸面记录形式表述，没有在 DARPA 的内部政策或指导文件中集中体现[3]。由于项目经理任期一般为 3~5 年，这种情况下，他们需要集中精力优先考虑如何实现项目的技术目标，然后才是项目成果应用和技术转移。因此，DARPA 项目通常都在寻求证明"什么是可能的"，而不是完善、生产和交付战术装备，甚至认为项目后续过程是其他军方研究机构、实验室和采办系统的责任。虽然 DARPA 管理层通过定期项目审查对项目经理们的活动进行监督，但这些审查并不对技术转移策略的制定和执行进行定期评估。

---

[1] "Defense Advanced Research Projects Agency's Approach to the Management of Technology Transfer to the Military Services," U.S. General Accounting Office, March 14, 1974, https://www.gao.gov/assets/b-167034-095962.pdf.

[2] "Innovation at DARPA," July, 2016, http://www.darpa.mil/attachments/, pp. 16.

[3] "Defense Advanced Research Projects Agency: Key Factors Drive Transition of Technologies, but Better Training and Data Dissemination Can Increase Success," U. S. Government Accountability Office, November 18, 2015, https://www.gao.gov/products/gao-16-5, pp. 17-18.

此外,虽然 DARPA 面向国防部内部、公众和私营公司一直在发布其项目进展与所获成果的信息,但它没有充分利用政府资源来共享技术数据,这可能会模糊 DARPA 项目的可见度,并导致其错过成功技术转移的机会。

根据 GAO 报告,项目结束后 DARPA 官员需要在一个包含最近完成的所有项目信息的数据库中根据技术转移路径确认并记录转移结果,同时利用该数据库为即将上任的项目经理提供关于技术转移方面的培训。DARPA 跟踪技术转移结果的过程没有反映项目完成及外协合同结束后所发生的转移,在这之后,项目承包商通常使用非 DARPA 的资金来源继续进行技术完善。此外,DARPA 先前跟踪技术转移的方法可能会限制其对转移结果的理解,并削弱该机构基于以往项目经验教训为新项目制订转移计划的能力。例如,2006 年 9 月,GAO 发现在跟踪项目技术转移过程及效果时,诸如成本节约或技术在产品中的嵌入使用等经验可以为 DARPA 未来的项目管理提供有价值的参考;然而,2013 年 3 月 GAO 却发现一旦某个项目停止获得资助,国防部就会终止对该项目转移结果的跟踪,这限制了国防部对 DARPA 项目组合管理中技术转移概念的理解[1]。事实上,在如何进一步提高项目成果技术转移成功率方面,DARPA 一直在努力,并不断完善现有管理流程。根据 DARPA 官员的说法,一项技术的成熟度水平、军方支持资金力度、与军方需求的一致性以及项目经理的转移计划对于最终能否实现技术转移都有着重要影响。波托马克政策研究所有关 DARPA 技术转移的专项研究也印证了这一论断[2]。

在 DARPA 发展历程中,对技术转移重视不够成为该机构早期组织文化的一个特点。早在 1985 年和 2001 年针对 DARPA 技术转移效果的委托评估表明,

---

[1] "Defense Advanced Research Projects Agency: Key Factors Drive Transition of Technologies, but Better Training and Data Dissemination Can Increase Success," U. S. Government Accountability Office, November 18, 2015, https://www.gao.gov/products/gao-16-5, pp. 9-18.

[2] "Transitioning DARPA Technology," Potomac Institute for Policy Studies, May 2001, https://potomacinstitute.us/images/studies/transdarpatech.pdf.

该机构对技术转移的重视并不充分①。其中，1985 年乔治梅森大学的评估报告建议 DARPA 设立全职的技术转移官员来促进完结项目向军方顺利交接，2001 年波托马克政策研究所的报告建议将项目经理的任期与他们所负责的项目周期进一步匹配，降低其离职日期设置的随意性风险，并为项目成果技术转移的实现提供额外培训和激励措施。作为对这些建议的回应，DARPA 针对性采取了相应举措，包括与每个军种领导人员举行以技术转移为主题的季度会议，并在 2013 年成立了适应性执行办公室（AEO）以加速项目技术成果向作战能力转化②。这些举措在一定程度上提高了 DARPA 内部项目技术转移方面的资源投入和优先级。

在如何改善对项目经理进行技术转移培训方面，DARPA 和 GAO 曾有过探讨性争论。GAO 认为，DARPA 对项目经理在技术转移方面接受的培训较为有限，这些培训只是在概述层面对项目的技术转移路径进行了介绍，以及如何制定技术转移里程碑节点。与美国军方实验室正式长期雇用的技术经理不同，DARPA 的项目经理不需要接受正规培训和资质认证，而美国国防部要求军方实验室的经理们需要完成国防采办大学（Defense Acquisition University，DAU）的科学和技术培训课程，其中就包含如何实现技术转移。DARPA 则认为，完成这些课程和获得认证所需的培训将占用项目经理们过多的时间；此外，鉴于该机构追求突破性创新的独特使命，DAU 的培训课程并不完全适合 DARPA 的项目经理③。虽然 DARPA 目前不依赖国防部其他机构提供有关技术转移的培

---

① 有关该结论的具体论证过程可参见：RG Havelock，"Technology Transfer at DARPA，" 1985，https：//apps. dtic. mil/sti/tr/pdf/ADA164457. pdf 和 "Transitioning DARPA Technology，" Potomac Institute for Policy Studies，May 2001，https：//potomacinstitute. us/images/studies/transdarpatech. pdf。

② Tom Masiello，"DARPA AEO Overview，" November 1，2017，https：//www. ndiagulfcoast. com/events/archive/43rdSymposium/DARPAMasiello2017. pdf。

③ "Defense Advanced Research Projects Agency：Key Factors Drive Transition of Technologies，but Better Training and Data Dissemination Can Increase Success，" U. S. Government Accountability Office，November 18，2015，https：//www. gao. gov/products/gao-16-5，pp. 21.

训，但项目经理个人可以自愿选择在国防部或其他联邦机构接受相关培训。比如，1986 年依据《联邦技术转移法案》成立的联邦实验室技术转移联盟（FLC），可以为项目经理提供技术转移相关培训[①]。作为 DAU 培训的替代方案，DARPA 为项目经理们提供各种技术转移规划和外联资源。例如，项目经理会经常得到 AEO 的支持，该办公室为项目经理在制定转移计划和与军方相关人员沟通中提供援助。同时，拥有美国陆军、海军、空军和海军陆战队背景的 DARPA 军事联络官们也会帮助项目经理确认和联系军事领域潜在用户，包括组织军方高层和 DARPA 管理层就项目技术转移举行正式会面。从效果上看，这些举措不仅加深了 DARPA 项目经理对于军方用户需求的理解，同时也为 DARPA 的工作规划和战略发展提供了业务建议[②]。此外，项目经理还被授权可以从其他机构雇用有经验的承包商和政府工作人员，帮助其所管项目实现技术转移。

7.2 推动技术转移的主要做法

DARPA 的工作是在高风险和高回报之间的探索，它缩短了前沿发现和军事需求之间的距离。在这一点上，技术转移是最为直接的手段，其效果决定了技术应用在外场部署的最短时间。多年来 DARPA 技术成果转移过程的实践表明，该机构所推行的多项创新举措有效推动了项目成果向军方和商业机构的转化。

7.2.1 贯穿项目全过程，分类推动技术转移

表 7-1 所列为 DARPA 在技术转移过程中所选择的不同路径。

---

① "Federal Laboratory Consortium for Technology Transfer," https://www.usa.gov/agencies/federal-laboratory-consortium-for-technology-transfer.

② "Best Practices: Stronger practices needed to improve DOD technology transition processes," U.S. Government Accountability Office, September 14, 2006, https://www.gao.gov/products/gao-06-883.

表 7-1　DARPA 技术转移路径

序号	转移路径	描述
1	被其他政府机构使用	国防部以外的其他联邦政府机构对某项技术进行进一步开发，或者对该技术进行适应性调整
2	直接使用	DARPA 的研究或技术直接转让给终端用户，如军事部门、国防部其他机构或其他联邦、州或地方组织，并用于当前的行动/任务
3	记录项目	DARPA 技术被转移到国防部的其他部门，并在一个记录的项目中得到进一步开发
4	商业化	DARPA 项目执行者或其他商业实体将开发的技术出售给联邦政府或商业市场
5	DARPA 项目植入	以下述两种方式之一出现：①在一个 DARPA 项目中成功完成技术开发的执行者随后参与到另一个 DARPA 项目中，并使用在早期项目中已得到验证的技术；②DARPA 基于或包含早期完成的项目发起一个后续项目
6	后续开发	在 DARPA 项目完成后，项目执行者或其他人使用非国防部资源来进一步开发并最终实现该技术的使用、实施或商业化
7	由国防部机构后续开发	在 DARPA 项目完成后，由国防部其他机构对该技术提供资助，以持续进行开发、使用或实施
8	影响或制定明确的技术标准	一个 DARPA 资助的项目直接导致了一个标准或定义的技术基准在科学和技术界的发展

注：美国国防部（DoD）将"记录项目"定义为目前已获得资金或已经成功实现正式启动的采办项目。

根据不同类型项目的技术属性和应用前景，DARPA 分类设计了各式各样的转移渠道，科学地推动技术转移①。在完成技术开发后，项目成果可以直接转向军兵种、其他政府部门、商业实体等终端用户执行既定任务，也可通过"记录项目"的形式纳入政府采办系统；当技术成果需要进一步开发时，当前项目可以并入其他项目或者重新启动一个后继项目进行深化研究，甚至在学术界开启一个新的领域实现技术社区的建立和发展。对于军事应用场景明确、能够直接提升军事能力的项目，最终可以成为"记录项目（Program of Record）"，并直接进入各军种采办流程（DARPA‑to‑Service Acquisition，

---

① "Transitioning DARPA Technology," Potomac Institute for Policy Studies, May 2001, https://potomacinstitute.us/images/studies/transdarpatech.pdf.

DSA)①。如远程反舰导弹、简易爆炸物探测装置、语言自动翻译系统等项目，项目成果可以借助采办流程快速投入战场。对于先进材料、先进制造、元器件等使能技术，项目结束后一般先转移到工业界继续发展使其成熟，以降低成本，提升制造业基础能力，之后再借助工业界相关产品进入各军种采办流程（DARPA-to-Industry-to-Service Acquisition，DIS）。如支撑个人电子设备发展的芯片、射频、液晶屏、定位导航等技术，均是首先由商业公司集成推动了智能手机、平板电脑的诞生，然后作为智能终端应用于军事领域。此外，具有颠覆潜力的概念可行性验证项目在转移到军方或地方研发机构获得进一步开发后，最终进入采办流程（DARPA-to-Service Science and Technology，DS&T）。例如为保护己方航母战斗群，同时对敌方潜艇实现无人系统组网探测，DARPA 实施的"分布式敏捷猎潜"（DASH）项目通过开发先进的通信、能源管理与平台集成技术，验证了在海底通过构建分布式传感器平台来探测敌方潜艇的可行性②。该项目在完成后由美国海军实施后续的开发、试验和部署。

技术固有特性很大程度上决定了其转移流程、开发路线以及合作伙伴的选择。对于新材料和微型芯片等基础技术，可能不需要军方直接采购，而是以集成到承包商产品系统的形式来供应。对此，DARPA 采取将 98% 左右项目资金直接投向大学和工业界研究机构的方式，由企业决定是否采用此类技术，并负责向军方需求部门推荐介绍。对于部件和小型系统级技术，能否实现军事应用的关键在于作战部门是否提出需求，DARPA 将 70% 左右的该类项目资助资金划拨给各军种研究机构，并通过这种方式在军种内培养了一批熟悉 DARPA 技术开发流程的业务骨干，他们可以为技术转移提供支持和保障，并帮助 DARPA 将这些技术列入军种采办计划。一旦各军种对这些技术产生了兴趣和

---

① "Program of Record," https://www.dau.edu/glossary/program-record.
② "DASH: Distributed Agile Submarine Hunting," https://www.darpa.mil/research/programs/distributed-agile-submarine-hunting.

信心，制造部门也就乐意采用这些技术进行生产。这种策略的特点是先培养军种对该技术的兴趣，之后再实现成果转化。除了这些部件级和小型系统级技术开发之外，对于诸如"全球鹰"这种大型综合系统级技术的转移流程，DARPA 则相对谨慎。对此，DARPA 选择首先通过样机进行先期技术演示，验证系统的效费比和满足作战需求的能力，并降低新系统的研制风险，使作战部门确信新系统具有较大军事应用价值和经济可承受性；然后，同有关军种就谅解备忘录签署事项或技术转移策略进行商谈，双方达成共识和对技术转移的共同预期；此后，DARPA 继续开展下一阶段项目研制工作，直至顺利完成技术转移[①]。

虽然在各种项目成果技术转移的复杂过程中，并不总是可以获得令人满意的结果，但 DARPA 对于技术转移的追求是贯穿其项目管理始终的，而项目经理则在这一过程中承担了关键角色[②]。在征集构想时，DARPA 要求项目建议书需要回答"海尔迈耶准则"问题，说明"谁会从项目中受益？如果项目成功了，会带来什么改变？"在项目立项时，DARPA 会将成果潜在应用和对使命任务的贡献作为重要的评审指标，对项目目标和预期成果做出明确定义；在项目实施中，除了关注技术研发情况，项目经理还将技术转移策略及其实施进展作为里程碑节点评估的重要内容；在项目验收时，项目经理除了按照预先技术指标进行成果验证以外，还会重点评估当前成果技术转移的实施进展，以及对后续技术转移工作的具体安排。所有上述举措都为项目技术转移的顺利开展奠定了基础。

7.2.2 始终和潜在用户保持紧密沟通

为促进项目成果技术转移，近年来 DARPA 加强了同军方、私营企业及各

[①] Bill Kizig, MacAulay Brown, "Global Hawk Systems Engineering Case Study," https://apps.dtic.mil/sti/tr/pdf/ADA538761.pdf.

[②] "Innovation at DARPA," July, 2016, http://www.darpa.mil/attachments/, pp. 15-16.

类研发机构等潜在用户的沟通。DARPA 的首要用户是美国军方，对此，DARPA 聘请现役军官作为"军事行动联络员"，同时实施"军种参谋长"计划，邀请有才干的军官到 DARPA 实习 3 个月，以帮助其进一步了解 DARPA 的工作方式和项目进展①。这样，用户人员可以参与制定技术开发计划，从实际应用的视角审视项目开发中的各类问题，并协助将技术转移到各军种和相应业务局。通过与军方人员进行面对面的交流，DARPA 的项目经理们可以更加深入了解作战人员的实际需求，同时也将未来具有巨大潜力的各种颠覆性技术介绍给作战人员，增强了双方的相互了解和情感沟通。同时，DARPA 也向作战部队派驻人员，加强与部队的联系，促进新技术向美军作战部队转化。此外，DARPA 还充分利用军方各种测试机构，通过其验证或培育新技术。

在"空间飞行器（XS-1）"项目的开发过程中，在考虑如何将项目成果进行最终商业化时，DARPA 希望由工业界定义其未来的商业转移途径。为此，DARPA 授权空间前沿基金会在 2014 年先后组织两次研讨会，邀请了包括 XS-1 项目承包商在内的多家潜在用户公司探讨该飞行器的商业转移策略。最终，基于空间前沿基金会在 2015 年一季度提交的成果商业化建议报告，DARPA 修订了 XS-1 项目的未来开发计划和技术转移策略，有效推动了该项目成果的商业应用②。

7.2.3 以创新举措促进技术转移

基于以项目经理为核心的管理模式和扁平化的组织架构，DARPA 采用多种创新举措推动技术转移。第一，DARPA 在国防部范围内示范性应用了"其他交易（OT）"资助方式，打破传统国防承包商利益壁垒，降低了小企业开展

---

① 贾珍珍、曾华锋、刘戟锋：《美国颠覆性军事技术的预研模式、管理与文化》，《自然辩证法研究》2016 年第 1 期，第 43 页。
② "Work commences on experimental spaceplane（XS-1）designs," https：//www.darpa.mil/news/2014/experimental-spaceplane-xs-1-designs.

技术样机研制的门槛，充分释放美国社会创新活力，进一步提高了技术转移成功率。第二，DARPA 围绕重点技术领域成立临时专门机构，为项目经理统筹技术开发和加速部署先进能力提供专业支撑。如目前正在运行的自适应能力办公室（ACO），聚焦前沿技术对作战体系架构的影响，打造高度联合集成的能力集[1]；又如航空航天项目办公室（APO）的成立旨在缩短未来空战系统的交付周期，以继续保持空中作战优势[2]。第三，DARPA 创新性提出了与各军兵种之间的沟通促进机制，建立了常态化联络制度。如"军种参谋长"计划[3]、与国防部其他机构高层间的定期交流例会等。从长期来看，各军种的年轻骨干人员在职业生涯早期接触 DARPA，有助于将来能够更加开放地接纳新技术。再如"军事行动联络员"计划[4]，由各军种指派职位较高、经验丰富的人员到 DARPA 局长办公室代职，通过组织会议或其他活动的形式，加强了项目经理与作战人员之间的沟通，推动双方互相了解军事需求和技术发展前景。

7.2.4　积极参与并推动小企业创新

作为小企业创新研究（SBIR）和小企业技术转移（STTR）项目的参与者之一，DARPA 依照国防部相关项目管理条例积极参与，并在内部设置了小企业项目办公室（SBPO）来推动 SBIR 和 STTR 项目的实施。DARPA 的加入不仅扩大了小企业创新项目的影响范围，同时也促进了该机构自身各项研究成果的技术转移过程。

---

[1] "Adaptive Capabilities Office（ACO），"https://www.darpa.mil/about-us/adaptive-capabilities-office.

[2] "Aerospace Projects Office，"https://www.darpa.mil/about-us/offices/apo.

[3] "Service Chiefs Fellows Program，"https://www.darpa.mil/work-with-us/for-government-and-military/service-chiefs.

[4] "Military Operational Liaisons，"https://www.darpa.mil/work-with-us/for-government-and-military/liasons.

在参与 SBIR 和 STTR 项目过程中，DARPA 主要的技术转移途径包括①：

1. 进入国防部军事部门和其他机构

美国国防部及军事部门通过国防采办管理系统以及其他机制获取各类创新技术，以支持其任务和作战需求；小企业则通过响应 SBIR 和 STTR 项目开发相应的产品、技术及解决方案，以不断吸引军方部门的兴趣。由于国防部的采办过程较为复杂，因此对于包括 DARPA 在内的参与 SBIR/STTR 项目的各个机构，在构建项目团队时都会考虑来自政府和商业领域的参与者，如项目经理、首席工程师、现有或潜在的主承包商和分包商等，以便更好地完成技术转移。

2. 进入其他联邦机构

SBIR/STTR 项目开发的技术和解决方案也可能会引起其他联邦机构的兴趣。DARPA 在 SBIR/STTR 项目中的技术转移可以同各类联邦机构一起进行，包括（但不限于）美国国土安全部、内政部和国立卫生研究院等。这些机构间的技术转移可以通过 SBIR/STTR 项目或其他国防部项目来进行。例如，为支持国土安全，国防部 1401 项目的技术与设备成果便向美国联邦、州和地方进行了转移。

3. 军民两用技术进入商业市场

由 SBIR/STTR 项目资助开发的 DARPA 技术也可能在商用市场上得到应用。这些技术通常被称为"两用"技术，因为它们同时涉及军用和商用市场②。与将新技术转移到军方部门一样，将两用技术转移到商业市场也是一项挑战。虽然向商业市场转移过程中遇到的许多问题可能与向国防部或其他联邦

---

① "DARPA SBIR/STTR Programs Transition Planning Guide," DARPA Small Business Program Office (SBPO) and the Foundation for Enterprise Development (FED), March 2010, https://www.darpa.mil/attachments/Transition-and-Commercialization-Guide-041922.pdf, pp. 13-18.

② William B. Bonvillian, Richard Van Atta and Patrick Windham, The DARPA Model for Transformative Technologies (OpenBook Publishers, 2019), pp. 1-7.

用户进行技术转移时所发生的问题相同，但在向商业市场推出新产品时，解决这些问题的策略和支持战术往往不同。例如，与国防部和其他军方部门相比，私营机构在购买行为、采购期限、价格敏感性、产品和服务要求等方面都存在显著差异。

7.2.5 项目信息共享，充分利用数据库网站

在实现技术转移的过程中，对项目成果信息的广泛共享也是一种促成技术顺利转移的有效方式。多年来，美国国防部一直在维护可供部门内部和部分外部公众与私营公司访问的网站数据库，这些网站允许其用户在考虑新的项目或产品开发时对可能利用到的技术信息进行搜索。在不断进行各类项目目标设计、方案形成、合作方招标和执行监管的同时，DARPA 对明确达到技术目标的成果进行了分类整理，及时汇集重要的项目进展，并将这些信息统一纳入上述成果数据库，通过国防创新网站等平台与外界共享。

自 20 世纪 60 年代以来，DARPA 一直向国防技术信息中心（Defense Technology Information Center，DTIC）管理的国防部官方网站提供大量关于其技术开发的信息[1]。虽然该数据库中大多数与 DARPA 相关的信息仅限于国防部工作人员访问，但它却是迄今为止私营公司和公众可以访问的关于 DARPA 技术信息的最大存储库。同时，为了便于公众对所有在研项目和已完成项目信息进行检索，扩大潜在技术转移接受方群体范围，DARPA 建立了一个名为"开放目录（Open Catalog）"的公开网站，以软件、数据、发行物和试验结果的形式与公众共享研究成果，并可对部分正在进行和已结束的项目信息进行查询[2]。该网站最初的产品包含了来自信息创新办公室（I2O）XDATA 项目所形成的软件程序和相关出版物。这些软件程序可以提高代码开发过程中的灵活性，使

---

[1] "Defense Technical Information Center"，https://discover.dtic.mil/.
[2] "Open Catalog," http://opencatalog.darpa.mil/.

面向国防应用的程序开发者能够及时处理大量数据，以满足开发任务要求①。此外，在 DARPA 的公共网站还提供了上百个在研项目简短、非技术性的描述。

国防部及其下属研究机构在许多软件采购中会涉及可公开发布的内容，比如，开源软件便属于此。DARPA 深知此类软件在促进技术社区形成和专业人员协同创新方面的重要意义，为此创建了一个包括大数据在内的开源策略工作领域，以帮助增加政府在建立灵活技术基地投资方面的影响。正如 DARPA 项目经理 Chris White 所说，"开源目录有助于增加能够帮助政府快速开发相关软件的专家的数量，我们希望计算机科学领域可以测试和评估我们的软件，以便使它们以独立产品或其他产品组件的形式得到应用"②。

虽然 DARPA 通过使用公共政府网站的形式宣传其项目信息，但除了上述途径之外，该机构选择了完全依赖 DTIC 的网络传播途径，而不再同其他由政府赞助和获得国防部官方认可的网站进行信息交流与传递。这种方法意味着在提高项目技术转移成功率方面依然存在着一定空间。比如，DARPA 没有同联邦政府赞助的关键数据仓库进行信息共享，这可能会导致其错过部分技术转移机会③。近年来，随着白宫对联邦政府资助的科研成果在推动美国社会经济发展和促进卫生、能源、环境、农业和国家安全等领域取得突破等方面的作用认识愈发深刻，白宫科学和技术政策办公室要求联邦政府科技界开始重新规划如何更好地宣传和利用其所开发的技术成果④。在此政策背景下，DARPA 的项

---

① "XDATA (Archived)," https://www.darpa.mil/program/xdata.

② "DARPA open catalog makes agency-sponsored software and publications available to all," https://phys.org/news/2014-02-darpaagency-sponsored-software.html.

③ "Defense Advanced Research Projects Agency: Key Factors Drive Transition of Technologies, but Better Training and Data Dissemination Can Increase Success," U. S. Government Accountability Office, November 18, 2015, https://www.gao.gov/products/gao-16-5, pp. 23.

④ Jerry Sheehan, "Increasing Access to the Results of Federally Funded Scientific Research," February 22, 2016, https://obamawhitehouse.archives.gov/blog/2016/02/22/increasing-access-results-federally-funded-science.

目成果宣传和技术信息共享工作得到了一定程度的改善。

7.2.6 注重宣传影响，努力营造技术社区

DARPA 日常高度重视对各项研究成果的宣传，这既是建立和维护其健康政治生态所必需的手段，也是不断提升该组织影响力的有效途径。与大多数机构一样，DARPA 强调其成功远多于失败。当 DARPA 提供有关项目的信息时，项目经理通常神采飞扬地描述供记者或分析师进行报道的素材，所有这些都增加了项目报道对公众的吸引力[①]。在成立周年纪念日等重要的历史时刻，DARPA 通常会组织大型研讨活动，在总结过往经验的同时对未来工作进行畅想。如 2015 年 DARPA 公开发布的《面向国家安全的颠覆性技术》报告一文，便对该机构的使命定位、投资领域、重点项目、历史成就进行了广泛宣传。报告遴选了八类具有重大历史影响的典型项目，从军事需求、项目进展、影响范围、技术转移以及后续计划等方面进行了详细总结[②]。2018 年，在 DARPA 成立 60 周年之际，该机构系统回顾了各阶段历史发展及典型创新项目的实施过程，并在此基础上发行了《DARPA 60 年：1958—2018》一书，再次引发公众的广泛关注。此外，DARPA 还经常组织"开放日"、"提案者日"、技术对抗赛和"插入项目"（在实际军事系统中演示新技术）等活动，并通过官方网站、新媒体账号及时向外界宣传该机构的技术开发进展、当前关注焦点和工作设想等内容。

另一个促使 DARPA 项目成果顺利实现技术转移的因素便是技术社区。技术社区是 DARPA 创新生态的重要组成部分，它可以为项目经理了解当前技术

---

① William B. Bonvillian, Richard Van Atta and Patrick Windham, The DARPA Model for Transformative Technologies (OpenBook Publishers, 2019), pp. 232.

② "Breakthrough Technologies for National Security," March 2015, https://www.esd.whs.mil/Portals/54/Documents/FOID/Reading%20Room/DARPA/15-F-1407_BREAKTHROUGH_TECHNOLOGIES_MAR_2015-DARPA.pdf, pp. 3.

最新进展、寻找特定技术途径提供信息和线索，也可以为项目成果实现不同形式的技术转移提供资源和渠道①。DARPA 多年的技术开发实践形成了以项目经理为核心，包括军方、工业界、学术界、私营企业等各类研发和咨询组织在内的动态创新网络社区，使颠覆性技术的前沿发展动态和培育探索渗透进社区的每个角落。例如，DARPA 从 2019 年起正式面向公众开放 Polyplexus 平台，以利用社交媒体凝聚大众智慧，加速将技术创新创意转变为解决方案，从而推动协同研究和技术转移②。

7.3　国会对 DARPA 技术转移的关注

7.3.1　政府问责局的发现

尽管在项目转移过程中存在着各种挑战，也并非每个项目成果都能成功获得应用，美国政府问责局（GAO）和其他机构的各类研究都表明，DARPA 已经成功地将一些技术成果转移到了美国军方和私营商业实体。基于对 2010—2014 年 DARPA 所完成的 150 个项目的充分调查，并从中选出涉及通信、导航、健康、海洋科学等领域的 10 个项目（表 7-2）进行针对性分析，美国政府问责局希望可以通过样本案例探索出 DARPA 在技术转移过程中获得的经验和启示。最终，GAO 总结出了 DARPA 项目成功实现技术转移背后的四个关键因素，并认为这四个因素普遍存在于成功完成成果转化的项目中，是技术转移顺利完成的最大助力③：

---

① "Innovation at DARPA," July, 2016, http://www.darpa.mil/attachments/, pp. 14-15.
② "DARPA Launches Social Media Platform to Accelerate R&D," https://www.darpa.mil/news-events/2019-03-19.
③ "Defense Advanced Research Projects Agency: Key Factors Drive Transition of Technologies, but Better Training and Data Dissemination Can Increase Success," U.S. Government Accountability Office, November 18, 2015, https://www.gao.gov/products/gao-16-5, pp. 6.

（1）明确的军事或商业需求；

（2）与 DARPA 持续关注和投资的研究领域的联动；

（3）与潜在转移方的主动合作；

（4）预先清晰定义的技术目标的达成。

表 7-2　GAO 案例研究所选择的 DARPA 项目[①]

序号	项目名称	项目描述
1	士兵先进无线网络（AWNS）	该项目的目标为开发一种高成本效益的军事无线电系统，将商业硬件与陆军的无线电环境结合起来，提供包括动态识别可用无线电频谱并可在其上传输能力在内的更强的性能
2	二极管高能激光系统架构（ADHELS）	该项目开发了将不同激光束组合在一起的技术，以产生支持军事应用所需的激光输出功率，同时具有超低的尺寸、重量和功率属性
3	生物污染的动态预防	该项目旨在不使用化学物质或微生物情况下开发一种能够在海军舰船经常作业的静态海洋环境中长时间抵抗生物污损的表面和涂层
4	"猎鹰"联合循环发动机技术	该项目开发了先进的高超声速涡轮发动机技术，用于单独开发的高超声速巡航飞行器
5	Nastic 材料	该项目开发了能够改变形状以适应不同环境、类似于植物在不同作用力下移动方式的可控活性材料
6	健康与疾病预测（PHD）	该项目开发了一个预测模型和诊断测试平台，用于检测症状出现前的传染病并预测未来疾病，为早期预防性治疗和病毒感染控制提供了潜在可能
7	Quint 网络技术（QNT）	该项目开发并展示了模块化多频段网络数据链技术，该技术可在飞机、无人战斗机、武器、战术无人机和地面部队等多对象领域使用
8	自更新系统（SRS）	该项目目标为开发一种自更新技术，使军事计算系统能够在经受无意的软件错误、恶意攻击等任何情况下都可以提供关键功能
9	战术口语交流与翻译系统（TRANSTAC）	该项目利用各种大小和形式的数字平台开发并演示了伊拉克阿拉伯语、达里语和普什图语的双向翻译系统
10	战术水下导航系统（TUNS）	该项目将各种商业导航技术集成到一个单元组件，为潜水员和小型潜水推进装置提供了一个精确且经济的水下导航方案

图 7-1 显示了 GAO 所提出的技术转移各促进因素之间的关系。这四个因素中，技术应用的实际需求和 DARPA 对该技术的持续关注与投资是项目成果

---

① "Defense Advanced Research Projects Agency: Key Factors Drive Transition of Technologies, but Better Training and Data Dissemination Can Increase Success," U. S. Government Accountability Office, November 18, 2015, https://www.gao.gov/products/gao-16-5, pp. 12.

得以成功转化的前提；在此基础上，潜在技术转移方愿意深度了解项目进展，并同 DARPA 共同开展研发、测试等工作，为项目顺利进行提供各类保障；最终，项目能否成功实现其既定技术目标是最为关键的一个环节，它构成了潜在转移方进行后续技术开发或适应性应用的基础。

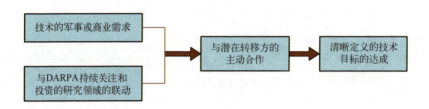

图 7-1　DARPA 项目技术转移成功的关键促进因素

7.3.2　关键性因素分析

美国政府问责局深入分析了所选择的 10 个项目及其对应的技术转移结果，并将上述四个关键性促进因素在每个项目中的体现进行了分级，最终结果如表 7-3 所列。

表 7-3　项目技术转移的成功因素与结果①

项目名称	明确的军事或商业需求	与 DARPA 持续关注和投资的研究领域的联动	与潜在转移方的主动合作	预先清晰定义的技术目标的达成	成功转移
士兵先进无线网络（AWNS）	◉	●	●	◉	√
二极管高能激光系统架构（ADHELS）	●	●	●	◉	√
生物污染的动态预防	◉	○	○	○	×

---

① "Defense Advanced Research Projects Agency: Key Factors Drive Transition of Technologies, but Better Training and Data Dissemination Can Increase Success," U. S. Government Accountability Office, November 18, 2015, https://www.gao.gov/products/gao-16-5, pp. 13.

续表

项目名称	明确的军事或商业需求	与DARPA持续关注和投资的研究领域的联动	与潜在转移方的主动合作	预先清晰定义的技术目标的达成	成功转移
"猎鹰"联合循环发动机技术	●	●	●	●	√
Nastic 材料	○	○	⊙	⊙	×
健康与疾病预测（PHD）	○	○	⊙	●	×
Quint 网络技术（QNT）	●	●	●	●	√
自更新系统（SRS）	○	○	○	○	×
战术口语交流与翻译系统（TRANSTAC）	●	●	●	●	√
战术水下导航系统（TUNS）	●	⊙	⊙	○	×

注：● 全部体现；⊙ 部分体现；○ 无体现。

从表 7-3 可以得出如下结论。

第一，DARPA 成功完成技术转移的项目都有非常明确的需求，不管是来自军用还是商用领域。例如，"战术口语交流与翻译系统（TRANSTAC）"项目旨在提高美国陆军内部的语音翻译能力[1]，对此陆军制定了专门的需求文件，以帮助该技术成功转移到陆军采办流程。这些文件明确了陆军期望的技术性能和系统参数，为 TRANSTAC 项目成功转移提供了畅通渠道。在成功实现技术转移的 5 个案例中，有 4 个项目完全满足了军事或商业需求，而其中"士兵先进无线网络（AWNS）"项目的最初需求来自美国陆军，但随着其他无线网络平台的出现，军方对于该项目的兴趣逐渐减弱[2]。其他部分项目虽然证明了所开发技术在军事领域的适用性，但由于缺乏明确的军事或商业需求，并没

---

[1] Brain A. Weiss and Craig I. Schlenoff, "Performance assessments of two-way, free-form, speech-to-speech translation systems for tactical use," https://tsapps.nist.gov/publication/get_pdf.cfm?pub_id=908374.

[2] "Advanced Wireless Networks for the Soldier（AWNS），" https://govtribe.com/opportunity/federal-contract-opportunity/advanced-wireless-networks-for-the-soldier-awns-darpabaa1106.

有成功实现技术转移。比如，尽管"健康与疾病预测（PHD）"①和"Nastic 材料"②项目成功展示了具有巨大军事应用潜力的创新性技术概念，但如果这些技术在项目完成后得不到进一步成熟，就不会存在可被立即应用的军事或商业需求。

第二，一个项目如果与 DARPA 持续关注和投资的研究领域存在联动，则往往有助于其成果完成技术转移。特别是在该项目启动前的几年内，如果有两个相关的 DARPA 或其他国防部研究项目已经完成，那么该项目技术转移的成功率会大幅提升。同时，持续关注还体现在一个项目对现有研究设施和相关项目已有数据的重复使用上。在表 7-3 显示的 10 个项目中，所有 5 个成功完成技术转移的项目都与 DARPA 持续的关注和投资相关，另外 5 个未成功实现技术转移的项目中有 4 个缺乏该影响因素的体现。

第三，5 个成功实现技术转移的项目在执行过程中都充分体现了与潜在技术应用方的积极合作。这种合作通常包括政府、商业部门、需求方官员和军事联络官的早期参与，DARPA 项目经理负责确定项目技术转移的潜在合作方、促进合作方早期介入等具体事项。通常，与项目潜在应用方的积极合作在很大程度上取决于项目的性质和项目经理的背景，这些项目经理可能曾在学术界、私营工业部门或军事部门供职。例如，具有军事背景的项目经理可能熟悉美国国防部的采办流程，并与能够促进技术成果转移的军方官员保持长期联系。当来自学术界的项目经理缺乏军方联系渠道时，DARPA 军事联络官便会介入，在促进项目同军事领域合作方面发挥作用。以"二极管高能激光系统架构（ADHELS）"项目为例③，该项目的执行过程包含了几项不同的技术开发，包

---

① Monica Zamisch, Matthew J. Hepburn, Geoffrey S. F. Ling, "A diagnostic platform predicts presymptomatic exposure to respiratory viral infection," *Military medicine*, 181（3）（March 2016）: 195-197. https://doi.org/10.7205/MILMED-D-15-00481.

② Virginia Tech, "Plants Provide Model for New Shape-changing Materials," September 28, 2004, https://www.newswise.com/articles/plants-provide-model-for-new-shape-changing-materials.

③ "Architecture for Diode High Energy Laser Systems（ADHELS），" https://www.federalgrants.com/Architecture-for-Diode-High-Energy-Laser-Systems-ADHELS-1271.html.

括体布拉格光栅（VBG）技术。VBG 是一种由折射玻璃制成的透明器件，当与二极管激光器结合时，可以控制激光的输出属性。比如，放大激光功率、窄化激光束或控制激光二极管的光束质量。DARPA 与 VBG 技术领域的领军专家签订了开发 ADHELS 组件的合同，并意识到了 VBG 技术在商用市场中的巨大应用潜力。随着 ADHELS 项目开发不断取得进展，DARPA 陆续引入其他分包商，这些分包商后来成为了进一步开发 VBG 技术并成功实现最终应用的商业实体。与此形成对比的是，缺乏与潜在转移方积极合作的项目通常会遇到资金短缺、需求不确定或技术表现不佳等各式各样的挑战。例如，早期的技术挑战促使 DARPA 对"自更新系统（SRS）"项目进行了重新规划，使该项目专注于提高技术成熟度，而取消了在技术接收方系统上进行演示和评估的环节[①]。这一决定限制了潜在技术转移方的确定及同其在项目执行期间进行主动合作的机会。

第四，定义并最终实现明确的技术目标有助于促进技术转移。在表7-3 成功实现技术转移的 5 个方案中，这一因素在 3 个项目中得到了充分体现，同时在另外 2 个项目中得到部分体现。明确定义的技术目标通常以文件形式存在于利益相关者之间，这些文件明确记录了技术规范、性能期望、资金需求、开发进度和技术开发的组织责任等内容。这些协议允许 DARPA 与其技术应用伙伴共享开发、管理和资助责任等信息，从而促进了双方对技术开发目标的共同理解以及对项目成功和技术转移实现的相互承诺。在早期阶段完成技术目标的制定，对于该项目各相关方在管理、开发、资助、演示和测试方面的责任和义务也提供了约束与保障。"Quint 网络技术（QNT）"项目便是一个预先清晰定义了技术开发目标并成功实现的项目[②]。该项目是在美国空军和海军的支持下发

---

① Jaynarayan Lala, "DARPA's Path to Self-Regenerative Systems," June 28, 2002, https://webhost.laas.fr/TSF/IFIPWG/Workshops&Meetings/42/03-Lala.pdf.

② "Tactical targeting network technology builds on unit strength," https://www.wpafb.af.mil/News/Article-Display/Article/399604/tactical-targeting-network-technology-builds-on-unit-strength.

起的，军方用户同 DARPA 一起对尺寸、重量、健壮性、传输速率及其他参数在内的技术性能规格进行了清晰定义。此后，DARPA 同军方组织一起在几次军事演习中测试了 QNT 的技术性能，该技术开发不仅达到了性能预期，也在国防部获得了更多的曝光率。最终，QNT 项目成果成功转移到了美国陆军的"情报、监视和侦察网络（ISRN）"项目中，并于 2011 年 9 月在阿富汗部署了该系统。此外，QNT 技术成果还转移到了两个美国海军武器项目，并被空军选中用于其"战场机载通信节点（BACN）"项目，后者在飞机和地面部队之间成功搭建了一个数据链通信系统。在某些情况下，一些项目（如 AWNS、ADHELS 和 Nastic 材料）的技术目标虽然得到了预先清晰的定义，但项目结束时仅实现了部分目标；即便如此，这些部分成功也产生了实质性的技术收益。比如，AWNS 和 ADHELS 项目最终部分实现的技术目标连同其他三项关键性促进因素一起，共同推动了技术转移的实现。相比之下，其他缺乏明确技术开发目标或没有实质性实现这些目标的项目，都没能得到最终用户的采纳。比如，当"战术水下导航系统（TUNS）"项目结束后，海军陆战队的官员表示，该系统依赖潜水员以不可持续的速度游泳来校准其定位，这无法满足陆战队员的实际需要。

7.4　DARPA 技术转移典型案例

　　自成立至今，DARPA 在其长达六十余年的历史中创造出了许多颠覆性技术开发成果。从 ARPA 网、全球卫星定位系统、图形用户界面到隐身战机、数字虚拟助手，这些创新成果对人类社会进步与科技发展起到了不可估量的推动作用。虽然很难以某种方式准确计算 DARPA 创新为人类进步带来的贡献，但毫无疑问的是，这些成果都实现了 DARPA 项目经理们加入该机构的初衷——

在一定程度上改变了世界。

7.4.1 "全球鹰"无人机

20世纪90年代初,军用无人机已经逐渐显示出其价值。然而,当时的无人机项目受到成本增长、研制延期和技术缺陷等因素困扰,鲜有成功案例。包括受到美国陆军支持、由洛克希德·马丁公司研制的阿奎拉(Aquila)项目[1]和Teledyne Ryan公司主导的BQM-145A无人机项目[2],都在这一时期相继下马。1988年,美国国会要求合并国防部无人机项目管理职能,并成立无人机联合项目办公室(JPO)。1993年7月,联合需求监督理事会(JROC)提出无人机产品发展的三个主要需求:①建立快速反应能力;②具备中高度续航能力;③满足任务需要的全部要求。

对"全球鹰"类型无人机的主要需求来自"沙漠风暴"行动。美国军方需要一款飞行器可以在指定目标区域上空进行特定高度、长航时飞行,以便提供长期监视功能。最终,这一需求牵引出一个"先进概念技术开发(ACTD)"项目,由DARPA负责实施技术开发,空军负责项目最后阶段的战场部署。同时,JPO还要求美国空军和海军给予该项目大力支持,直至最终产品顺利交付给两个军种。此后,美国陆军也加入该项目,美国大西洋司令部(USACOM)被确定为装备用户之一,并负责在该项目第三阶段进行军事效能评估[3]。

"全球鹰"项目共分为四个实施阶段(图7-2)。第1~3阶段是ACTD项目阶段,从1994年10月执行到1999年12月。其中,1997年上半年,第2阶段和第3阶段同时进行。第4阶段为生产阶段,此时工程和制造开发工作已经完成。在"全球鹰"项目计划建立之时,DARPA便深刻认识到过去无人机项

---

[1] "Lockheed MQM-105 Aquila," https://www.designation-systems.net/dusrm/m-105.html.
[2] "Teledyne Ryan BQM-145 Peregrine," https://www.designation-systems.net/dusrm/m-145.html.
[3] Bill Kinzig, MacAulay Brown "Global Hawk Systems Engineering Case Study," https://apps.dtic.mil/sti/tr/pdf/ADA53876/.pdf, pp.14-15.

目失败的重要原因——产品单价远远超过了用户愿意提供的资金。对此，在国会支持下，DARPA 实施了一项与过去国防部采办策略不同的做法：它强调用户的大量参与，并且将产品的作战战术设计与硬件设计同步进行。在整个 ACTD 项目中，包括采购寻源和供资，都由参谋长联席会议副主席主持的指导小组监督进行，由 JROC 联合作战能力评估小组负责评审，海军、空军、海军陆战队和国防部长办公室（OSD）全程参与。此外，DARPA 所选择的其他交易资助方式也在该项目的高效采办环节中起到了重要作用。

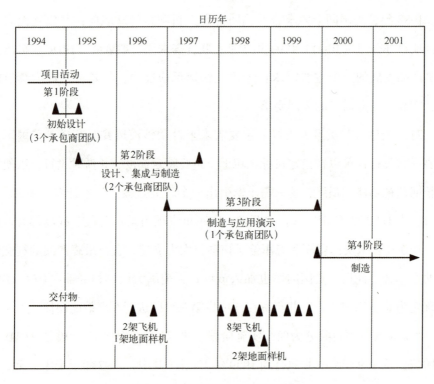

图 7-2 "全球鹰"项目研发计划①

DARPA 传统的技术开发项目由于设定了较高的性能目标而具有较大的失败风险。对于"全球鹰"项目，出于对成本方案约束和按期移交军方这一要

---

① Bill Kizig, MacAulay Brown, "Global Hawk Systems Engineering Case Study," https://apps.dtic.mil/sti/tr/pdf/ADA538761.pdf, pp. 17.

求的考虑，DARPA 将项目成功性放在了首位，告知承包商"研发资金仅限于特定数额且不再追加"的原则，并在项目后期阶段特别强调了这一点①。同时，为了使用户更好地了解项目进展，提早规划产品技术转移，并深度参与项目决策，DARPA 建立了各用户深度参与的联合项目团队，该团队的工作贯穿于"全球鹰"项目始终②。此外，DARPA 还委托美国兰德公司对本次项目中采用的创新策略效果进行评估③。

2001 年 3 月，美国国防部授予诺斯罗普·格鲁曼公司（Northrop Grumman）"全球鹰"工程和制造开发（EMD）阶段合同。该合同于 2003 年 2 月结束，最终交付了 7 架无人机。在原型机产品基础上，诺斯罗普·格鲁曼公司又开发了下一代 RQ-4B 无人机，并于 2008 年开始首批 20 架的交付工作④。在伊拉克战争期间，"全球鹰"无人机以占美军 5%的高空侦察架次，获取了超过 55%的任务目标侦察图像⑤。此外，该型无人机也成为美国海军广域海上监视（BAMS）项目的重要基础⑥。

7.4.2 生物制药疫苗

生物制药创新是一个高度复杂的过程，需要财政资金长期资助。这种投资

---

① Bill Kizig, MacAulay Brown, "Global Hawk Systems Engineering Case Study," https://apps.dtic.mil/sti/tr/pdf/ADA538761.pdf, pp. 20.

② Jeffrey A. Drezner, Geoffrey Sommer, Robert S. Leonard, "Innovative management in the DARPA high altitude endurance unmanned aerial vehicle program," Rand Corporation, Published 1999, https://www.rand.org/pubs/monograph_reports/MR1054.html.

③ Jeffrey A. Drezner and Robert S. Leonard, "Innovative Development: Global Hawk and Darkstar-Transitions within and out of the HAE UAV ACTD Program," Rand Corporation, Published 2002, https://www.rand.org/pubs/monograph_reports/MR1476.html.

④ 蓝海长青智库：《"全球鹰"高空长航时无人侦察机：美军首次全方位公开详实信息》，https://www.163.com/dy/article/FIQV2TSR0511DV4H.html，访问日期：2020 年 7 月 31 日。

⑤ "RQ-4 Global Hawk UAVs," May 17, 2024, https://www.defenseindustrydaily.com/global-hawk-uav-prepares-for-maritime-role-updated-01218/.

⑥ "The MQ-4C Triton: Poseidon's Unmanned Herald," September 30, 2022, https://www.defenseindustrydaily.com/kicking-it-up-a-notch-poseidons-unmanned-bams-companion-03319/.

不仅资助早期研究，还包括药物临床试验和批量制造。然而，生物制药创新资助过程中存在一个难以回避的重要问题，即多数资助都无法以任务为导向，共同塑造市场，导致许多资金错失了变为有效产品的机会①。

2014年，美国国防部在DARPA创建了生物技术办公室（BTO），将DARPA对技术创新的关注扩展到生物技术领域。随后，BTO迅速投资生物技术基础设施，启动了"生命铸造厂（Living Foundries）"等分子合成研究项目②。截至今天，DARPA已经资助大量涉及组织再生、纳米修复等先进技术领域的生物学项目，如组织再生生物电子学（BETR）、神经工程系统设计（NESD）、手体感觉和触摸界面（HAPTIX）以及下一代非外科神经技术（N3）等。虽然这些项目看起来较为前卫，但无一例外的是，它们在生物技术和医药领域均有巨大应用前景。比如，某些项目成果可以用于疫苗快速开发，有些则可以提供更好的神经损伤治疗方案（表7-4）。

表7-4　DARPA生物技术项目统计③

流行病预防	
典型项目	流行病预防（Pandemic Prevention） 快速疫苗和药物制造（Rapid Vaccine and Therapeutics Manufacturing） 动物传染病监测与流行病预防（Zoonotic Disease Monitoring and Pandemic Prevention） 病毒病原体突变抑制（Mitigation of Viral Pathogen Mutations）
涉及技术领域	核酸疫苗 核酸制造 基因检测与下一代测序 基因工程与先进计算方法

---

① Mariana Mazzucato and Travis Whitfill, "Expanding DARPA's model of innovation for biopharma: A proposed advanced research projects agency for health," June 24, 2022, https://www.ucl.ac.uk/bartlett/public-purpose/publications/2022/jun/expanding-darpas-model-innovation-biopharma, pp. 1.

② "Living Foundries," https://www.darpa.mil/program/living-foundries.

③ Mariana Mazzucato and Travis Whitfill, "Expanding DARPA's model of innovation for biopharma: A proposed advanced research projects agency for health," June 24, 2022, https://www.ucl.ac.uk/bartlett/public-purpose/publications/2022/jun/expanding-darpas-model-innovation-biopharma, pp. 5-7.

续表

流行病预防		
应用	治疗药物和疫苗的快速制造 快速疫苗开发 突发病原体和流行病快速反应 流行病预防	
商业化产品	Moderna 公司新冠疫苗 Spikevax 美国首个新冠肺炎抗体授权	
病原体检测、诊断或预防		
典型项目	快速病原体检测（Rapid Pathogen Detection） 威胁暴露监测（Threat Exposure Detection） 基因编辑环境控制（Environmental Control of Gene Editing） 病原体生物监测（Pathogen Biosurveillance）	
涉及技术领域	基因编辑 外遗传基因组学 工程化活体检测与治疗 基因编辑与基因组工程 化学和生物检测	
应用	更加敏感和广泛的疾病诊断 先进诊断学 传染病诊断与治疗 制药过程中更为精确的基因组编辑	
开发中的产品	Mammoth Biosciences 公司基于 CRISPR 的诊断和生物监测技术 Kromek 公司城市环境下病原体检测与识别技术	
制造		
典型项目	生命铸造厂（Living Foundries） 战场医学（Battlefield Medicine） 生物制造（Biomanufacturing）	
涉及技术领域	细胞工程 基因组编辑 机器学习 先进制造 生物制造	
应用	现有分子制造 小分子药物和生物药物的快速制造 为低资源环境提供先进的生物材料	
开发中的产品	Zymergen 公司活有机体中分子生成技术	
生物治疗		
典型项目	组织再生（TissUe Regeneration） 创伤和败血症治疗（Therapeutics for Trauma and Sepsis） 适应新环境的治疗学（Therapeutics for Adapting to New Environments） 驱蚊剂（Mosquito Repellents）	

续表

生物治疗	
涉及技术领域	高分子化学 蛋白质工程 工程化生活疗法 人工智能技术辅助下身体组织的生物化学或生物物理刺激
应用	伤口愈合和组织修复 延长温度敏感治疗药品（如血液制品、酶制剂等）的保质期 治疗与衰老相关的疾病 对于生活节奏紊乱和某些病原体的工程化治疗 效果更好的驱蚊剂
开发中的产品	Ginkgo Bioworks 公司和 Azitra 公司生物工程驱蚊剂
神经工程	
典型项目	神经工程（Neural Engineering） 设备感官接口（Sensory Interfaces with Devices） 恢复记忆（Restoring Memory） 非手术脑机接口（Nonsurgical Brain-Device Interface）
涉及技术领域	神经科学、光子学和低功耗电子学
应用	对脑损伤或感觉缺陷的治疗 修复术改善 脑损伤装置 更好地理解大脑记忆形成 强化人类学习 改善脑损伤治疗设备接口
商业化产品	Blackrock Microsystems 公司和西北大学（Northwestern University）可恢复生理节奏（例如时差）的植入装置

从 2013 年开始，DARPA 一直在研究流行病预防与治疗的创新性对策。2017 年，DARPA 建立了一个流行病预防平台（P3）项目[①]，针对病原体重点开发基于 RNA 或 DNA 的疫苗抗体。2019 年，DARPA 发起一个名为"全球按需核酸"（Nucleic Acids On-demand Worldwide，NOW）的项目，旨在提高能够快速生产核酸疫苗的制造能力[②]。在 DARPA P3 项目的资助下，加拿大生物

---

① "Pandemic Prevention Platform（P3），" https://www.darpa.mil/program/pandemic-prevention-platform.
② "Nucleic acids On-demand Worldwide（NOW），" https://www.darpa.mil/program/nucleic-acids-on-demand-worldwide.

制药公司 Abcellera Biologics 生产出了首个获美国食品和药物管理局授权的新冠肺炎疫苗抗体——Bamlanivimab（LY-CoV555）①（图 7-3）。

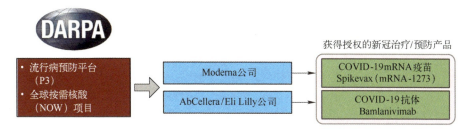

图 7-3　DARPA 在新冠疫苗研发中的推动作用②

---

①　参见"Abcellera Awarded Multi-Year Contract to Lead the Development of a Rapid Response Platform Against Pandemic Viral Threats," March 13, 2018, https://investors.abcellera.com/news/news-releases/2018/AbCellera-Awarded-Multi-Year-Contract-to-Lead-the-Development-of-a-Rapid-Response-Platform-Against-Pandemic-Viral-Threats/default.aspx 与 "Coronavirus (COVID-19) Update: FDA Authorizes Monoclonal Antibody for Treatment of COVID-19," November 9, 2020, https://www.fda.gov/news-events/press-announcements/coronavirus-covid-19-update-fda-authorizes-monoclonal-antibody-treatment-covid-19。

②　Mariana Mazzucato and Travis Whitfill, "Expanding DARPA's model of innovation for biopharma: A proposed advanced research projects agency for health," June 24, 2022, https://www.ucl.ac.uk/bartlett/public-purpose/publications/2022/jun/expanding-darpas-model-innovation-biopharma, pp. 9.

**FRONTIER TECHNOLOGY
INNOVATION MANAGEMENT OF
DARPA**

第8章

从广泛机构公告看DARPA管理

广泛机构公告（Broad Agency Announcement，BAA）和研究公告（Research Announcement，RA）是DARPA向外界公布其研究兴趣并征集技术提案的两种重要手段。其中，DARPA大部分的研发项目招标均通过BAA完成①。作为DARPA与潜在承包商之间的信息交互工具，BAA的发布不仅预示着新的颠覆性技术开发项目即将开始，同时也充分体现了美国国防部（DoD）与DARPA在前沿科技创新领域的管理水平。从BAA中可以看到美联邦政府对公平竞争生态的营造、国防部PPBE流程的推进乃至信息化网络化管理要求的落实，为人们提供了研究DARPA管理模式的又一视角。

8.1 BAA简介

广泛机构公告（BAA）和研究公告（RA）的法律基础可以追溯到美国联邦采办条例（FAR）6.102和35.016条款。FAR 6.102"竞争性程序的使用"条款明确指出，对于并不涉及某一特定系统或硬件采办的基础研究和应用研究工作，可以使用BAA作为竞争性选择来满足联邦政府所提出的全面公开竞争要求；FAR 35.016条款规定，BAA可以用于满足有关机构涉及先进技术获取、增进知识理解的科学研究或实验类需求，且仅当可以合理预期能够获得有意义的技术提案时，才可以使用BAA。在BAA文件中，发布者会清晰阐述该机构的研究兴趣，说明提案筛选的标准和评审方法，规定响应BAA时提交提案的期限，并对提案准备给出具体指导。BAA通常通过政府官方网站发布②，但当获得基于FAR 5.5分部规定的授权时，也可以在知名的科学、技术或工程期刊

---

① DARPA官网会不时出现技术提案征集启事，参见"Opportunities，"https://www.darpa.mil/research/opportunities。

② 美国联邦政府规定，涉及超过25000美元的拟议合同、招标等行为的政府商业机会，需要允许公众通过电子方式访问，即政府范围接入点（GPE）。GPE定义参见"FAR 2.101 Definitions，"https://www.acquisition.gov/far/subpart-2.1。

上公布①。此外，该通知必须至少每年发布一次。

所有响应 BAA 的技术提案将会依据 BAA 中公示的评估标准进行评估。由于各个提案并非依据共同的工作说明书制定，在评估时不会进行提案间的相互比较，但会以书面评估报告的形式记录最终的评审意见。提案能否被采纳，主要取决于技术因素、对机构项目的重要性以及资金的可用性。同时，成本的合理性也是提案采纳与否的判别因素之一。针对 BAA 提交的提案结果，DARPA 可以通过合同、授予、合作协议或其他交易方式对承包商进行资助。

研究公告（RA）是一种类似于 BAA 的提案征集方式，其结果只涉及资助工具的授予。在使用 RA 时，通常没有采购合同和原型样机交易，只涉及授予、合作协议或技术投资协议。资助工具的使用基于美国国防部授予和协议规定（DoD GAR）进行，该规定第 22.315 条款详细阐述了国防部范围内竞争性程序的落实方法②。DARPA 考虑只以授予或协议方式资助项目时，会使用 RA 程序。

BAA 一般分为两类：一类针对单独的项目需求，即基于特定项目的 BAA；另一类针对涵盖广泛兴趣领域的、DARPA 机构范围内的需求，即办公室范围 BAA。尽管在办公室范围 BAA 制定方面，DARPA 的管理方式可能存在一定差异；但总体上讲，所有美国联邦政府、国防部或者 DARPA 制定的特定项目 BAA 相关规定同样适用于办公室范围 BAA。

8.2　BAA 发布流程

在项目经理受聘进入 DARPA 工作之后，首要工作是将"新想法"转化为

---

① FAR 5.5 "付费广告"对联邦机构使用付费广告的授权、招标、费率、付款以及广告代理选择等进行了规定。参见 "FAR Subpart 5.5 Paid Advertisements," https://www.acquisition.gov/far/part-5#FAR_Subpart_5_5。

② "Part 22 DoD Grant and Agreement Regulation § 22.315 Merit-based, competitive procedures," https://www.ecfr.gov/current/title-32/subtitle-A/chapter-I/subchapter-C/part-22。

定义清晰的项目目标，该工作输出的结果便是广泛机构公告（BAA）。这是一个结合 DARPA 使命愿景和战略目标所进行的反复迭代的过程，通常为期 18 个月左右①。

DARPA 的合同管理办公室（CMO）制定有 BAA 标准格式模板，该模板可通过 DARPA 批准的 BAA 撰写工具下载得到。最初，标准模板是为了满足《联邦财政资助管理改进法案》在简化授予、资助协议等资助公告发布流程和制定公告标准化格式等方面所提出的要求而制定②。2003 年 6 月，管理和预算办公室（OMB）在《联邦登记册》上发表了一封政策信函，对所有联邦机构在"授予"网站上所公示的 BAA 格式进行了补充规定。对此，DARPA 要求无论是否在"授予"网站上公示，BAA 格式的制定均需依照该补充规定进行③。

BAA 标准格式模板使用彩色编码样式，用颜色来区分强制性和自由裁量性语言。法定和联邦规章的要求以黑色键入，并且是强制性的。DARPA 政策要求以蓝色键入，也是强制性的。说明性文本以红色显示，绿色文本部分则可以自由编辑。除非红色的说明性文本另有表述，绿色文本信息的目的都需要明确包含在正文中。此外，任何针对强制性文本内容的偏离或豁免都需要合同官员认可并经过 DARPA 局长批准。

除了准确定义项目目标和阶段划分之外，项目经理在 BAA 撰写过程中还需要考虑承包商合同授予数量、资助工具选择、智力成果（Intellectual Property，IP）归属等问题，并在 BAA 发布时一并予以规定。DARPA 每个技

---

① Tammy L. Carleton, "The value of vision in radical technological innovation," September 2010, https://purl.stanford.edu/mk388mb2729, pp. 86.

② "Public Law 106-107 (1999)," https://www.grants.gov/learn-grants/grant-policies/public-law-106-107-1999.html.

③ "DARPA Guide to Broad Agency Announcements and Research Announcements," November 2016, https://www.darpa.mil/sites/default/files/attachment/2024-12/darpa-guide-broad-agency-announcements-research-announcements.pdf, pp. 4.

术办公室都可以建立自己的 BAA 审查和批准流程，但 BAA 发布前至少需要经过项目经理、技术办公室主任、合同官员、合同管理办公室主任等人员审阅，最终由 DARPA 局长和 CMO 批准。

当 BAA 获得批准后，将会被转交给合同官员，由后者负责 BAA 发布及在发布期间同 DARPA 局长、技术办公室及国会等必要的联络事务。所有 BAA 和 RA 都会在联邦商业机会网站（www.fbo.gov）发布，同时也会出现在 Grant.gov 网站。基于特定项目的 BAA 的公示期限不超过 180 天，办公室范围 BAA 的公示期限没有要求，但需要至少每年更新①。

8.3　BAA 内容

8.3.1　段落安排

DARPA 的 BAA 包括两个部分：第一部分是概要，包括了公告内容的基本描述；第二部分是公告全文，并被进一步分为八个部分：

（1）第一部分：资助机会描述。

这一部分描述了可以获得资助的技术领域，概述了当前研究目的。

（2）第二部分：资助信息。

这部分包含资助合同的数量、经费总数、资助类型（合同、协议）等信息，以及 DARPA 所保留的谈判权利（比如，要求提供额外信息、特定情况下移除当前申请人等）。同时，这部分提供了预期研究类型的信息，比如基本研

---

① 依据法律规定，某些特殊情况下 BAA 可以不被公开发布：BAA 的发布可能导致披露国家机密信息；拟定的合同受到 FAR 6.302-2 约束，此时 BAA 的发布将使政府利益受到严重损害；DARPA 局长和副局长在与联邦采购政策署长和小企业管理署长协商后，以书面形式确定 BAA 的发布并不适合。参见 "DARPA Guide to Broad Agency Announcements and Research Announcements," November 2016, https://www.darpa.mil/sites/default/files/attachment/2024-12/darpa-guide-broad-agency-announcements-research-announcements.pdf, pp.10。

究和应用研究等；当 BAA 涉及研究并非基础研究时，该部分内容会明确提出成果公开发表所需的批准要求。

（3）第三部分：资质信息。

这部分描述了对申请人资质的要求，包括政府实体、联邦资助的研发中心（FFRDC）、大学附属研究中心（UARC）、国外参与者以及相关的安全许可要求。同时，这部分还包含采办完整性、行为标准、道德标准、组织利益冲突以及成本分摊等相关信息。

（4）第四部分：申请和提交信息。

这部分描述了为响应 BAA 申请人所需要提交的信息，包括：

① 内容与格式要求（比如页码限制、机密标识、字体大小、拷贝数量）。

② 所有可接受的传输方法的提交说明（比如，通过 DARPA 批准的网站以电子版提交、直接邮递硬拷贝、人工提交等）。

③ 提交截止日期与时间。BAA 中会明确提案能够被接受的截止时间，基于特定项目的 BAA 的响应截止时间会在该 BAA 颁布的 6 个月内，办公室范围 BAA 的截止时间可以并不固定，但至少每年会更新一次。根据 FAR 5.203（e）条款规定，BAA 在开始公示到反馈接收的响应周期至少要有 45 个日历日；对于预先提案提交的接收则没有响应时间要求，但提交日期和时间必须在 BAA 中说明。当允许提交预先提案时，BAA 中会阐述相关提交说明、内容及格式要求①。

（5）第五部分：申请评审信息。

这部分描述了提案审核和筛选过程信息，包括评估标准及各标准的重要程度。DARPA 指令中明确规定了来自 FAR 的三项强制标准：总体科学和技术价

---

① 有时技术办公室会允许提案者在提交正式提案全文之前先提交一个预先提案，该预先提案包括摘要、白皮书、执行概要等内容。

值、对 DARPA 任务的贡献和相关性、成本现实主义①。此外，项目经理可能提出额外的评估准则。

（6）第六部分：授予行政信息。

这部分包括授予信息注意事项和涉及人类主题研究、动物使用、出口管制及分包等所有相关国家政策要求。

（7）第七部分：联系方式。

这部分提供了涉及管理、技术、合同等问题时 DARPA 相关人员的联系方式。

（8）第八部分：其他信息。

这部分提供了"提案者日"等其他相关信息。

8.3.2　自由表述部分

DARPA 技术办公室可能允许提案者在提交完整建议书之前提交预先提案，此时 BAA 会明确规定白皮书或摘要的格式、提交方式、评审原则等要求。白皮书或摘要的提交可以让提案者收到所提交技术构想可行性的反馈，以及 DARPA 是否对此提案感兴趣。

项目经理会以手写声明的形式，对 DARPA 是否对当前白皮书或摘要所提及的技术建议产生兴趣作出回应。通常，这种反馈需要在项目经理接收到白皮书或摘要后的 30 个日历日中完成。如果项目经理对某一技术构想没有兴趣，则需要向提案人解释具体缘由。

DARPA 的提案者日会议通常与提案征集活动一起举行，此时允许项目经理对项目在技术领域内的挑战、关注或期望向潜在投标者进行解释，并同后者

---

① "Soliciting, Evaluating, and Selecting Proposals under Broad Agency Announcements and Research Announcements," November 3, 2016, https://www.darpa.mil/attachments/DI%2020%20January%2010,%202024.pdf, pp. 3.

进行关于这些问题的技术方法与解决途径交流。提案者日会议作为交流平台供参与者对他们独特的技术能力进行介绍，并为参与者之间进行后续合作提供契机。

提案者日会议可能发生在 BAA 颁布之前，或者紧跟着 BAA 在 DARPA 授权网站发布之后。不管之前是否参与过其他提案者日活动，任何满足当前 BAA 资质要求的机构都可以对当前 BAA 内容做出回应。当提案者日会议被安排在 BAA 发布之后时，该活动便为审查 BAA 的特定细节和同潜在承包商进行对话沟通提供了良机。通常，DARPA 的项目经理们会在提案者日会议上对项目进行详细讲解，回答提问，并且合同官员有时也会参加进来。必要时，包括总法律顾问（GC）、安全与情报局（SID）、小企业项目办公室（SBPO）在内的其他人员也会被邀请参加。通常，提案者日期间所涉及的项目交流信息需经 DARPA 内部批准后再面向公众发布。

8.3.3 与提案者的沟通

DARPA 鼓励项目经理们在 BAA 公布后和接收到正式提案前同申请人保持公开沟通，其中包括预先提案提交阶段。同时，对于项目经理的沟通内容与方式，DARPA 也作出了明确规定：

（1）项目经理不能用自己的想法尝试替换提案者所提出的原始技术思路。

（2）项目经理不能同提案者分享来自其他竞争者所提出的技术构想。

（3）如果项目经理向某个提案者提供了有关 BAA 项目目标、要求等信息，那么必须也向其他提案者提供同等信息。类似地，如果向提案者提供的信息超出了当前 BAA 的范围，项目经理也必须向所有潜在的提案者公开提供这部分信息[1]。在某些情况下，可能因此需要对 BAA 进行修订。

---

[1] 典型情况下，这种信息共享会以常见问题（FAQ）文件的形式得以澄清。

（4）对于申请人所提出问题的回应，项目经理需要与合同官员协调；当向投标人提供的信息与已公布的 BAA 或其他公开提供的信息矛盾时，有必要对 BAA 进行修订。

（5）当提案者是来自政府实体机构或联邦资助的研究中心（FFRDC）等组织时，项目经理和合同官员不能为其提供任何竞争优势，而是需要一视同仁，为所有提案者提供公平的竞争环境。

特定情况下，如果某位项目经理决定不同任何申请人就其所负责的 BAA 进行公开沟通，则需要提供书面理由，并在 BAA 公布前获得 DARPA 副局长的批准。

8.4　BAA 评审程序

联邦采办条例 FAR 35.016（d）条款要求，颁布 BAA 后接收到的提案结果需要以同行评审或科学评审的方式按照规定的评价标准进行评价。对此，DARPA 选择了后者，即通过使用科学评审完成对 BAA 提案的评估。

8.4.1　评审参与者

科学评审过程的关键参与者包括项目经理、评审员、主题专家（SME）和科学评审官员（SRO）。项目经理是科学评审过程的组织者，负责选择评审员和主题专家，并基于评审员和主题专家的意见推荐有望获得资助的候选提案。在选择评审员时，项目经理需要确保其具备必要的知识背景和经验来理解提案人提出的技术建议，按照所述的评估标准对提案进行令人信服的分析，并充分记录他们的发现和意见。项目经理自身也可以是评审员，但无论项目经理是否具有评审员身份，都有责任阅读提案人完整的技术建议。有时，项目经理会对

BAA 的提案摘要进行评审。结合来自其他评审员和主题专家的意见，项目经理会对是否需要投标者随即提交完整提案作出决定。最终，项目经理基于其他评审员的推荐、主题专家的技术评估以及自身的独立判断，对拟资助的提案给出书面意见。

评审员必须是政府雇员，并且需要在严谨审阅完整提案的基础上，根据 BAA 所规定的提案评价准则撰写评估报告，在其中明确表达自己发现的问题和建议。主题专家只需要对提案中自身技术专长领域内的信息进行审阅，并在主题专家工作单中阐述自己的观点。与评审员不同，主题专家并不需要一定为政府雇员。此外，当 DARPA 系统工程与技术辅助（SETA）人员为项目经理和评审员提供技术咨询信息时，也可以作为主题专家参与科学评审工作①。

科学评审官员一般由技术办公室主任担任。科学评审官员需要审阅项目经理的推荐，确保提案充分满足 DARPA 需求，以及整个评审过程满足 DI 20 指令的要求②。任何情况下，科学评审官员不能同时拥有项目经理、评审员或主题专家的身份。

8.4.2 科学评审备忘录

项目经理使用科学评审备忘录（SRM）来记录所有评审人员姓名信息。有时，项目经理和科学评审官员的代理者信息也会在 SRM 中予以记录。任何对于评审人员信息的更改需要以 SRM 修正案的形式来进行，并在该个人被允许参加评审之前得到批准。SRM 还包含建议的科学评审议程。对于基于特定

---

① "DARPA Guide to Broad Agency Announcements and Research Announcements," November 2016, https://www.darpa.mil/sites/default/files/attachment/2024-12/darpa-guide-broad-agency-announcements-research-announcements.pdf, pp. 13.

② "Soliciting, Evaluating, and Selecting Proposals under Broad Agency Announcements and Research Announcements," November 3, 2016, https://www.darpa.mil/attachments/DI% 2020% 20January% 2010,% 202024.pdf.

项目的 BAA，科学评审官员、项目经理和合同官员会同时签署 SRM。对于办公室范围 BAA，仅需要科学评审官员与合同官员签署。此外，SRM 的签审可以和 BAA 评审同步进行，但必须在 BAA 公布之前完成签署。

8.4.3　利益冲突

《政府间人事法案》（IPA）临时调用人员在进行 DARPA 项目研究时需要遵循同联邦政府雇员相同的道德准则要求。因此，当 IPA 调用人员原工作机构同 DARPA 项目有直接或潜在财务利益冲突（COI）时，该人员不能担任项目经理、评审员或科学评审官员[①]。然而，在征询总法律顾问（GC）意见并获得批准的情况下，工作涉及相同 BAA 框架下非利益冲突的部分，可以由该人员履行上述职责[②]。当项目经理涉及当前 BAA 利益冲突事项时，DARPA 会委任技术办公室主任或副主任作为该项目经理的代理人，但科学评审官员（SRO）不能担任这一代理角色。此时，代理项目经理会审阅包括所有 BAA 提案、评审员意见、原项目经理推荐意见等在内的评审信息，以确保当前评审结论的公正性和科学性。特别是涉及利益冲突事项的提案，代理项目经理会格外关注。如果这一利益冲突提案最终导致了 DARPA 合同、授予或协议的发生，则代理项目经理会对后续项目执行工作进行严格的日常管理。

当 IPA 调用人员作为科学评审官员（SRO）涉及当前 BAA 利益冲突事项时，该官员同样需要选择一名代理人来监管整个科学评审过程。原 SRO 不能参与当前 BAA 科学评审中的任何一个环节，且代理 SRO 也不能同原 SRO 在评审过程中进行信息传递与交换。此时，代理 SRO 已经实质上承担了原 SRO 的

---

①　财务利益冲突（COI）指 IPA 人员原单位可能作为当前 BAA 潜在的承包商、分包商等角色，参见"18 U.S.C. §208: Financial Conflicts of Interest," https://dodsoco.ogc.osd.mil/Conflicts-of-Interest/。

②　通常，针对某一 BAA 会有众多技术提案响应。相关 IPA 调用人员可以作为评审员对不涉及原单位的 BAA 提案进行审阅并发表意见，但前提依然是得到总法律顾问的批准。

职责。个别情况下，经 DARPA 局长或副局长事先批准，在"特别案件特别处理"原则的基础上，原 SRO 可以任命一名代理 SRO 来监管涉及利益冲突的 BAA 科学评审过程，并对 COI 提案的资助必要性进行审核。此时，代理 SRO 也会审阅包括所有 BAA 提案、评审员与主题专家意见、项目经理推荐意见等在内的评审信息，并且只有在充分考虑 BAA 评审原则、资金可用性等因素后认为该 COI 提案是对政府最为有利的选项时，才会做出对该提案予以资助的决定。此外，代理 SRO 可以来自其他 BAA 评审团队，除了需要避免与当前提案产生财务利益冲突之外，也不能由项目经理代任。

上述有关项目经理和科学评审官员的代理流程仅适用于当事人为 IPA 调用人员且涉及 COI 事项的情况下。除此之外，对于配偶工作冲突、股票基金利益等 COI 事项，已有法律和规章要求对此予以约束。任何涉及非 IPA 调用人员 COI 事项的评审员、主题专家、项目经理或科学评审官员在未经总法律顾问批准之前都不具备参与当前 BAA 评审的资格[①]。

8.4.4 评审过程

接收到针对 BAA 的反馈提案后，在正式评审之前，评审组需要召开首次会议。会议主要议题包括确定评估标准和接受必要的评审培训。此外，项目经理可以就评审安排、评审工具等事项展开讨论。在评审之前，所有的评审员和主题专家都会接到一份规定文件，它涉及与本次科学评审相关的采购完整性、财务利益冲突（COI）、组织利益冲突、个人与商业关系等方面的法律规定[②]。评审组人员需要向项目经理提交一份手写的签名证明，来表明其个人同当前待评审的 BAA 提案人员无利益交集。这些材料将会成为项目文件的一部分，必

---

① 除了上述 DARPA 内部要求之外，美国法典还包括对前联邦政府雇员禁止接受承包商补偿的附加要求，参见 "41 U.S.C. 423 Procurement integrity," https://www.govinfo.gov/app/details/USCODE-1994-title41/USCODE-1994-title41-chap7-sec423。

② 相关规定可参见 18 U.S.C. 208, 41 U.S.C. 2101-2107, 5 C.P.R. Part 2635 等条款。

要时，项目经理会同合同官员、总法律顾问一起讨论处理评审组人员提交材料中的异常部分。同时，包括主题专家和合同支持人员在内的所有评审参与者都需要对提案信息、授标信息承担保密责任，并签署保密协议（NDA）[①]。此外，在科学评审组首次会议上，合同官员还会为评审人员提供必要的培训。

  项目经理负责确保包括提案人数据、评审数据、提案信息在内的所有科学评审授标信息处于安全的物理和网络区域内。如果在评审过程中发生数据泄露，项目经理、法律顾问、合同官员等会立即展开调查措施。所有的提案副本（包括附件和宣讲材料）和评估文件（比如评估报告）都会被标记为"来源选择信息"[②]。评审中，只有满足DARPA要求的技术提案才会被考虑授予资助，合同官员将在项目经理和总法律顾问的协助下对提案的符合性做出判断。当技术提案中存在不符合项时，DARPA会以信件的方式通知提案人并做出解释，随即停止针对该技术提案的下一步评审。

  接收到BAA提案后，所有的交流沟通都必须避免技术解决方案在不同提案人之间互通，包括独特的技术、创新和独特的商业用途等。DARPA会避免由于沟通造成申请人之间不平等的竞争现象出现。此外，更重要的一点是，沟通不能建议或引导申请人修改当前技术提案。

  一旦前期准备工作结束，项目经理会将技术提案分配给每一位评审员和主题专家，并确定各自评审需要完成的最后期限。每一个技术提案至少要被3名评审员评议，基于接收到提案的数量、长度、复杂性等因素，科学评审的持续时间可能会适当变动，但一般都会在两周内完成[③]。在审阅提案摘要时，项目经理和评审员会以书面形式说明是否对该技术提案感兴趣，以及是否需要申请

[①]　相关规定可参见 FAR Subprut 2.101, 41 U.S.C. 2101-2107, 18 U.S.C. 1905 等条款。
[②]　参见 FAR 2.101 和 FAR 3.104 条款要求。
[③]　"DARPA Guide to Broad Agency Announcements and Research Announcements," November 2016, https://www.darpa.mil/sites/default/files/attachment/2024-12/darpa-guide-broad-agency-announcements-research-announcements.pdf, pp. 21.

人后续提交完整提案内容。当无须接收完整提案时，项目经理会清晰解释个中原因。通常，这一反馈时间不会超过 30 日历日。在审阅完整提案时，科学评审工作会基于 BAA 中公布的评估标准展开；鉴于不同提案的技术实施路径不同，DARPA 不会对各提案进行相互比较。评审员会对每个技术提案的优势和劣势做出充分评估，并最终给出全面评价和资助建议；主题专家则仅对项目经理分配给他们的专业领域之内的部分进行评议。科学评审的结果将以评估报告的形式提交，且评审员需要针对每个技术提案提交单独的评估报告。在评审员和主题专家完成评估工作后，项目经理会统一核实评估报告内容，以确保科学评审人员提供了充分的、实质性的意见。评审员仅仅用"优秀""良好"等形容词来描述当前技术提案是不够的，还需要进一步展开论述相关理由。当项目经理与某位评审员的意见相左时，二人会直接讨论。项目经理有权决定推荐资助的项目，即便评审员的最终意见同其个人意见并不一致，但此时项目经理需要书面记录下拒绝评审员意见的理由。在充分考虑各技术提案的可实现性、资金可用性及项目风险等因素的基础上，项目经理会将自己推荐的资助提案提交给 SRO，并对每一份提案以简短声明的形式阐明推荐理由。项目经理可以对当前提案做出部分资助推荐，或选择某一提案但并不做出资助推荐，此时同样需要阐明理由。

项目经理需要与 SRO、合同官员简要汇报科学评审过程及个人资助建议，但在这之前，项目经理需要向 SRO 和合同官员提交书面材料并预留出足够的时间供他们审阅。SRO 可能需要审阅评审过程的其他必要文件，并在出现不同资助意见时与项目经理协商。二者协商的结果可能是：

（1）SRO 打消自己的顾虑，批准对推荐提案的资助；

（2）项目经理修改推荐材料，并重新提交 SRO 等待批准；

（3）SRO 要求项目经理撤销当前推荐，并重新颁发 BAA；

（4）SRO 要求项目经理重新评估更多的技术提案；

(5) SRO 可能撤销对于项目的批准和资助；

(6) 极为特殊情况下，SRO 自己做出资助选择，来代替项目经理的推荐。

SRO 会通过一份简洁的书面材料明确表达是否同意项目经理的资助建议，并将此转达给合同官员。

8.4.5 甄选后活动

在 SRO 批准项目经理的提案资助建议后，项目经理会以信函的方式通知提案人。当 SRO 仅选择部分提案予以资助时，DARPA 合同办公室合同官员会通知提案者重新修改完善当前技术建议。此外，合同官员在开始同承包商谈判之前，也需要持有并审阅 BAA 相关的所有科学评审文件。

根据联邦采办条例第 35 部有关规定，项目经理可以在提案者被告知其技术构想未被选中后，与其进行非正式的反馈沟通。应提案者邀请，分包商也可以参加该非正式沟通活动，但无权主动提出沟通会议申请。在反馈会议上，项目经理与其他政府代表只能对提案者技术构想的优势和劣势进行讨论，但不得透露同一 BAA 响应下其他竞争提案者的建议和科学评审结论，以及接收到的提案数量、最终资助的提案数量、评审组成员信息等信息。

根据 FAR 4.805 条款规定，所有预先提案、合格提案、项目经理总结表、SRO 独立评审备忘录等科学评审文件必须在合同完成付款后保留 6 年[①]。每季度，合同管理办公室会随机抽取一个完整的科学评审文件包提供给 DARPA 副局长，由后者进行审查[②]。CMO 政策、质量和培训办公室将跟踪审查意见，并

---

① "4.805 Storage, handling, and contract files," https://www.acquisition.gov/far/4.805.
② 科学评审文件包括下述文件：发布的 BAA、评估报告、主题专家工作单、项目经理摘要表、SRO 独立评审备忘录、科学评审备忘录（SRM）、发给中标和未中标提案人的信函。参见 "DARPA Guide to Broad Agency Announcements and Research Announcements," November 2016, https://www.darpa.mil/sites/default/files/attachment/2024-12/darpa-guide-broad-agency-announcements-research-announcements.pdf, pp. 43。

将调查结果酌情反馈给技术办公室及项目经理。

8.5 BAA 所反映的 DARPA 及美国国防部的管理

通常，人们关注 BAA 仅是因为该文件是 DARPA 项目征集和提案人回复的起点，代表了一项新的颠覆性技术有可能会再次改变未来。但在该文件发布的背后，是美国国防部与 DARPA 科学严谨的现代化管理理念和丰富多样的信息化管理手段。通过研究 BAA 的发布流程，我们可以深刻了解到 DARPA 在前沿创新管理领域的先进做法，进而深入探索该机构能够取得如此众多革命性创新成果的原因。

8.5.1 遵循公开竞争的基本要求

BAA 的颁布是以公开竞争原则为基础的，这一点在联邦采办条例（FAR）和国防部采购补充条例（DFARS）中都予以了强调[①]。某种意义上，BAA 体现了美国法律所营造的完全公开的竞争环境特征，该特征对于促进美国科技创新发展起到了极为重要的作用。

公开竞争的目的是保证政府能够实现最佳采办价值，而竞争则是保证政府从承包商处获得最佳价值和服务的根本方式。美国政府采购法律、法规要求在任何可行的地方都要采取竞争方式，除非以书面形式获得高层政府机关的批准。对此，FAR 要求合同官员平等、公正对待所有潜在的承包商，使他们拥有获得合同授予的平等机会，且采办招标文件中不得含有排斥潜在承包商的限制性条款。

---

① 参见 FAR 6.102 和 DFARS 206.102 条款。

公平公正的市场竞争是创新的"摇篮"和重要保证①。无论是美国传统国防承包商，还是小规模科创型企业，在公平公正的提案征集环境下都处于平等地位；即便是联邦资助的研究中心（FFRDC）和各军种实验室，也不能在 BAA 的发布、提案提交与评审过程中获得任何的竞争优势。国防部和 DARPA 明确规定了 BAA 科学评审过程中财务利益冲突（COI）事项的回避原则，并避免将不同提案相互比较，从而使不同技术构想获得了同等的重视。即便是在项目经理与潜在承包商的沟通中，DARPA 也对沟通原则和内容予以了详细规定，以令所有承包商都获得同等的知情权。此外，BAA 提案的行文格式与提交截止时间也被明文规定，所有提案者都必须在规定时间窗口内完成技术构想提交，此举进一步保障了合规承包商的利益。

8.5.2 遵从 PPBE 的基本程序

BAA 的发布是规划、计划、预算与执行（PPBE）系统运行中的关键一环，与 DARPA 项目安排和经费使用紧密相关。在完成科学评审过程、确定承包商和合同谈判后，DARPA 会在项目目标备忘录（POM）中记录当前 BAA 项目资金需求②。POM 涵盖了未来 5 年的国防项目（FYDP），代表了 DARPA 对当前可用资源的权衡考虑。在 POM 提交后，来自各军事部门、参谋长联席会议（JCS）、国防机构成员组成的审查组会对该文件进行审查，同时 JCS 还会单独对 POM 进行制衡审查，这些审查结果都将在国防部长项目决策备忘录（PDM）和资源管理决策（RMD）文件中得到反馈。

通常，每年 7 月 DARPA 会提交 POM 和预算估计提案（BES）文件。在经

---

① 张子义、姜爱华，《美国联邦采购法对于促进创新的经验与启示》，http：//www.ctba.org.cn/list_show.jsp？record_id=293000，访问日期：2021 年 12 月 13 日。

② POM 是 PPBE 项目阶段的一部分，描述了各军种和国防部业务局的项目资金分配计划，以满足军种项目指南（SPG）和国防计划指南（DPG）的要求。https://acqnotes.com/acqnote/acquisitions/program-objective-memorandum-pom。

过国防部、成本评估和项目评价（CAPE）办公室、管理和预算办公室（OMB）审阅后，根据文件信息更新未来5年国防项目（FYDP）文件。BES文件的制定工作横跨PPBE项目和预算两个阶段，是DARPA为各BAA新增项目申请后续财年预算的重要环节。接下来，国防部会在12月将包含DARPA项目资金需求的汇总预算提交至OMB，该文件会作为总统预算（PB）的一部分，在第二年2月的第一个星期一提交国会审议。此后，PPBE也将进入执行阶段①。

8.5.3 项目管理的重要元素

BAA的制定和发布是DARPA前沿技术创新管理审慎定义项目目标与工作内容的最佳体现。BAA从制定到发布通常为期18个月左右②，在这个反复迭代的过程中，项目经理会充分结合专业经验、工业实践现状、大学前沿理论成果以及自身的技术预判等因素，力求对当前项目的技术指标、研究范围、评估方法和验收手段等进行清晰合理的定义；项目目标充满挑战性，但同时又为承包商的实现保留了理性空间。

DARPA项目多分为几个阶段进行，后续阶段的开展与否取决于前期工作的成效；同时，后期承包商也多从前期工作承包商中择优遴选。通过在BAA中对项目执行阶段的慎重规划，DARPA有效减缓了颠覆性技术开发过程中的不可控风险；利用里程碑节点考核和资金分步拨款的方式，为项目目标和资源分配调整预留了充分的空间。

DARPA仅为明确的、可度量的项目成果提供资助，即便该技术挑战在眼下看来似乎难以实现；这一点同样通过BAA予以了明显体现。BAA中有关技

---

① "POM in the PPBE Process Flowchart," https://acqnotes.com/acqnote/acquisitions/program-objective-memorandum-pom.

② Tammy L. Carleton, "The value of vision in radical technological innovation," September 2010, https://purl.stanford.edu/mk388mb2729, pp. 86.

术开发成果评估的表述有效回应了海尔迈耶准则中关于项目评价的要求，为后期项目验收和技术转移实施提供了明确的标准。同时，BAA 还规定了技术提案演示文稿、工作进展总结、经费使用报告等汇报材料的提交形式和周期，这些都为项目经理有效规范技术开发的执行过程提供了保障。

8.5.4 各项管理法规的集中体现

DARPA 的 BAA 集中体现了美国科技创新管理所涉及的各项法律法规要求。正如前文所述，美国社会完备的法律法规体系为 DARPA 的颠覆性创新奠定了坚实的基础，构成了经济发展和社会进步的重要促进因素。各类有关创新资助工具①、知识产权归属、受控非机密信息②、承包商资质、利益冲突③等方面的法律规定在 BAA 中发挥了充分作用，为 BAA 颁布和承包商的选取提出了明确的法律约束。

BAA 的颁布首先便是美国联邦政府政务公开原则的执行举措，是政府与民众信息共享的手段之一④。该文件的开篇明确了合同、协议或其他交易等资助方式授予的可行性，并强调了联邦规章在为承包商营造公平公正竞争环境中的立场，以确保所有潜在提案者都处于平等地位⑤。有时，对于联邦资助的研究中心（FFRDC）等机构，必须证明私营部门无法完成当前工作的情况下，才可以进入 BAA 承包商的候选范围⑥；同时，对于项目中涉及人类主题研究、动物使用相关的工作，BAA 也明确提出了所需遵循的条款要求。此外，BAA

---

① 参见 FAR Part 15 Contracting by negotiation 和 Part 16 Types of Contracts 部分。
② 参见 2019 National Defense Authorization Act（NDAA），Section 1286 部分。
③ 参见 FAR 52.203-16 Preventing Personal Conflicts of Interest 条款。
④ 美国政府早在 1967 年便颁布了《信息自由法案》，近些年又相继颁布了《2002 电子政务法案》《透明与开放政府备忘录》和《2018 年循证决策基础法案》等系列法案，以推动政务信息透明化建设。
⑤ 参见 FAR 6.102、FAR 35.016、FAR 15.4、2 C.F.R. § 200.203 等条款。
⑥ "Explainable Artificial Intelligence（XAI），" DARPA，August 10，2016，https://www.highergov.com/grant-opportunity/explainable-artificial-intelligence-xai-287284/，pp. 23.

科学评审的完整过程也是对 FAR 35.016 条款要求的直接回应。评审过程严格遵守国防部和 DARPA 利益冲突（COI）事项要求，仅在涉及 IPA 协议下的调用人员时才有局部授权程序。为保证评审结果公正可查，FAR 4.805 条款要求所有 BAA 评审文件包需要保存至少 6 年时间。

8.5.5　信息化网络化管理特征的突出体现

BAA 的发布和承包商提案提交是美国国防部和 DARPA 信息化网络化管理手段的最直接体现。DARPA 规定，所有 BAA 需要在"联邦企业机会"网站[①]和"授予"网站[②]上发布，并且需要在至少 1 年的时间里保持开放状态。同时，承包商也可以在同一网站提交技术提案。这种高效便捷的沟通方式极大缩短了 DARPA 项目的执行周期，并为回答承包商问询提供了便利手段。此外，DARPA 官网也会不定期发布各类最新 BAA 文件，供潜在承包商随时查询[③]。

[①] www.fbo.gov.，后并入 www.sam.gov。
[②] www.grants.gov.
[③] "Opportunities，" https://www.darpa.mil/work-with-us/opportunities?oFilter=DSO.

第9章

DARPA项目管理类举

DARPA 的颠覆性创新覆盖基础研究、应用研究、先期技术开发、样机研制等各个研发阶段，所资助的项目特点也各有不同。这些项目或属于瞄准当今科技最前沿的技术探索，或涉及现有产业链条的阶跃式升级；或提出某个未来创新性作战概念，或需要重点攻克样机研制与试验验证。对此，DARPA 在遵循其统一的项目管理哲学的前提下，对各式项目采取了针对性创新管理举措。本章将从项目策划、承包商选取、过程管理等多个维度对 DARPA 几类典型项目的管理方式进行介绍，这些方式为探索前沿创新领域项目管理方法提供了宝贵的经验与借鉴。

9.1 抢占科技最前沿：人工智能

人工智能（AI）技术发展至今已历经三次浪潮，对于 AI 领域所取得的每一次重大进展，DARPA 从未缺席[①]。自 1963 年 DARPA 信息处理基础办公室（IPTO）项目经理利克莱德（J. C. R. Licklider）资助了麻省理工学院"机器辅助认知（MAC）"项目起，DARPA 一直站在人工智能基础的最前沿[②]。20 世纪 70 年代，DARPA 的 AI 研究开始涉足专家系统；到了 80 年代，机器学习则成为 DARPA 的关注焦点，分布式代理、概率推理和神经网络等方法逐渐成为 AI 技术开发的资助对象。1985 年，DARPA 通过资助"自主陆地车辆"项目对基于神经网络的道路识别功能进行了验证。该项目建立了自主系统研制的工程基础，并推动了美国航空航天局（NASA）后期"火星漫游"项目的开发[③]。进入 2010

[①] 出自 DARPA 信息创新办公室副主任马特·图雷克博士采访。参见 Brandi Vincent, "How DARPA's AI Forward program seeks 'new directions' on the path to trustworthy AI," March 31, 2023, https://defensescoop.com/2023/03/31/how-darpas-ai-forward-program-seeks-new-directions-on-the-path-to-trustworthy-ai/。

[②] DARPA 60 years: 1958-2018 (Faircount Media Group, 2018), pp. 96.

[③] 同上，第 100 页。

年以后，DARPA 开始致力于提高深度学习算法的可解释性和健壮性，并针对性策划生成了多个项目。在能够集中体现人工智能先进技术的机器人设计领域，DARPA 早在 2013 年便资助波士顿动力（Boston Dynamics）公司开发了用于营救场景的 ATLAS 类人机器人，并在该机构发起的机器人挑战赛中对其进行了展示[①]。DARPA 始终能够敏锐察觉前沿技术发展趋势并对其进行超前布局的做法，成为了在研究借鉴该机构创新管理经验时最值得深入思考的问题之一。

9.1.1 项目整体情况

在过去 60 年中，DARPA 在人工智能（AI）技术领域进行了大量投资，这些技术为美国国防部带来了改变战争游戏规则的能力[②]。随着近年来智能芯片制造与人工智能算法开发的飞跃式发展，DARPA 在 AI 领域的项目征集再次吸引了全世界的关注。2004 和 2005 年，基于自动驾驶汽车挑战赛的成功举办，DARPA 有效推动了概率统计方法在信息处理领域的应用，并促进了自主系统中机器学习算法的深度开发；随后，以统计学习为特征的新一轮 AI 浪潮使语音识别、人脸识别等技术实现了商业化普及，统计模型训练成为了人工智能新的发展方向，但当时 AI 算法的推理能力和结论可靠性仍难以令人信服[③]。为进一步提高 AI 算法的准确性，DARPA 不仅将算法的可解释性作为考查重点，同时还围绕着特定的使用场景进行模型构建[④]。2018 年 9 月，在纪念 DARPA 成立 60 周年活动闭幕式上，时任局长 Steven Walker 宣布 DARPA 将启动为期 5

---

① 参见 Stephen Cass, "DARPA unveils Atlas DRC Robot," July 11, 2013, https://spectrum.ieee.org/darpa-unveils-atlas-drc-robot 和 "Atlas (2013)," https://robotsguide.com/robots/atlas2013。

② 出自 DARPA 前局长 Steven H. Walker 的回忆评述，参见 Scott Fouse, Stephen Cross, Zachary J. Lapin, "DARPA's Impact on Artificial Intelligence," DOI: https://doi.org/10.1609/aimag.v41i2.5294。

③ DARPA-PA-18-02, "Artificial Intelligence Exploration," July 20, 2018, https://apps.dtic.mil/sti/trecms/pdf/AD1121192.pdf.

④ John Launchbury, "A DARPA Perspective on Artificial Intelligence," February 16, 2017, https://www.newworldai.com/a-darpa-perspective-on-artificial-intelligence/. John Launchbury 博士于 2014 年 7 月加入 DARPA 担任项目经理，并于 2015 年 9 月被任命为信息创新办公室（I2O）主任。

年、投资超过20亿美元的人工智能"第三次浪潮"探索项目——AI Next，着重对算法的性能、健壮性和对抗性等特征进行深入探索[1]。

从经费投入角度来看，2017—2024年间DARPA各人工智能项目累计投入约23.27亿美元，其中基础研究12.77亿美元，占比54.88%；应用研究9.47亿美元，占比40.70%；其余则为先期技术开发与验证项目。DARPA在AI领域的投资自2017年开始逐年递增，并于2022年达到顶峰。不同于DARPA常规项目周期多为3~4年的情况，多数人工智能项目的持续时间超过了5年。除项目自身所具有的极大技术挑战之外，这一现象也反映出DARPA在AI领域投资存在长期规划、分层投入的特点。以2023年为例，DARPA正在执行的人工智能项目超过30项，经费预算合计3.8亿美元，占年度总预算的9.3%。这些人工智能项目主要集中在数学与计算机科学、可信人工智能与人机共生方向，反映了DARPA近年来对计算科学架构、机器学习算法和人工智能可解释性等领域的高度重视[2]（表9-1）。

表9-1　2023财年主要DARPA人工智能项目

预算类型	项目	经费/万美元
基础研究	人工智能基础科学	4369
	敏捷人工智能	2200
	感知赋能的任务指导	1730
	机器常识	1700
	确保人工智能对抗欺骗的健壮性	1700
	使用更少标签数据的学习	432

---

[1] Jennifer-Leigh Oprihory, "DARPA Director Unveils AI Next Initiative to Focus on Third-Wave Artificial Intelligence," September 7, 2018, https://www.airandspaceforces.com/darpa-director-unveils-ai-next-initiative-to-focus-on-third-wave-artificial-intelligence/.

[2] 根据DARPA 2017—2024年度预算、官网项目信息、项目经理提案者日等材料整理。

续表

预算类型		项目	经费/万美元
应用研究	人机协同	共生设计	3300
		加速人工智能	3200
		成功团队的人工社会智能	1430
	辅助决策	以知识为导向的人工智能推理模式	2733
		软件快速自动认证	2440
		学习内省控制	1900
		数据驱动型模型发现	506
	知识管理	规模化知识管理	1630
		自动科学知识提取与建模	1620
	情报监视侦察	不同替代方案的主动解释	930
	信息处理	语义取证	2984
	无人作战	可靠的自主系统	1000
	反制人工智能	反制对手人工智能系统	2200

以"可解释人工智能（XAI）"项目为例，DARPA 于 2015 年便开始构思该项目的开发目标，经过 1 年时间的调查研究和精心筹备后，2016 年 8 月正式发布 BAA，2017 年 5 月正式启动项目，开始第 1 和第 2 技术领域（TA1 和 TA2）为期 4 年的研究工作①。XAI 项目的目标是通过创建新的或修改现有的机器学习算法，在提高算法计算性能的同时产生可解释模型技术，以便用户可以理解并信任新一代 AI 系统。最终，DARPA 选择了包括加州大学伯克利分校（UCB）、卡内基梅隆大学、SRI 国际研究所在内的 11 家机构参与 TA1 技术领域的研究，并授予了佛罗里达大学人机认知研究所（IHMC）解释心理模型的开发合同②。此外，XAI 项目的整体评估工作由美国海军研究实验室进行。

---

① TA1 为"可解释的学习者"，TA2 为"解释心理模型"。参见 DARPA‑BAA‑16‑53，"Explainable Artificial Intelligence（XAI），"DARPA，August 10，2016，https：//www.highergov.com/grant-opportunity/explainable-artificial-intelligence-xai-287284/，pp. 14‑15.

② TA1 研究 11 个承包商分别为：加州大学伯克利分校（UCB）、查尔斯河分析公司（CRA）、洛杉矶大学（UCLA）、俄勒冈州立大学（OSU）、帕洛阿尔托研究中心（PARC）、卡内基梅隆大学、SRI 国际研究所、雷声 BBN 科技公司、得克萨斯农工大学（TAMU）、得克萨斯大学达拉斯分校（UTD）和罗格斯大学。

随着研究进展的不断深入，11个承包商探索了可操作性概率模型、因果模型、视觉显著图等不同机器学习方法与解释技术，并对项目的进度预期有了更加深入的认识。按照逻辑时序，XAI项目的执行被分为概念系统、样机系统、系统确认与验证、可接受性测试、系统运行等不同阶段，并且每个阶段都有开发者、终端用户和政策制定者的共同参与[①]。同时，XAI项目的评估工作计划也进行了调整，从最初基于数据分析和自治域内共同问题进行评价转到了跨问题领域评估。DARPA共对XAI项目的进展情况进行了三次评价，一次在第一阶段，两次在第二阶段，并且邀请了约12700名参与者加入到用户研究工作中[②]。根据美国国防部人类主题研究相关政策，每个研究协议都通过了当地机构审查委员会的审查，并由国防部人类研究保护办公室进行复审。此外，由于XAI项目执行的最后一年遭遇了新冠疫情突发事件，部分承包商还开发了在线版调查页面，以此来代替难以实现的现场用户访谈。

最终，XAI项目的成功实施，促进了AI领域算法可解释性要求的立法，加速了可解释性算法测试标准、流程和工具集的建立，在生成预测精度和可解释性同步增强的各类AI算法的同时也为自主系统的开发奠定了基础。

9.1.2 项目管理特点

在人工智能前沿探索领域，DARPA秉承了一贯的项目管理方式，广泛吸纳潜在项目参与者，通过多种技术实现路径来加强人工智能算法的推理能力和可解释性研究。同时，随着项目经理和承包商在项目进展中不断产生新的认知，DARPA对于项目的研究范围、时间节点、评估方法等内容也进行着动态

---

① David Gunning, E. S. Vorm, Yunyan Wang, et al., "DARPA's explainable AI (XAI) program: A retrospective," Applied AI Letters published by John Wiley & Sons Ltd. DOI: 10.1002/ail2.61, pp. 4.

② 包括约1900名有监督的参与者（在研究团队指导下参与实验）和10800名无监督的参与者。参见David Gunning, E. S. Vorm, Yunyan Wang, et al., "DARPA's explainable AI (XAI) program: A retrospective," Applied AI Letters published by John Wiley & Sons Ltd. DOI: 10.1002/ail2.61, pp. 7.

调整，围绕着项目目标的实现，引入不同管理方式。DARPA 在人工智能领域探索的主要思路包括：

（1）加强人工智能算法与架构创新，突破领域发展瓶颈。一方面，DARPA 加紧开发新的学习架构，通过支持"人工智能基础科学""使用更少标签数据的学习"等项目，围绕提升人工智能系统处理不确定事件、不完整稀疏数据和嘈杂数据能力等开展机器学习算法创新及验证；另一方面，通过支持"机器常识""感知赋能的任务指导"等项目推动智能系统从数据感知迈向认知推理，提升其认知能力。

（2）在加强算法性能开发的同时，注重算法的可解释性、可靠性和健壮性。比如，"环境驱动的概念性学习"项目在开发能够从语言和视觉信息中不断学习的人机协同初始算法的同时，增加了 AI 识别和推理方面的技术投入，并注重算法的健壮性和可靠性设计；"有保证的神经符号学习和推理"项目则推进了新型混合 AI 算法与架构设计，通过加速机器学习中符号推理与数据驱动的融合来验证该技术路线在可信人工智能算法中的适用性。此外，借鉴"可解释人工智能（XAI）"项目成果，2024 年"基础人工智能科学"项目从技术验证转入算法评估阶段，对人类决策和机器决策的一致性与置信度展开量化评估。

（3）强调人机共生设计，不断改善 AI 算法推理与决策能力。通过开展"共生设计"项目，DARPA 基于复杂网络物理系统中的拓扑结构开发新的数学技术，尝试建立以 AI 持续学习为基础的人机协作共生过程；启动于 2020 年的"成功团队的人工社会智能"项目则展示了特定场景下 AI 技术与复杂人类团队合作的能力，并利用开放数据集、测试案例和源代码等举措成功吸引了更多人机混合智能领域的研究者参与持续开发，从而加速了该项目成果向美军实验室的技术转移。在 AI 算法推理演化方面，DARPA 通过启动"规模化知识管理"项目对先前开发完成的 AI 知识管理工具进行评估，从而验证 AI 算法在知识分析中识别和关联隐性知识的能力,以及因果推理过程的有效性和可信性。

9.2　扩大领先优势:电子复兴计划

9.2.1　项目整体情况

在集成电路设计与制造领域,美国一直处于世界领先地位。在超大规模集成电路、鳍型场效应晶体管芯片等历代半导体元器件领域的技术革命中,美国各大商业实体都发挥了关键作用。但近年来,随着摩尔定律为代表的电子元件小型化道路逐步逼近物理学和经济学的极限,微电子技术的发展也再次面临困境。美国急需一次新的突破来引领第四代半导体产业革命,并保持电子创新的现代奇迹和国际领先优势。2017年6月,在总统科学技术顾问委员会发布了一份有关美国半导体制造领域长期竞争策略建议的知名报告后不久,DARPA正式启动了为期5年的电子复兴计划(Electronics Resurence Initiative,ERI)[1]。图9-1所示为ERI项目整体设想。

ERI项目由DARPA微系统办公室负责组织实施,旨在利用超过15亿美元的投资和一系列研发项目的开展,帮助美国商业组织和国防机构突破微电子研发与制造领域所面临的关键技术障碍[2]。在项目组织实施上,ERI项目主要围绕材料与集成、系统架构、电路设计三大支柱领域进行布局,并将整个项目定位为更专业、安全和高度自动化的电子工业领域研究,将国防应用作为其顶层

---

[1] "Ensuring long-term U.S. Leadership in Semiconductors," President's Council of Advisors on Science and Technology, January 2017, https://obamawhitehouse.archives.gov/sites/default/files/microsites/ostp/PCAST/pcast_ensuring_long-term_us_leadership_in_semiconductors.pdf.

[2] Courtney Albon, "How DARPA is tackling long-term microelectronics challenges," September 8, 2023, https://www.c4isrnet.com/battlefield-tech/2023/09/08/how-darpa-is-tackling-long-term-microelectronics-challenges/.

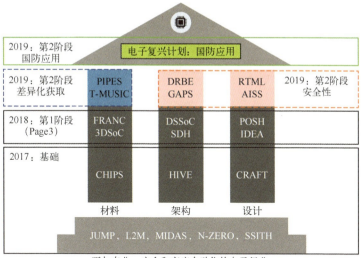

图 9-1 ERI 项目整体设想

目标，使项目成果可以更好地应用于网络安全、太空、认知电子战、无人自主系统与人工智能等国防领域①。2017 年 9 月 13 日，DARPA 在同一天针对上述三大领域发布 BAA 文件，每个领域均安排了两个独立的项目子集②。最初规划时，ERI 项目分为两个实施阶段：2019 年之前的第一阶段主要探索新型电路材料、新体系架构和软硬件设计方面的新技术构想，此后第二阶段的工作重点则侧重于将国防承包商的技术需求与商业组织制造能力进行有效结合。2019—2022 年，ERI 项目基于实际推进情况进行了动态调整，将原来的三大支柱领域

---

① 在材料与集成领域，ERI 主要探索在无须缩小晶体管尺寸的前提下，通过使用新材料，加快逻辑电路中的数据存储速度、降低系统功耗，解决现有集成电路性能难以提升的瓶颈问题；在系统架构领域，ERI 创建可重构的硬件/软件系统以及通用编程架构，通过软/硬件协同设计构建专用集成电路；在电路设计领域，ERI 主要探索新的集成电路设计工具和设计模式，以较低成本快速构建专用集成电路。

② 这些子项目包括：三维单片系统芯片（3DSoC）、新式计算基础需求（FRANC）、软件定义硬件（SDH）、特定领域片上系统（DSSoC）、电子设备智能设计（IDEA）和高端开源硬件（POSH）。参见 DARPA BAA 文件 HR001117S0054（https://www.highergov.com/contract-opportunity/page-3-design-hr001117s0054-p-ea5de/）、HR001117S0055（https://govtribe.com/file/government-file/hr001117s0055-hr001117s0055-amendment-01-dot-pdf）和 HR001117S0056（https://www.highergov.com/grant-opportunity/electronics-resurgence-initiative-page-3-materials-and-integration-297341/）。

调整为设计与安全、三维异构集成、新材料新设备、专用功能四大方向。所涉项目按照这四个方向重新归类，同时持续开展联合大学微电子（JUMP）基础项目研究①。图 9-2 所示为 ERI 项目关键节点。

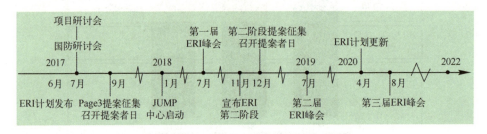

图 9-2　ERI 项目关键节点②

从 2018 年开始，DARPA 每年组织"电子复兴计划峰会"。每届峰会均包括一系列研讨会、技术演示和行业领袖的主题演讲，吸引了近千名来自学术界、工业界和政府部门的人员到场。同时，DARPA 还多次利用召开网络会议和合作研讨会的形式，鼓励与会者分享新鲜想法。经过 5 年的深入研究，电子复兴计划在降低元器件成本、加速 AI 硬件创新以及提高微电子信息处理密度和效率方面取得了显著成效。随着 ERI 项目的顺利完成，2023 年 8 月 DARPA 进一步推出了"ERI 2.0"计划③。相比最初的 ERI 项目关注于突破电路设计极限而言，ERI 2.0 将通过推进复杂三维异构集成（3DHI）微系统制造能力开发、验证极端环境下电子元件的应用效能等举措加强 DARPA 在国防领域下一代微电子技术研究上的领导地位④。表 9-2 所列为 2023 年电子复兴计划项目。

---

① 联合大学微电子基础项目主要发挥大学高校的基础研究优势，瞄准计算与通信领域的长远期技术发展趋势，针对现有技术挑战提出新的解决方法。该项目中的所有研究均由美国高校联合组成的研究中心承担。

② 王丽、于杰平、刘细文：《美国电子复兴计划进展分析与启示》，《世界科技研究与发展》2021 年第 1 期，第 59 页。

③ "Electronics Resurgence Initiative 2.0," https://www.darpa.mil/work-with-us/electronics-resurgence-initiative.

④ "Electronics Resurgence Initiative 2.0," https://www.synopsys.com/events/darpa-eri-summit.html.

表 9-2　电子复兴计划项目（2023 年）

预算类型	项　　目	经费/万美元
基础研究	下一代微电子—先进制造科学	2000
	联合大学微电子项目 2.0	1800
	低温逻辑器件技术	1300
	铁电体计算	1019
	可靠物理安全架构	900
应用研究	下一代微电子——先进制造工具	9000
	下一代微电子——三维异质集成先进制造方法	6000
	下一代微电子——极端环境电子先进制造	3000
	下一代微电子——原型设计	2500
	低温逻辑器件技术	2200
	数字射频战场空间模拟器	2200
	安全硅的自动实现	2170
	通用微型光学系统激光器	1800
	元件级紧凑型前端滤波器	1700
	G 波段电子	1600
	虚拟环境的数据隐私	1596
	量子启发的经典计算	1400
	微系统快速组装技术	1200
	大规模互相关	1200
	保证物理安全的体系架构	1200
	自动实现应用的硬件结构数组	750
	用于作战遥感的可重构可执行被动探测技术	950
	辐射环境鲁棒电子	900
	铁电体计算	734
先期技术开发	下一代微电子——公私关系	1750
	国防应用可编程逻辑	3000
	混合模式超大规模集成电路技术	751
	极端可微缩性光子学封装	500

9.2.2 项目管理特点

电子复兴计划（ERI）的组织实施为我们展示了 DARPA 在引领美国国内战略性产业科学布局和长远发展方面所选择的管理思路。

1. 聚焦需求导向，确保研究成果转化为国家能力

DARPA 在紧扣美国国家安全战略和国防战略等纲领性文件要求的基础上，结合自身使命任务与对半导体领域发展的研判，从产业顶层宏观角度提出了 ERI 项目构想。ERI 项目的策划以保持美国在半导体产业的国家竞争优势为目标，确保项目成果可以形成能力，并且覆盖整个产业链条。相比于其他 DARPA 项目而言，ERI 项目立意更为深刻，对美国国防和经济实力的影响范围更广。

EIR 项目第一阶段的目标是通过基础创新和产业发展相结合的思路，建立商业界、高校科研人员与美国政府机构之间的前瞻性协作框架，为美国未来的电子创新和电子能力提升奠定长期基础。研究成果将助力美国电子信息系统与装备保持绝对优势，同时对世界电子信息领域发展产生深远影响。ERI 2.0 则聚焦"重塑后摩尔时代微系统制造"，通过一系列专题研究计划，以美国国家安全能力和商业经济竞争力及可持续性为目标，通过研发一种提高性能、强化安全性、降低成本且可本土化生产的芯片生产方式，确保美国在下一代微电子研究、开发和制造方面的领先地位。

2. 全领域推进，便于技术协同和互补

电子复兴计划并非从零开始之前已有相关概念和研究项目。随着 ERI 的推出，DARPA 有效地将相关项目进行整合，形成了连贯、多阶段、相互关联的系列资助项目，有助于技术间的协同和互补，并为后续项目规划、技术实施及商业化提供便利。ERI 项目陆续布局了先导、基础和应用三大项目群。其中，先导项目群于2015—2017年启动，重点研究集成电路快速设计、模块化芯片构建、新架构处理器搭建等关键技术①；基础项目群为由大学主导研究的"联合大学微电子"项目，通过机理创新为ERI其他项目的孵化提供牵引和支持；应用项目群则由工业界主导研发，包括"Page3项目群"以及后续陆续新增和新并入的项目。表9-3所列为ERI项目生成逻辑。

表9-3　ERI项目生成逻辑②

所属项目群	项目名称	项目目标	项目启动时间
先导	联合大学微电子项目（JUMP）	针对计算与通信领域技术挑战，创建新的通用架构和系统设计技术，研发新电子器件与设计方式，培养未来人才	2018.01
	终身机器学习（L2M）	开发支持下一代自适应人工智能系统所需的技术，使其能够在实际环境中基于情景进行在线式现场学习	2017.04
	毫米波数字阵列（MIDAS）	演示验证18~50GHz频段第一单元级数字毫米波相控阵技术	2018.01
	近零功耗射频与传感器（N-ZERO）	通过启动传感器休眠模式来降低系统功耗，用以提高电池寿命	2015.01
	硬件固件整合系统安全（SSITH）	使用硬件安全体系结构来帮助保护系统免受各种硬件漏洞的攻击，并开发硬件设计工具	2017.04
	常见异构集成与IP复用策略（CHIPS）	通过混合和匹配即插即用式微型芯片（Chiplet）构建系统集成框架，推动半导体行业将数字、模拟和混合信号模块集成到片上系统	2016.09
	层次识别验证开发（HIVE）	探索全新的非冯·伊曼架构的专用处理器，实现对来自社交媒体、传感器和科研生产活动中的海量数据进行高效分析	2016.08
	更快速实现电路设计（CRAFT）	大幅降低国防部使用采用前沿CMOS技术构建的定制集成电路的障碍，同时保持该技术承诺的高水平性能	2015.08

---

①　先导项目群包括DARPA"近零功耗与传感器""更快速实现电路设计""微电子通用异构集成与知识产权复用策略""终身机器学习""层次识别验证开发"和"硬件固件整合系统安全"等先期资助项目。

②　表中信息根据各项目BAA内容整理得到。

续表

所属项目群	项目名称	项目目标	项目启动时间
第1阶段（Page 3 项目）	三维单片系统芯片（3DSoC）	在单个芯片上构建逻辑、存储器和I/O所需的3D技术，与二维7nm技术相比，性能提高大于50倍	2017.09
	新式计算基础需求（FRANC）	开发替代的计算拓扑结构，将计算范式从离散的存储和处理转变为能够在数据存储结构与传统数字逻辑处理器显著不同的情况下进行处理的架构，从而在计算性能方面获得更显著的收益	2017.09
	软件定义硬件（SDH）	创建一个硬件/软件系统，允许数据密集型算法以接近ASIC的效率运行，而无须付出ASIC相关成本、开发时间等代价	2017.09
	特定领域片上系统（DSSoC）	开发一种由多个核心组成的异构SoC，可以比通用处理器更有效地解决问题空间，同时保持该域内的可编程性	2017.09
	电子设备智能设计（IDEA）	开发一种完全自动化的"无人在回路中"电路布局生成器，使没有电子设计专业知识的用户能够完成电子硬件的物理设计	2017.09
	高端开源硬件（POSH）	启动一个开放源码的SoC设计和验证生态系统，以实现超复杂SoC的低成本设计	2017.09
第2阶段：差异化获取	极端可扩展性光子学封装（PIPES）	开发集成光收发器，并将其嵌入到最先进的多芯片模块（MCM）中，创建先进的光封装和交换技术，以满足高度并行系统的数据移动需求	2018.11
	混合模式超大规模集成电路技术（T-MUSIC）	通过在同一晶圆上开发与先进的数字CMOS电子集成的高性能射频（RF）模拟电子技术，从而实现颠覆性RF混合模式技术	2019.01
第2阶段：安全性	数字射频战场模拟器（DRBE）	创建世界上第一个大规模的虚拟射频环境，用于开发、培训和测试高级射频系统，寻求在完全闭环的射频环境中使雷达、电子战等众多的射频系统进行交互	2019.02
	物理安全的保证架构（GAPS）	开发建立和利用物理原语的方法，并将其应用于关键任务所需的微电路芯片之间，以简化开发人员的劳动，并确保代码安全	2019.01
	实时机器学习（RTML）	创建"无人在回路"硬件生成器和编译器，以支持从高级源代码完全自动化地创建机器学习专用集成电路（ASIC）	2019.03
	自动实现安全硅（AISS）	实现将安全性集成到芯片的自动化设计过程，主要解决侧信道攻击、硬件木马、逆向工程和供应链攻击等硅基芯片安全漏洞	2019.04

续表

所属项目群	项目名称	项目目标	项目启动时间
第2阶段：国防应用	国防应用（ERI：DA）	推动ERI项目技术成果在特定国防系统中的开发、演示和应用，潜在的领域包括在大规模物理仿真、认知射频系统、下一代卫星和网络安全等	2019.01

3. 全链条整合，构建高效联合创新体系

电子复兴计划由来自政府、工业界和学术界的众多承包商共同参与，这些参与者遍布微电子技术完整成熟发展曲线，做到了各技术发展阶段研发成果的无缝对接，充分体现了"产学研用"有机结合的思想①。各承包商充分发挥其在基础研究、工艺实现、需求引导等方面的优势，所形成的高效创新生态更有利于促进技术成果转移。

4. 强化应用牵引，阶段滚动实施

电子复兴计划在实施过程中坚持与时俱进，不断调整，逐步聚焦。该项目启动之初提出了"打造2025—2030年国家电子能力"的目标，1年后调整为以"国防应用"为主线，凸显了该项目开始向国防侧重的战略转向。此后，ERI项目调整了领域布局维度，从最初按照专业划分的三大支柱领域（材料与集成、系统架构、电路设计）调整为按需求导向四大研究重点（设计与安全、三维异构集成、新材料新设备、专用功能），进一步明确了三维异构集成、新材料新设备等重点攻研方向，更加凸显了对安全的考量，并开始大力支持国内

---

① ERI项目的主要参与者包括美国五大国防承包商（雷声、洛克希德·马丁、波音、诺斯罗曼·格鲁曼和BAE系统公司），6家知名半导体公司（Intel、Qualcomm、Xilinx、Samsung、NVIDIA和Micro），以及9家美国顶尖工程类大学。参见Mark Rosker, "Evolving the Electronics Resurgence Initiative (ERI 2.0)," April 21, 2021, https：//www.ndia.org/-/media/sites/ndia/divisions/electronics/2021/eri2_ndia_20210421_releaseapproved_34584.pdf 和 Mariana Iriarte, "DARPA's Electronics Resurgence Initiative addresses eventual saturation of Moore's Law," October 5, 2017, https：//militaryembedded.com/radar-ew/signal-processing/darpas-eventual-saturation-moores-law.

半导体制造、专用集成电路以及安全可靠微电子供应链等领域研究。随着项目继续推进，ERI 项目又针对复杂三维微系统制造、适用极端环境的电子产品研发这两大难点问题，新增研究方向与重点项目布局。从上述动态调整演进可以看出，电子复兴计划始终秉承着"面向问题，引领趋势，以保证研究重点始终贴合需求"为核心的根本实施策略。

5. 搭建交流平台，凝聚发展共识

ERI 项目定期组织开展交流，以年度峰会、项目提案者日会议、定期项目评审等交流平台，为政产学研合作提供桥梁，以凝聚发展共识。截至 2023 年，DARPA 共举办 5 次"电子复兴计划峰会"，并多次举办项目提案者日，向公众展示项目愿景、现有基础、未来目标、合作机会等，为参与者提供交流平台。此外，DARPA 还定期组织项目评审活动，使各承研方在工作汇报中互通信息，为各方交流创造条件。上述活动不仅实现了项目的及时协调推进，促进了技术社区的形成与发展，同时为 ERI 项目进行了深度宣传，吸引了业界更多的瞩目与参与。

9.3　未来作战概念设计："马赛克战"

9.3.1　项目整体情况

最近十年，美国国防部愈发深刻意识到已经无法通过装备简单升级和对现有战术进行适度改变来获得针对大国竞争对手的军事优势，因此迫切需要寻找一种新的国防战略行动理念，重新调整防御态势并整合空中、陆地、海洋和太空之间的各项行动部署来提高美国军事能力。在此背景下，DARPA 战略技术办公室（STO）于 2017 年提出了一种全新的智能化作战概念——"马赛克战

(Mosaic Warfare)"①。"马赛克战"的核心思想是利用人工智能（AI）技术，使分散部署的有人和无人的作战单元依据战场态势组合和重组，快速形成多重杀伤链，以增加对手决策难度和应对复杂度，从而延迟或阻止对手实现目标，同时破坏对手作战体系的重心（图9-3）。实施这一作战理念，将对美国部队设计和指挥控制流程进行实质性的改变，国防部需要将今天的多任务关键作战单元分解成数量更多、功能更少且更容易组合的单元来更好地实施决策中心战②。例如，一艘护卫舰和几艘无人水面舰艇可以取代一个由三艘驱逐舰组成的水面行动群。在地面部队中，不必依赖大型部队编队，而是使用包括中型无人地面车辆（UGV）和无人机在内的更多作战单位来提高部队的情报、监视和侦察（ISR）能力。为推动该概念尽快落地，美军从体系架构、作战管理和通信组网等方面进行整体布局，系统推进关键技术攻关，并大力发展"联合全域指挥控制"概念和"先进作战管理系统"作为支撑③。DARPA还委托米切尔航空航天研究所、战略与预算评估中心、兰德公司等智库，对"马赛克战"展开专题研究。

在 DARPA 设想中，"马赛克战"可以利用 AI 技术和自主系统有效部署，实现人机混合部队所处的低成本传感器网络和多域指挥控制节点动态重组，从

---

① "马赛克战"一词由 STO 前主任 Thomas J. Burns 和前副主任 Dan Patt 创造，参见 Stew Magnuson, "DARPA Pushes Mosaic Warfare Concept," November 16, 2018, https：//www.nationaldefensemagazine.org/articles/2018/11/16/darpa-pushes-mosaic-warfare-concept。

② Bryan Clark, Daniel Patt, Harrison Schramm, "Mosaic Warfare: exploiting artificial intelligence and autonomous systems to implement decision-centric operations," Center for Strategic and Budgetary Assessments, February 11, 2020, https：//csbaonline.org/research/publications/mosaic-warfare-exploiting-artificial-intelligence-and-autonomous-systems-to-implement-decision-centric-operations，pp. 14。

③ 联合全域指挥控制（JADC2）是美国国防部提出的新式作战方式，它将美国空军、陆军、海军和太空部队等各军种在同一传感器网络连接，通过人工智能、云计算、自主系统等最新科技的应用，为指挥官提供更快、更准确的决策，实现动态任务分配和弹性指挥与控制。参见 Timothy Marler et al. ，"What is JADC2, and How does it Relate to Training?" Rand Corporation, June 14, 2022, https：//www.rand.org/pubs/perspectives/PEA985-1.html，pp. 5-6。

图 9-3 DARPA "马赛克战" 构想①

而提高对手信息融合的复杂性与决策难度，进而获取新的非对称优势。为使该作战理念早日得到应用，DARPA 在人工智能、机器人、合成生物学、分布式空间架构和量子传感等领域开展了大量研究工作，并在先进微电子和下一代通信技术领域投入重金。该机构近年来在上述技术领域所征集的多个项目及所取得成果，有效地支撑了马赛克战理念一步步走进现实。比如，DARPA 通过自适应跨域杀伤网（ACK）项目开发了"面向跨域杀伤网协商和实例化即时推理分析"软件，可以帮助指挥官快速识别和选择高优先级任务，强化实时指挥能力②；利用群体自治和人类-机器协同技术，提出了地面进攻群使能战术（OFFSET）概念，并验证了城市环境中无人机群协同作战的战术可行性③。此外，空战演变（ACE）、无人值守船（NOMARS）和"九头蛇（Hydra）"等项目的实施进一步加速了美军无人自主系统的部署，有效回应了"马赛克战"

---

① John R. Hoehn, "Joint All-Domain Command and Control：Background and Issues for Congress," Congressional Research Service, January 21, 2022, https：//crsreports. congress. gov/product/details？prodcode=R46725, pp. 12.

② "ACK：Adapting Cross-Domain Kill-Webs," https：//www. darpa. mil/research/programs/adapting-cross-domain-kill-webs.

③ "OFFSET：Offensive Swarm-Enabled Tactics," https：//www. darpa. mil/research/programs/offensive-swarm-enabled-tactics.

中所需的低成本、可消耗自主装备的需求。

在 DARPA 提出"马赛克战"概念两年后，战略技术办公室开始陆续发布 BAA，并在马赛克技术、马赛克效应网络服务和马赛克实验技术领域征集相关提案①。马赛克技术聚焦于异构能力的分布式网络建设，包括自动决策辅助工具设计、异构链条互操作性构建和战斗能力分配等技术；马赛克效应网络服务包含传感器、非动力学效应和电子战软硬件的技术开发；马赛克实验则涉及仿生行为、自动化实时分析等技术的集成性建模与仿真环境。

9.3.2 项目管理特点

"马赛克战"概念的提出是 DARPA 面向未来战争需求，坚守"为竞争对手制造技术突袭"使命的又一次直接亮剑。这一概念的提出和演进，既是 DARPA 落实国家军事战略的需要，又是军事理论和前沿科技共同推动的结果，充分体现了 DARPA 作战概念创新为国防建设和科技创新所提供的强大牵引作用。"马赛克战"概念的出现推动了美军部队建设的变革，促使当前尖端复杂的大型武器系统和平台按照战场感知、网络通信、指挥控制、火力打击等要素解耦为功能小、价格低、模块化的系统和平台，促进了人工智能与高性能通信技术的飞速发展，以及美军"决策迅速高效、行动敏捷机变"新型作战优势的形成。

在项目管理方式上，"马赛克战"概念是后续众多 DARPA 项目 BAA 发布的整体需求和依据，也为人工智能、自主系统等项目的实际部署提供了绝佳验证环境。此外，不同于其他项目承包商多为实体装备研制机构的情况，知名智库的早期参与也为马赛克战理论的完善和评估提供了重要补充。

---

① 参见 DARPA BAA HR001120S0034, "Strategic Technologies," February 29, 2020, https://www.highergov.com/contract-opportunity/strategic-technologies-hr001120s0034-p-c991c/, pp. 5。该 BAA 截止时间为 2021 年 3 月 1 日，但 STO 在 2021 年 2 月发布了该 BAA 的修正案，将截止日期延长至 2021 年 10 月 31 日。

9.4 样机研制和试验验证:"小精灵"

9.4.1 项目整体情况

随着美国"第三次抵消战略"的推进,美国也将战略重点由反恐战争转变为大国竞争。这一竞争态势下,人工智能、自主系统等颠覆性技术的应用将对战争走向起到关键影响作用[①]。为帮助美国迅速确立大国竞争中的技术优势,DARPA 于 2015 年启动了一项名为"小精灵(Gremlin)"的项目(图 9-4)。

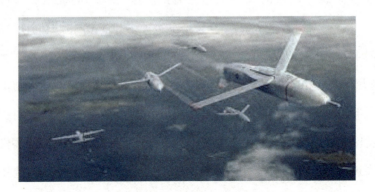

图 9-4 "小精灵"项目概念设想

2014 年 9 月,DARPA 战术技术办公室(TTO)发布了"分布式机载能力(DAC)"项目的信息征询书(RFI),邀请承包商共同参与其低成本无人机运载平台概念的开发。该平台可以利用 B-52、B-1、C-130 等大型平台完成小

---

① 前美国国防部副部长鲍勃·沃克(Bob Work)曾表示,五角大楼的第三次抵消战略追求下一代技术和概念,以确保美国的军事优势,其真正的重点是加强美国的常规威慑,以确保战争不会发生。参见 Cheryl Pellerin," Deputy Secretary: Third Offset Strategy Bolsters America's Military Deterrence," October 31, 2016, https://www.defense.gov/News/News-Stories/Article/Article/991434/deputy-secretary-third-offset-strategy-bolsters-americas-military-deterrence/。

型无人机的发射与回收，从而实现无人机系统协同分布式作战[1]。在 DAC 项目基础上，2015 年 9 月 TTO 正式发布了"小精灵"的项目广泛机构公告，旨在开发新型低成本空中无人机群发射与回收技术，形成无人机群在"反介入/区域拒止"环境中协同作战方案的演示与验证，以构建新的空中作战体系[2]。该项目分为三个阶段进行，第一阶段进行系统概念权衡分析，主要包括目标系统设计、验证系统设计及开发技术成熟计划等工作；第二阶段完成系统初步设计；第三阶段则进行系统详细设计、样机制造与演示验证工作。"小精灵"项目的首次提案征集工作仅针对第一阶段进行，并计划投资 1580 万美元来资助承包商展开设计工作；后续两个阶段的承包商将在第一阶段承包商中择优选出（表 9-4）。

表 9-4 "小精灵"项目主要技术指标[3]

目标系统	门限值	最终目标
无人机群参数		
设计作战半径	300 海里（555.6km）	500 海里（926km）
设计载荷	60 磅（27.24kg）	120 磅（54.48kg）
最大速度	马赫数 0.7	不低于马赫数 0.8
最大发射高度	—	40000 英尺（12192m）
载荷功率	800W	1200W
载荷要求	模块化，各种有效载荷（包括射频和光电红外载荷）可原位替换	
设计寿命	—	20 次发射-回收
系统级参数		
发射平台	B-52、B-1、C-130	尽可能多
无人机搭载数量	不少于 8 架	不少于 20 架（大型运输机）

---

[1] "Request for Information (RFI), Distributed Airborne Capabilities," DARPA-SN-15-06, https://www.oles.com/wp-content/uploads/2014/11/DARPA-SN-15-06.pdf.

[2] "Gremlins," September 16, 2015, https://govtribe.com/opportunity/federal-contract-opportunity/gremlins-darpabaa1559.

[3] 同上，第 7 页。

续表

目标系统	门限值	最终目标
回收平台	C-130	
回收数量和时间	在30min内至少回收4架无人机，后期该回收数量不低于8架	
回收成功概率	不低于0.95（回收时间期限内）	
母舰作战损失概率		$<1\times10^{-7}$/飞行小时
系统设备续生成本 (不包含指挥控制系统)	1000万美元 （2015年）	不高于2000万美元（2015年）

2016 年，DARPA 向美国 Dynetics、复合工程、通用原子和洛克希德·马丁四家公司授予了"小精灵"项目第一阶段合同；2017 年 3 月，该项目第二阶段合同由 Dynetics 和通用原子公司获得，两个承包商共同完成全尺度技术验证系统的初步设计和部件级风险测试工作；作为唯一承包商，Dynetics 公司于 2018 年获得了 DARPA 为期 21 个月、价值 3860 万美元的第三阶段研究合同，负责最终的无人机群发射与回收演示验证。2021 年 10 月，"小精灵"项目实现了其标志性里程碑节点目标——在犹他州达格威试验场上空，一架 X-61 无人机在空中被 C-130 运输机成功回收，为后续无人机群编队的重复利用奠定了初步技术基础。

9.4.2 项目管理特点

"小精灵"项目不仅是 DARPA 对于未来无人机作战方式的创新尝试，更是该机构试验验证类项目的典型代表。

第一，在项目组织实施上，DARPA 将完整技术构想分为了系统概念设计、初步设计与风险减缓方案制定、详细设计与演示验证三个阶段，工作逐层递进，有效控制风险；通过将项目关键技术分解并进行单项子技术验证的方式，为后期系统级功能验证的顺利实施提供保障。

第二，在承包商选择上，DARPA 从前期参与项目的承包商中择优选取后期工作阶段的承包商,既体现了承包商合作的延续性,又保留了承包商选择的竞争性。最终,只有在技术能力、推进速度、成本控制等方面最能满足DARPA需求的承包商,才可能进入项目最终实施阶段。

第三,项目的执行紧扣目标,并对战略项目形成有效支撑。"小精灵"项目的设计初衷为利用低成本、可消耗无人机群的重复利用,探索无人机群自主系统在未来战争中的新式战术应用。同时,该项目也是DARPA"马赛克战"概念实施的重要组成部分,无人机群及载机系统的使用完美体现了"马赛克战"分散部署、重组攻击的战术思想,为这一未来战争概念的实施提供了技术手段。

9.5 寻找创新火花:快速支持项目

9.5.1 项目整体情况

如今,世界范围内科学与技术的发展速度正在加快,在很多交叉性研究领域出现了可以产生颠覆性变革的潜在契机。为了更好地利用这些新的机会,DARPA意识到必须以更快的速度和更有针对性的投资来获得先发优势。对此,DARPA启动了一种比现有BAA提案征集方式更为快捷的项目生成机制——创新火花项目,希望以此来加速颠覆性技术开发项目的执行。

2017年6月,DARPA国防科学办公室(DSO)发布广泛机构公告,宣布对物理自然系统、人机社会系统、数学与计算系统等交叉领域的前沿技术提案进行征集,即颠覆性工程(Disruptioneering)[①];2018年7月,DARPA发布项目公告(PA),启动了人工智能探索(AIE)项目,以加速探索第三代人工智

---

① 这是一个办公室范围BAA。Disruptioneering一词由Disruption和Engineering组合而成,DARPA借助工程项目管理方式进行颠覆性创意征集,这种征集不同于自由探索,而是明确的目的性和指向性。基于对此类项目提案征集的理解,本书将其翻译为"颠覆性工程"。

能技术①；2019年7月，DARPA微系统技术办公室（MTO）发布项目公告，宣布启动微系统探索（μE）项目，以加速对微系统智能和本地化处理、下一代电磁元件和技术以及微系统功能密集化等领域的研究②。这三类创新火花项目设立的初衷便是对相关领域高风险、高回报的创新构想进行较小规模与针对性的投资，来探索其实现颠覆性变革的可行性，进而根据项目成果做出是否追加后续投资的决定。在经过两年多的调整优化之后，创新火花项目生成机制日益规范成熟，并吸引了众多承包商踊跃参与③。表9-5所列为创新火花项目生成逻辑示例。

表9-5 创新火花项目生成逻辑示例

项目类型	项目公告（PA）编号/名称	特别通知（SN）编号/名称
颠覆性工程	DARPA-PA-20-01/ 颠覆性工程项目公告	DARPA-PA-20-01-01/ 智能分类的自适应模态基研究
		DARPA-PA-20-01-02/ 利用材料物理的热工程
		DARPA-PA-20-01-03/ 降低维数的非升级参与
		DARPA-PA-20-01-04/ SenSARS
人工智能探索	DARPA-PA-20-02/ 人工智能探索项目公告	DARPA-PA-20-02-01/ 从代码中恢复符号数学
		DARPA-PA-20-02-02/ 概率组织的熵减
		DARPA-PA-20-02-03/ 时间感知机器智能
		DARPA-PA-20-02-04/ 代理模型的智能自动生成与组合

---

① 参见DARPA-PA-18-02, "Program Announcement for Artificial Intelligence Exploration（AIE）" July 20, 2018, https://executivegov.com/wp-content/uploads/2018/07/DARPA-PA-18-02.pdf. 这是一个DARPA机构发布的BAA。

② 参见DARPA-PA-19-04, "Program Announcement Microsystems Exploration," July 10, 2019, https://defenceinnovationnetwork.com/wp-content/uploads/2019/08/DARPA-Special-Notice-Microsystems-Technology.pdf. 这是一个办公室范围BAA。

③ 《DARPA推行"探索"计划，加速前沿科技创新》，2019年10月21日，https://www.sohu.com/a/348450048_635792.

续表

项目类型	项目公告（PA）编号/名称	特别通知（SN）编号/名称
人工智能探索	DARPA-PA-20-02/ 人工智能探索项目公告	DARPA-PA-20-02-05/ 可逆量子机器学习与模拟
		DARPA-PA-20-02-06/ 护理点超声自动解读
		DARPA-PA-20-02-07/ 保护开源代码完整性的混合人工智能
		DARPA-PA-20-02-08/ 可编程智能阵列演示张量
		DARPA-PA-20-02-09/ 像素内智能处理
		DARPA-PA-20-02-10/ 测量信息控制环境
		DARPA-PA-20-02-11/ 共享经验终身学习
		DARPA-PA-20-02-12/ 确保系统信息一致性
微系统探索	DARPA-PA-21-05/ 微系统探索项目公告	DARPA-PA-21-05-01/ 可操纵光学孔径接收器
		DARPA-PA-21-05-02/ 太赫兹区预测纳米级模拟
		DARPA-PA-21-05-03/ 大面积器件质量金刚石衬底
		DARPA-PA-21-05-04/ 磁性高温传感器
		DARPA-PA-21-05-05/ 纳米级晶体管热建模

在上述创新火花项目统一框架规定下，DARPA 会通过发布颠覆性机会（DO）公告来征集具体技术构想[①]。这些 DO 将在授予管理系统网站上自发布之日起最多开放 30 天，且每个 DO 的最终目标都是投资原型样机开发[②]。在每

[①] 创新火花项目首先以项目公告（PA）的方式发布年度统一规定框架，命名形式为 DARPA-PA-XX（年份）-XX（框架类型代号）；在此基础上以 PA 或 SN（特别通知）的形式发布 DO 文件，命名方式为 DARPA-PA-XX（年份）-XX（框架类型代号）-XX（征集公告编号）。SN 作为 PA 草案，其使用目的是对最终项目 PA 版本征集意见。参见 Loren Blinde, "DARPA posts NGMM draft program announcement," October 17, 2023, https://intelligencecommunitynews.com/darpa-posts-ngmm-draft-program-announcement/。

[②] 授予管理系统网站地址为 www.sam.gov。由于其他交易（OT）方式不受联邦采办条例（FAR）的约束，故 FAR 5.203 条款要求的 45 天响应时间不适用于 DO 公告。

个 DO 文件中，DARPA 将对研究主题的具体技术目标、任务描述、知识产权、里程碑付款时间表和交付成果等进行详细描述，潜在承包商的提案也只能针对该 DO 提交。所有技术提案必须包含两个独立且连续的项目阶段，对于不同的 DO 文件，这些阶段的周期可能略有不同，预计第一阶段基本工作的典型周期为 3~9 个月，第二阶段可选工作的典型周期为 9~15 个月，且任何 DO 两个阶段工作周期总时长限制在 18 个月以内①。对于任何提案，DARPA 保留只授予第一阶段或第一阶段合同以及第二阶段联合工作的权利。在一开始只授予第一阶段合同的情况下，政府可以根据第一阶段成果和资金可用性保留授予第二阶段合同的选择权。由于有可能进行第二阶段后续工作的合同授予，DARPA 要求提案有效期为 365 天。资助金额方面，提案两个阶段的总额限制为 100 万美元，且在必要时这一限额适用于政府资金和任何承包商成本分摊的总和②。此外，创新火花项目统一公告框架下针对所有 DO 的合同授予均将采用原型样机其他交易（OTFP）的形式。

当前，DARPA 并没有颁布任何项目后续采办计划，但如果在第二阶段工作期间或完成之后，承包商正在接近或已经成功完成概念验证，并且可交付的原型样机触手可及，或者已经开发出富有前景的初始原型，DARPA 可以选择修改 OT 协议并对额外的任务进行资助，以进一步进行原型样机开发、制造和交付③。创新火花项目将会对符合要求的技术提案进行多项合同授予，在具体评估上依然使用科学评审方式，且提案的评估标准与普通 BAA 评审一致，即总体科学与技术水平、对 DARPA 任务的潜在贡献和相关性以及价格因素。此

---

① 第一阶段进行可行性研究，是基础阶段；第二阶段进行概念验证，是可选阶段。
② 如果提案符合成本分摊的法定要求，则根据《美国法典》第 10 卷第 2371b（d）(1)（C）条款规定，提案人必须在其提案中为每个工作阶段提供至少三分之一的成本分摊。
③ 根据《美国法典》第 10 卷第 2371b（f）条款，如果：OT 合同的参与者或公认的 OT 合同利益继承人成功完成了 OT 合同中规定的原型项目；OT 合同中规定将为当前原型开发参与者或公认的 OT 合同利益继承人提供后续生产合同时，政府可以在没有任何额外竞争的情况下授予后续生产合同或 OT 合同。

外，作为快速生成机制的最明显特征之一，创新火花项目自 DO 颁布起，会在 90 天内完成同承包商的合同签订[①]。

9.5.2 项目管理特点

自 2017 年 6 月首个创新火花项目统一框架发布以来，至今已有几十个涉及可调谐光学、合成量子纳米结构、虚拟智能处理等不同技术领域的 DO 发布；其中，人工智能探索（AIE）和微系统探索（μE）相关项目占据较高比例。从现有进展情况来看，创新火花项目充分体现了生成快速、灵活、成本可控的特点。DARPA 项目多在收到 BAA 提案 6 个月甚至更长时间后才进入合同谈判与签订环节，而创新火花项目则可以在 90 天内完成合同签署，项目正式进入执行环节。这极大提高了 DARPA 项目创立的效率，满足了人工智能、信息技术等领域对技术开发时效性的迫切需求。对比广泛机构公告（BAA）和项目公告（PA）的生成与发布机制可以发现：前者的生成批准时间较长，典型周期为 18 个月，且对于技术构想的目标要求极为具体，充分代表了 DARPA "自上而下"的项目生成方式；后者的撰写与发布则充分体现了创新火花项目"短平快"的特点，内容也较为宽泛，不限主题，是 DARPA 项目"自下而上"生成的典型体现。创新火花项目资助金额总量控制在 100 万美元以内，并且包含特定情况下的成本分摊要求，这有效降低了 DARPA 在前沿交叉学科领域进行颠覆性技术探索的试错成本。同时，提案者也会充分考虑自身技术能力和成本需求，评估自身技术提案在有限资助额度下的竞争力，间接降低 DARPA 项目筛选的管理成本。例如，2019 年 DARPA 人工智能探索项目智能神经接口（INI）便将 100 万美元的合同授予了总部位于俄亥俄州的 Battelle 公司，由该

---

① 受到新冠疫情等因素影响，2023 年个别创新火花项目从 DO 提出到合同签订的时间延长至 120 天。

公司进行深度神经网络解码器的开发①。做出这一决定，很大程度上便是基于 Battelle 公司在相关领域深厚的技术积累和经验。此外，原型样机其他交易（OTFP）的合同授予形式，有助于迅速实现项目成果的技术转移。

9.6 挑战赛

在 DARPA 的项目管理中，创新挑战赛是一类颇具特色的项目。1999 年 10 月，根据《2000 财年国防授权法案》授权，DARPA 进行了政府部门挑战赛奖励机制的最早尝试②。鉴于创新挑战赛的成功举办，国会在 2005 和 2006 财年的《国防授权法案》中做出修订，将举办创新挑战赛的授权责任人由原来的 DARPA 局长调整为国防部研究与工程副部长，在国防部内扩大了使用创新挑战赛奖励的范围。

9.6.1 制度设计与政策指导

根据《美国法典》对国防部范围内组织实施创新挑战赛奖励的授权，DARPA 局长（后更改为国防部副部长）负责挑战赛的具体组织实施，并邀请参赛者广泛参与，充分竞争；在使用内部经费提供奖励方面，挑战赛单个现金奖励额度最高不超过 1000 万美元，且现金奖励超过 100 万美元时需经国防部采办、技术与后勤副部长审批③。

---

① "Intelligent Neural Interfaces (INI)," DARPA-PA-18-02-04, https://imlive.s3.amazonaws.com/Federal%20Government/ID275651213314642059695197268689901806965/DARPA-PA-18-02-04.pdf.

② "Public Law 106-65," October 5, 1999, https://www.congress.gov/106/plaws/publ65/PLAW-106publ65.pdf.

③ "10 U.S.C. § 2374a Prizes for advanced technology achievements," January 7, 2011, https://www.govinfo.gov/app/details/USCODE-2010-title10/USCODE-2010-title10-subtitleA-partIV-chap139-sec2374a.

为确保各联邦机构能规范有序地使用挑战赛及奖励这一政策工具，政府还出台了《美国创新战略》①《利用挑战和奖励促进政府开放指南》②等政策文件，并对政府部门使用挑战赛激励创新的相关政策与法律问题进行了进一步明确，为挑战赛的组织实施和奖励激励提供了强有力的制度支撑与保障。

9.6.2　组织管理

近年来，DARPA成功举办了"无人车挑战赛"等多项创新赛事，在世界范围产生很大影响。基于赛事举办经验，DARPA在创新挑战赛组织管理方面形成了自身规范的程序。

第一，DARPA精挑细选挑战赛主题。到目前为止，DARPA已在人工智能、网络、生物安全等多个关键技术领域先后成功举办了"无人车辆""频谱协同""机器人""人工智能网络"等多项科技创新挑战赛，都是聚焦于解决具体问题，并且紧扣军事需求；同时，对参赛者的水平规定了较高的限定条件，充分保证了挑战赛整体绩效最大化。此外，为激发参赛者热情，DARPA还设置了具有挑战性的目标，这些目标在远超当前技术水平的同时又不失合理性。

第二，DARPA对于挑战赛实施了严谨规范的过程管理。DARPA挑战赛经费从国家财年预算的科研费（RDT&E）中列支（拨款编号0400D），拨款类别包括基础研究、应用研究、先期技术开发三个方面，并根据不同挑战赛主题和技术复杂程度设置不同奖励金额。与其他研究项目一样，DARPA采用BAA公开发布竞赛公告，并遵循常规的项目启动和审核流程，由项目经理负责组织和

---

① "A Strategy for American Innovation," February 2011, https://obamawhitehouse.archives.gov/sites/default/files/uploads/InnovationStrategy.pdf.

② "Guidance on the Use of Challenges and Prizes to Promote Open Government," Executive Office of the President, March 8, 2010, https://obamawhitehouse.archives.gov/sites/default/files/omb/assets/memoranda_2010/m10-11.pdf.

实施。BAA公示方案中挑战赛的组织实施基本流程为：①DARPA发布广泛机构公告（BAA），包含比赛的背景、目标、总经费、奖励办法、赛程安排、比赛内容与方式、参赛资格要求、技术成果转让和双方权利与义务等内容；②参赛者向DARPA提交项目申请书，包含技术途径、团队成员、产权所属等信息；③DARPA组织评审，对通过者进行项目资助；④按规则组织"资助渠道"和"公开渠道"的参赛者相继进行初赛、复赛或决赛。为吸引挑战者广泛参与，同时确保挑战赛预设任务的完成质量，DARPA在赛事组织实施中提出了一项创新管理举措——在一个挑战赛项目里将通用"资助与合同"与"奖金"两种手段结合，设计出双线并行的竞赛模式。此外，在有序推进挑战赛组织的同时，DARPA将挑战赛所需测试平台或环境建设作为单独项目分离出来，通过不同项目单元或同一项目单元下的不同项目进行资助，按DARPA普通项目模式进行管理，发布BAA遴选优势团队完成挑战赛所需的硬件设施、平台或配套环境建设，供参赛团队使用。

第三，DARPA对挑战赛实行了严格监督和配套管理。由于挑战赛是政府提供的资金，DARPA对联邦资助的研发中心（FFRDC）等政府部门参加竞赛有着严格限制。FFRDC只有满足以下两个条件才能参赛：①必须清楚表明所提交的成果不能从私营部门获得；②必须提供一份其主办机构的官方信函，内容包括引用可参与政府招标及行业竞争资格的授权，以及遵守FFRDC相关的赞助协议的条款。同时，参赛者必须提供美国纳税人识别号。挑战赛给获胜者颁发的现金奖励一般通过电子资金转账发放给获胜者，奖金纳税服从联邦所得税相关管理要求。在知识产权方面，对于通过"资助渠道"参赛的参赛者，根据《拜杜法案》《联邦采办条例》等相关规定，DARPA具有对竞赛成果的无限制使用权。对于不同意该条款规定的参赛者，DARPA可以取消其参赛或者获奖资格。对于"公开渠道"的参赛者，若参赛者通过部分自筹资金方式参赛，则双方可协商竞赛成果的最终使用权①。此外，在技术转移方面，DARPA 非常注重参赛团队研发成果的军事及商业应用，在比赛结束后会通过各种展示形式为优秀参赛成果创造转化环境。通过举办挑战赛，参赛者不仅能直接与现有军事项目建立起联系，也可将成果转让给军方、工业界相关机构进行后续研发。

9.7 人才项目：青年基金

DARPA 项目管理的另一个特色体现在青年基金（Young Faculty Award, YFA）的使用上。此类项目在 DARPA 财年预算中作为一个项目进行安排。以 2017 财年预算为例，青年基金被安排在国防研究科学项目单元（PE 0601101E）的数学与计算科学领域。DARPA 国防科学办公室、微系统技术办公室和生物技术办公室提出各自感兴趣的具体技术方向，轮流发布公告征集项目建议，研究方向涉及物理学、工程、材料、数学、生物学、计算科学、信息、制造等领域。这些项目征集公告的发布、受理、评审程序与其他项目相同，并在申请获得通过后以协议形式得到落实。

在青年基金管理上，DARPA 采取了如下举措：

（1）定位明确，并一贯坚持，每年资助总经费与资助数量有限。

DARPA 青年基金与美国国家科学基金都是美国国家财政支持的基础研究项目，但两者的目标与定位差别很大。美国国家科学基金旨在最广泛地支持各

---

① 挑战赛的参与渠道分为两种：资助渠道（Funding Track）与公开渠道（Open Track）。资助渠道的参赛者需要响应 BAA 并提交项目申请书，经 DARPA 评审通过后具有参赛资格，并能提前获得项目资助（以采购合同或 OT 协议的形式）。后续比赛中，如果参赛者落选或遭淘汰，前期的资助即作为成本补偿；如果参赛者获胜，DARPA 将继续给予资助。该渠道参赛者主要以美国国内大学和企业为主，代表了某技术领域主流团队。公开渠道参赛者无须响应 BAA，可遵照要求直接报名参赛，但不会获得 DARPA 的研究资助。该渠道面向全球招募参赛者，有意参赛的团队或个人通常要通过入门考核才能获得参赛资格，参赛者每一阶段比赛获胜后可获得奖金。

科学技术领域的基础研究,促进科学进步;而 DARPA 组织实施青年基金的主要目标是支持青年研究人员开展国防领域突破性技术研究,推动发现可变革军事能力的创新研究方向,其长期目标是发现和培养投身军事前沿技术研究的下一代科学家和工程师,为国防科技发展储备人才①。这一定位也决定了青年基金每年资助的总经费和项目数量较为有限。根据青年基金资助情况统计,近3年青年基金每年的项目总预算在 1500~1800 万美元,近几年每年支持的项目数为 20~30 个,支持对象绝大多数都是世界著名大学的助理教授或副教授②。

(2) 科学确定申请人资质。

围绕实现上述目标,青年基金对申请人的资质有着严格要求。DARPA 明确规定,青年基金的申请人应同时符合下列条件:一是在美国高等教育机构或非营利性科学技术研究机构进入终身教职发展轨道5年(有的技术方向要求是8年)以内、但未获终身教职的助理教授或副教授;二是从未获得过 DARPA 青年基金项目资助(1人只能获得1次青年基金资助,第一阶段表现优异者可获得第二阶段资助);三是申请青年基金项目的次数不超过3次(不含)。

此外,DARPA 并未限制申请人必须是美国公民,其他人如果符合保密协议、安全规定、出口管制等相关适用的法律规定,也可以参与项目申请。

(3) 在研究公告中明确关注的技术方向。

根据《联邦采办条例》(FAR 35.003)关于研发类项目资助形式的规定,如果主要目的是采购可直接用于联邦政府的产品(服务)或者该项产品(服务)可使联邦政府直接受益,通常选择采购合同的形式;如果主要目的是激励或支持可用于公共事务的研究开发工作,往往选择合作协议的形式。对于不

---

① "Young Faculty Award (YFA)," https://www.darpa.mil/work-with-us/communities/academia/young-faculty-award.

② "Young Faculty Award (YFA)," DARPA-RA-15-32, https://www.highergov.com/contract-opportunity/young-faculty-award-yfa-darpa-ra-15-32-p-859b2/.

涉及采购合同的问题，DARPA 一般通过发布研究公告（RA）征集项目建议。青年基金即属于此类。

在研究公告中，DARPA 会明确 20 个左右的具体技术方向清单。清单列出技术方向需要解决的问题、提出的背景和计划达到的目标，但不限制具体的技术路线和方案。申请人只能针对某一特定技术方向撰写项目建议，在清单之外的申请视为无效。例如，微系统技术办公室（MTO）2015 年 2 月发布的 DARPA-RA-15-32 中列出了 23 个技术方向，生物技术办公室（BTO）2016 年 2 月发布的 DARPA-RA-16-05 中列出了 15 个技术方向，国防科学办公室（DSO）2016 年 9 月发布的 DARPA-RA-16-63 中列出了 22 个技术方向。

（4）做好过程管理，充分发挥引导作用。

DARPA 十分重视青年基金的过程管理工作。在确定资助对象后，DARPA 为每位青年基金获得者安排一位项目经理，在项目实施过程中提供指导和帮助。在项目正式开始前，通常召开一次开题会议。在基础资助阶段，DARPA 将提供大量在国防场所参观和实习的机会，使青年基金获得者有机会获取"独特的、第一手的"国家安全挑战，培养他们投身国防科技发展的兴趣，并为后续的技术转移转化奠定基础。基金授予书中对项目实施过程中申请人需要提交的报告种类、数量和提交流程进行了明确规定，同时要求提交每月财务状况报告和年度财务状况总结。在项目结题时，申请人须提交工作总结报告。此外，DARPA 还要求项目在受资助期间召开四场为期两天的研讨会，以碰撞创新火花。

（5）对前期优异基金获得者追加强化资助，激发其最大潜力。

青年基金采取基础资助和局长基金资助分段支持的形式①，资助周期分别为 2 年和 1 年，每段资助金额最高都是 50 万美元。局长基金在前段基础资助

---

① "Young Faculty Award（YFA），" DARPA-RA-16-63, https://www.highergov.com/grant-opportunity/young-faculty-award-yfa-289209/, pp. 5.

者中择优。

申请人在撰写项目建议书时，除了需说明基础资助阶段的工作计划外，还应附带说明后续如果获得局长基金资助阶段的工作计划，否则DARPA不会提供局长基金资助。在基础资助阶段的第二年，如果申请人进入局长基金资助的候选范围，需要基于项目实际进展更新完善项目建议书内容。DARPA希望青年基金获得者能够积极参与国防场所的参观和实习活动，但不作强制要求。

（6）项目建议书评估标准和程序严谨规范。

DARPA认为，同时符合下列条件才被视作有效的项目建议：一是项目研究内容符合公告中明确的某一技术方向；二是研究内容具有很强的创新性，而不是针对现有技术的增量改进；三是建议书中计划的研究工作尚未全部完成；四是该项研究工作未获得过DARPA或其他政府部门资助。

按照重要程度，DARPA主要从以下方面依次对有效的项目建议书进行评估：科学和技术价值、对DARPA使命的潜在贡献和相关性、成本真实性、工作计划的可行性[①]。具体内容包括：在科学和技术价值方面，要求技术路线可行、完整，研究团队具备完成研究任务所需的能力和经验，任务描述完整、清晰、有序，对技术风险有清醒认识，应对措施可行。对DARPA使命的潜在贡献和相关性方面，要求研究工作与国家技术基础密切相关，并与DARPA使命一致（维持美军技术优势，防止对手技术突袭，组织开展研究弥补基础发现与应用之间的鸿沟），知识产权限制不能严重影响后续的技术转移。在成本真实性方面，要求建议书中计划的成本支出与项目研究和管理工作相符，申请人充分理解接下来的研究工作。同时，DARPA希望申请人充分利用前期相关研究成果，以使有限资助获得最大效益。在工作计划可行性方面，鼓励申请人在尽可能短时间内达到较高的研究目标，并在申请书中给出可行性的合理解释。

---

① "Young Faculty Award（YFA），" DARPA-RA-15-32, https://www.highergov.com/contract-opportunity/young-faculty-award-yfa-darpa-ra-15-32-p-859b2/, pp. 28-29.

此外，在工作计划中还需要说明项目研究过程中潜在的风险点和风险降低措施。

针对申请人提交的每份符合要求的项目建议书，DARPA 都会尽快组织进行科学技术评估。考虑到管理成本等因素，在实际操作中一般都是定期组织实施，必要时会邀请政府高级官员和相关领域的专家小组参与评估。在评估项目建议书时，DARPA 充分考虑每份申请的差异性，不会将多份申请放在一起进行评估；同时，DARPA 将发现项目建议书中的创新点作为评估的重点，而不是简单地给出资助或不资助的结论。

FRONTIER TECHNOLOGY
INNOVATION MANAGEMENT OF
DARPA

第10章

DARPA受到的监督

作为国防部下属的研发管理机构，在享有充分信任和资金分配自主权的同时，DARPA 也接受着美国国会、国防部、联邦政府相关机构及社会各界组织的严格监督。以国会为例，该机构主要通过新兴威胁与能力小组委员会和政府问责局（GAO）来进行对 DARPA 日常工作的监察[①]。国会每年 3—9 月审议 DARPA 国防预算时，相关委员会会要求 DARPA 局长就某些专项事务参加听证，接受质询和答疑。此外，美国国家要求 DARPA 使用广泛机构公告（BAA）、研究公告（RA）等手段公开公平征集技术提案，这本身便是对其工作透明性要求的典型体现。这些监督举措作为对 DARPA 授权的反向约束，在推动该机构廉政建设和高效运转方面起到了不可或缺的作用。

10.1 国会监督

10.1.1 政府问责局

政府问责局（GAO）也被称为"国会监督机构"，其作用是向国会和联邦机构提供客观、独立的工作调查结果，以帮助联邦政府节省资金和更有效地工作[②]。GAO 成立于 1921 年，一个多世纪以来，作为时刻监督政府运作的客观、无党派背景信息的来源，它在帮助国会改善政府绩效、确保工作透明度和节省财政资金方面发挥了关键作用[③]。

政府问责局由美国主计长领导，该机构工作一般应国会要求并在主计长授权下展开。在业务开展上，GAO 负责执行审计、评价和调查任务，并向国会提供审计分析结果，同时，GAO 还负责发布政府审计标准，并对涉及政府合

[①] 魏俊峰、赵超阳、谢冰峰等：《跨越现实与未来的边界——DARPA 美国国防高级研究计划局透视》，国防工业出版社，2015，第 199-202 页。

[②] "About," https://www.gao.gov/about.

[③] "What GAO Does," https://www.gao.gov/about/what-gao-does.

同授予的纠纷事项做出最终法律裁决①。

政府问责局是一个独立的立法机构，它侧重于对政府业务开展效果的反馈和监督，即审查纳税人的钱是如何使用的，并就如何节省政府资金或在财政上更负责任地运作提供建议②。GAO 监测各政府机构的经营成果、财务状况和会计制度的使用，并对政府所有部门进行例行审计。目前，该机构由约 3000 名具有丰富经验的专业审计人员构成，其在官网上定期发布的各项审计标准和报告极大地促进了美国政府运作透明度的提升③。

10.1.2 GAO 工作流程

政府问责局的审计工作是严格遵守"五阶段"审查流程进行的，该流程可以帮助 GAO 确保其问责工作的完整性、严谨性和可靠性④。审查流程各阶段的主要工作如下：

（1）可接受准则确认阶段：这一阶段的主要任务是确定工作任务的边界、目标、所需数据及判断标准，以及当前工作不会同监察长或其他审计人员的工作相重叠。

（2）计划与设计阶段：在这一阶段，GAO 会指定审计人员，制定审计计划，并策划审计问题。同时，GAO 的工作人员会和主题专家讨论，征询专家对于当前审计过程规划的意见。

（3）数据收集与分析阶段：基于前述审计计划的制定，这一阶段开始进行数据收集与分析。通过分析结果与可接受准则的对比，确认被审计对象是否

---

① "U.S. Comptroller General," https://www.gao.gov/about/comptroller-general.
② Adam Hayes, "Government Accountability Office (GAO): What It is, History," June 29, 2022, https://www.investopedia.com/terms/g/government-accountability-office-gao.asp.
③ "Honorable David M. Walker," https://dbb.defense.gov/Board-Members/Board-Members-Bio-view/Article/3160065/honorable-david-m-walker/.
④ "Better Living through the Audit Process," November 7, 2014, https://www.gao.gov/blog/2014/11/07/better-living-through-the-audit-process.

存在违规问题，并据此给出纠正建议。

（4）审计结果公布阶段：在这一阶段，GAO 会公布其审计结果，并向利益相关方完整展示整个稽核过程，以确保其工作的透明性和权威性。

（5）审计后管理阶段：GAO 会在这一阶段监测所提出纠正举措的整改效果，并公开审计对象整改的进展情况。

10.1.3 GAO 审计案例

政府问责局（GAO）内部下设 14 个专业工作组，其中采办与来源管理工作组便专门负责涉及军事技术开发和装备采办等事项的监督①。同时，GAO 还负责针对联邦政府各部门招标工作中所接受到的质疑和投诉进行调查处理。例如，经过充分取证调查，2014 年政府问责局否定了雷声公司关于 DARPA 采用单一合同形式将远程反舰导弹（LRASM）项目授予洛克希德·马丁公司的质疑，理由是洛克希德·马丁公司是这个项目唯一最具有竞争力的投标方，且 DARPA 的外协合同签订流程符合法定程序②。

案例 1：DARPA 技术转移效果审查

在对 DARPA 工作的监督过程中，各项目技术转移效果是政府问责局的关注焦点之一。对此，GAO 专门跟踪调查了 2010—2014 年 DARPA 所从事的 150 个技术开发项目，对这些项目的技术转移对象、成果应用情况以及转移过程中所经历的促进和阻碍因素进行了深入分析。

通过审阅包括项目简报、协议备忘录和项目完成报告在内的完整过程文件，GAO 发现 DARPA 目前所采用的基于项目集数据来统计整体技术转移效果的方式并不准确，这与项目集信息所反映出的事实存在明显差距。同时，为了

---

① 魏俊峰、赵超阳、谢冰峰等：《跨越现实与未来的边界——DARPA 美国国防高级研究计划局透视》，国防工业出版社，2015，第 203-204 页。

② Andrew Westney, "Lockheed Wins $200M DOD Contract, Raytheon Loses Protest," July 2, 2014, https://www.law360.com/articles/554082/lockheed-wins-200m-dod-contract-raytheon-loses-protest.

评估 DARPA 对国防部技术转移要求的执行情况，GAO 系统分析了现有的技术转移相关指示、培训材料和技术数据存储库，并采访了 DARPA、国防部长办公室、军事服务采购和需求办公室相关工作人员。最终，政府问责局发现，国防部系统内本身便缺乏对于技术转移概念跨部门的准确定义，这使得各军种、DARPA 和其他国防部机构无法一致地跟踪技术转移效果[①]。同时，由于国防部和 DARPA 均未就项目成果技术转移制定专属的管理政策，DARPA 项目的技术转移效果受到了一定程度上的限制。除了参与小企业创新项目之外，DARPA 的项目经理们更多地将时间和资源集中在了如何在较短项目实施周期内创造支持国防部作战任务的颠覆性创新技术上，而将技术转移置于了次要优先地位；并且，DARPA 项目经理得到的技术转移相关培训也较为有限。虽然 DARPA 管理层通过定期的项目进度审查对项目经理的工作进行督促，但这些审查对于技术转移策略的执行评估涉及甚少，进而可能造成在个别项目经理并不积极推进项目技术成果转移时 DARPA 缺少对其必要的约束机制。此外，当项目经理将技术成果转移到国防部其他机构与私营公司时，并没有充分利用政府赞助的资源共享技术数据，这不利于项目及其成果获得外界更多的了解与关注，并可能导致项目错过技术转移机会。

基于这 150 个项目范围，政府问责局随机选择了涉及通信、导航、海洋科学等不同领域的 10 个项目进行实证研究；在这 10 个项目中，只有 5 个成功实现了技术转移。研究结果表明，军事或商业领域对当前技术的需求、与 DARPA 持续投入研究领域的关联、与潜在技术转移方的合作以及成功实现预期技术目标四个要素，构成了 DARPA 项目能否成功实现技术转移的关键。其中，前两个因素更为重要，是所有实现技术转移项目的先天属性，而后两个因

---

① "Defense Advanced Research Projects Agency: Key Factors Drive Transition of Technologies, but Better Training and Data Dissemination Can Increase Success," U. S. Government Accountability Office, November 18, 2015, https://www.gao.gov/products/gao-16-5, pp. 9.

素则在 DARPA 项目实施和成果转化过程中逐渐得到体现。GAO 认为，技术转移是创新的自然延伸，DARPA 管理层显然对于项目技术转移的策略未进行认真评估，而仅将技术转移的责任下放到了项目经理身上。当项目经理聘期结束离任后，如果没有将项目技术信息有效归档保存并传播至技术社区，对 DARPA 而言将是巨大的损失。对此，政府问责局建议 DARPA 局长密切监督所有 DARPA 项目技术转移策略的执行情况，并将其作为项目里程碑节点审查的一部分；酌情利用国防部现有的科技培训课程，增加对项目经理技术转移相关的培训；同时，充分利用"开放目录"等各类政府信息传播渠道，拓宽 DARPA 项目技术信息的传播范围，提高传播力度，尽可能创造项目技术转移机会。

案例 2：小企业创新计划合同授予及时性审查

根据小企业管理局（SBA）数据统计，2020 年小企业创新计划（SBIR/STTR）共授予了超过 30 亿美元的资助来推进技术商业化进程，而合同授予的及时性对该计划的实施效果有着很大影响[①]。SBA 规定，小企业创新计划的中标通知和合同授予时间分别为 90 天和 180 天。美国政府问责局则指出，自 2017 年以来，尽管各政府机构对于该规定的落实情况在逐步改善，但包括 DARPA 在内的大多数联邦机构并没有在规定时限内完成合同授予。

DARPA 在调查后发现，这一情况多是由于小企业在同政府合作时对相关流程并不熟悉所造成的。例如，由于需要时间审查 SBIR/STTR 授予者的成本补偿合同会计系统，授予合同的发放可能会推迟[②]。对此，2020 年起，DARPA 加强了同小企业创新计划合同官员的密切合作，并增加了对其的培训

---

① "Small Business Administration," https：//www.usa.gov/agencies/small-business-administration.
② "Small Business Research Programs：Agencies should further improve Award Timeliness," U. S. Government Accountability Office, October 14, 2021, https：//www.gao.gov/products/gao-22-104677, pp. 16.

指导，以加快同小企业进行合同授予过程中的沟通效率；同时，DARPA 对合同成本评估工作文件也进行了简化，更加便于小企业承包商使用。

10.2　国防部内部监督

在国会的密切监管之外，国防部自身也十分注重对 DARPA 的日常监管。国防部要求其下属各机构严格遵循《政府道德法》《行政部门雇员道德行为准则》等联邦规章规定，并制定了《国防部雇员道德行为补充规定》《联合道德规定》等补充要求，同时通过辖下行为标准办公室对 DARPA 项目经理的道德行为培训落实情况进行督导检查[①]。

在国防部内部监督与审计工作中，监察长办公室起到了十分重要的作用。该办公室的设立为联邦政府和国防部内部法律法规要求的落实效果提供了及时准确的反馈，不断帮助包括 DARPA 在内的各国防部机构完善管理制度，提高管理效率。

10.2.1　监察长办公室

在国防部范围内，对于 DARPA 工作规范性的监督是通过国防部监察长办公室（DODOIG）来完成的。DODOIG 成立于 1982 年，基于 1978 年《监察长法案》[②] 和国防部指令 DoDD 5106.01《国防部监察长》[③] 授权，该独立办公室在国防部内部各机构工作流程合规性、业务执行效率及经费使用合理性等方面承担监督审计职责。作为国防部长的主要法律顾问，监察长由总统

[①] 魏俊峰、赵超阳、谢冰峰等：《跨越现实与未来的边界——DARPA 美国国防高级研究计划局透视》，国防工业出版社，2015，第 207-211 页。

[②] "Inspector General Act," https://oig.federalreserve.gov/inspector-general-act.htm.

[③] "Inspector General of the Depart of Defense," https://www.esd.whs.mil/Portals/54/Documents/DD/issuances/dodd/510601p.pdf?ver=2020-05-29-143946-603.

根据参议院的建议任命,其个人无政治派别,但需要具备会计、审计、财务或法律等方面的丰富经验。监察长的主要任务是向国防部长、国会和公众提供独立和及时审计结果。多年以来,监察长办公室以各类专项稽核和定期报告公示的形式,帮助国防部持续完善流程建设,加强内部机构工作规范性治理,并在维护公众信任方面发挥了重要作用①。目前,总部设在弗吉尼亚州亚历山大的 DODOIG 在美国、德国、韩国等地设有 50 多个办事处,拥有包括审计、调查、评估和支持人员在内的约 1800 名员工,已成为联邦政府最大的监察职能办公室。

10.2.2 DODOIG 工作方式

监察长办公室的工作基础为公认的政府审计准则(GAGAS)。政府审计准则也被称为"黄皮书",它是各稽核人员进行审计和报告编制的依据,概述了对审计报告、审计人员职业资格及审计组织质量管理的要求②。该准则由美国主计长与政府问责局共同制定,并于 2018 年进行了修订。此外,针对审计对象的不同,监察长办公室会补充其工作中所需遵循的法规文件作为审计依据。对于 DARPA 来讲,这些法规包括联邦采办条例(FAR)、国防部采购补充条例(DFARS)、DARPA 指令 DI 20 以及 BAA 使用指南等。特别是 FAR 中涉及合同类型、谈判、BAA 发布与使用、竞争性程序等方面的要求,更是监察长办公室审计工作关注的重点③。

当进行合同执行规范性审计时,监察长办公室会对合同档案进行全面审查,不仅包含采办计划,更会覆盖合同原始文档、审查员评估报告、价格谈判

---

① Joseph Clark,"Officials Recognize DoD Inspectors for Oversight Excellence," July 12, 2023, https://www.defense.gov/News/News-Stories/Article/Article/3456683/officials-recognize-dod-inspectors-for-oversight-excellence/.
② "Yellow Book: Government Auditing Standards," https://www.gao.gov/yellowbook.
③ 这些要求涉及 FAR Part 15、Part 16、35.016、6.102 等多个条款。

备忘录等完整合同包文件。DODOIG 会充分评估合同签订过程是否指派合同官员代表全面参与，以及该合同官员代表是否完成了必要培训来判断合同授予过程的合规性。同时，为了考察会计系统能否充分发挥作用，DODOIG 还会审阅国防合同审计局和国防合同管理局等机构所提供的报告，并与合同管理办公室的工作人员进行面谈。在文件抽样数量的确定上，DODOIG 审计人员会听取该合同管理办公室定量方法司专业人员的建议，并根据不同审计项目特点采用统计抽样与随机抽样相结合的方式。

当监察长办公室在某一机构发现可能普遍存在的重大问题时，会在其他国防部机构展开同一问题的延伸审计。比如，2013 年 DODOIG 便针对费用偿还合同使用的合理性对空军、陆军和 DARPA 同时展开了调查①。

10.2.3　DODOIG 审计案例

案例 1：DARPA 合同授予合规性审查

2013 年 9 月，为了考察 DARPA 在 BAA 发布和合同授予过程中的操作规范性，监察长办公室对该机构 2011 年 3 月—2012 年 9 月期间所发布的 BAA 与涉及 4.264 亿美元的相关合同授予情况进行了审计。这次审计的重点包括了 BAA 颁布、科学评审过程以及合同类型与承包商的选择。在稽查过程中，DODOIG 要求 DARPA 提供审计时段内的 BAA 清单，该清单涉及 29 个 BAA 和

---

① 参见 "Army needs better processes to justify and manage cost-reimbursement contracts," DoD Inspector General, August 23, 2013, https://media.defense.gov/2013/Aug/23/2001713298/-1/-1/1/DODIG-2013-120.pdf; "Improvements needed at the Defense Advanced Research Projects Agency when evaluating broad agency announcement proposals," DoD Inspector General, September 6, 2013, https://media.defense.gov/2013/Sep/06/2001713302/-1/-1/1/DODIG-2013-126.pdf; "Air force needs better processes to appropriately justify and manage cost-reimbursable contracts," DoD Inspector General, March 21, 2013, https://media.defense.gov/2013/Mar/21/2001712816/-1/-1/1/DODIG-2013-059.pdf; "Defense Advanced Research Projects Agency's ethics program met federal government standards," DoD Inspector General, January 24, 2013, https://media.defense.gov/2013/Jan/24/2001712799/-1/-1/1/DODIG-2013-039.pdf。

84 份合同，总价值为 6.491 亿美元①。DODOIG 抽取了 9 个 BAA 和 36 份相关合同；其中，有 32 份为费用偿还型合同，涉及资助费用 4.141 亿美元；另外 4 份为固定价格合同，涉及费用 1230 万美元。

审计过程中，监察长办公室工作人员与 DARPA 合同官员一起对 BAA 颁布、提案科学评审、合同类型与承包商选取工作中所涉及的各项法规和内部要求进行了确认，并对这一完整工作流程进行了复盘。在详细了解 DARPA 内部控制流程的基础上，审计人员重点关注了合同操作人员工作的合理性和规范性。

最终，监察长办公室审计人员发现，DARPA 工作人员在涉及 36 份合同样本中有 35 份授予过程并未完全遵守 FAR 和科学评审的要求。其中，按照 DARPA 内部规定，针对 BAA 提案所进行的科学评审需要编制内容翔实、具有实质性观点的评估报告以支持承包商选取，但有 28 份合同工作缺少上述报告；由于合同工作人员没有遵照流程获得科学评审官员（SRO）的批准，12 份合同没有取得资助文件批准。在合同类型选择上，DARPA 工作人员有意忽视了 FAR 适用条款的规定，致使 32 份费用偿还合同缺少合同类型选择依据或没有得到合同官员上一层级领导的批准，且这 32 份费用偿还合同中有 13 份合同涉及的承包商会计系统的有效性没有得到评估。尽管 DODOIG 审计人员并未对上述 35 项合同授予的合法性做出最终判断，但却明确表示 DARPA 合同工作人员增加了该机构在签署费用偿还合同时的风险②。

经过本次审计，监察长办公室强烈建议 DARPA 局长建立控制措施来核实科学评审过程文件的充分性，并重新强调资助文件批准和费用偿还合同使用要

---

① 该清单并不包括机密 BAA 与相关合同，这部分内容在另外的审计中被涉及。同时，DODOIG 剔除了授予教育机构的合同，因为这些合同受到其他标准约束，并不在本次审计范围之内。

② "Improvements needed at the Defense Advanced Research Projects Agency when evaluating broad agency announcement proposals," DoD Inspector General, September 6, 2013, https://media.defense.gov/2013/Sep/06/2001713302/-1/-1/1/DODIG-2013-126.pdf, pp. 7.

求，同时加强对承包商会计系统能否充分发挥作用的评估。在获悉 DODOIG 的审计结果后，DARPA 局长迅速实施了纠正举措，这些举措在后续有效加强了 DARPA 合同管理工作的规范性，提高了该机构的内控水平。

案例 2：DARPA 发动机涡轮转子合同事件

国防部监察长办公室对 DARPA 的监督检查不仅可以帮助其改善内部管理，同时也让其工作过程对外更加透明。2012 年 5 月，负责立法事务的助理国防部长伊丽莎白·金（Elizabeth King）女士收到来自参议员谢罗德·布朗（Sherrod Brown）的正式信函，要求前者就 DARPA 在发动机涡轮转子技术开发合同授予上的不正当竞争操作进行调查①。有检举人提出，DARPA 在下述合同授予操作上存在违背竞争性原则的行为②：①向弗吉尼亚理工学院（VPI）授予价值 100 万美元的涡轮转子技术研发合同；②向波音公司授予价值 900 万美元的可折叠转子叶片轮盘研发合同；③在 1993—2009 年间无理由拒绝了 10 名提案人对于广泛机构公告（BAA）的回应。为回应上述指控，DODOIG 对此进行了专项调查。最终，在经过广泛取证和深度稽查后，监察长办公室否决了上述指控，确认 DARPA 上述合同授予行为符合联邦采办条例和国防部相关规定。

案例 3：信息技术类项目技术转移效果审查

进入 21 世纪后，美国国会和国防部对 DARPA 所研发的各项新技术能否快速实现向战场场景的转移给予了更多关注。2002 年，国防部监察长办公室对 DARPA 在 1999—2001 年三年间所资助的 17 个信息技术开发项目的技术转

---

① "Defense Advanced Research Projects Agency Properly Awarded Contracts for Disc-Rotor Research and Development," DoD Inspector General, July 19, 2013, https://media.defense.gov/2013/Jul/19/2001712862/-1/-1/1/DODIG-2013-106.pdf, pp.15.

② 联邦采办条例（FAR）中有诸多条款规定涉及合同授予的公平性与竞争性要求，比如 6.102 条规定了竞争性程序的使用，5.203 条款提出了标书公布和响应时间的要求，6.302 条款对无须遵守竞争性要求的例外情况进行了说明。

移效果进行了监察①。这些项目总的资助经费为 2.8 亿美元，技术转移路径涉及各军种、其他国防部门及商业实体等多个机构。其中，涉及 2.4 亿美元的 13 个项目已经完成了向美国军方和商业用户的技术转移，两个项目在审计过程中仍在继续，另外两个项目中途终止②。表 10-1 所列为这些项目的基本情况，包括资助金额、进展状态和技术转移结果。最终，审计结果表明在信息技术领域，DARPA 的技术转移工作具备较高成效。

表 10-1 DARPA 信息技术项目成果转化统计（1999—2001 年）

序号	项目名称	资助金额/万美元	转移/终止时间	状态	是否成功技术转移
1	综合战区先进概念技术演示（Synthetic Theater of War Advanced Concept Technology Demonstration）	1268.62	2000 年	已向美国联合部队司令部完成转移	是
2	战场感知与数据传播（Battlefield Awareness and Data Dissemination）	1436.48	1999—2000 年；1999—2000 年	战场感知系统已通过"情报与信息集成"项目部分转移到全球控制指挥系统；数据传播能力已转移到国防信息系统局"信息传播"项目	是
3	联合部队空中指挥官（Joint Force Air Component Commander）	3489.27	2002 年	算法已转移到美国空军，供无人作战飞机使用；一些技术已转移到"自主式混合主动控制"项目	是
4	未来指挥所（Command Post of The Future）	3600.26	2002 年	该项目部分成果已转移到"联合战区后勤先进概念技术演示"项目	是
5	主动模板（Active Templates）	1994.35	2002 年；2003 年	已转移到陆军特种作战实验室；已转移到美军特种作战司令部用于库存和维修的特种作战部队工具规划装置	是

---

① "Information Technology: The Defense Advanced Research Projects Agency's Transition of Advanced Information Technology Programs（D-2002-146），" DoD Inspector General, September 11, 2002, https://media.defense.gov/2002/Sep/11/2001714130/-1/-1/1/02-146.pdf.

② 因 DARPA 内部组织机构调整后工作思路转变或关键人物离开，导致第 7 个和第 9 个项目终止。

续表

序号	项目名称	资助金额/万美元	转移/终止时间	状态	是否成功技术转移
6	先进仿真技术推力（Advanced Simulation Technology Thrust）	1181.17	2000年	"联合仿真系统环境定制服务"项目已转移到国防建模与仿真办公室进行后续开发；"典型地形综合生成"项目已转移到模拟训练和仪表指挥部进行后续开发	是
7	敏捷信息控制环境（Agile Information Control Environment）	2277.39	2000年	该项目进行1年后，于1999年12月被信息系统办公室终止	否
8	信息保障综合试验台（Information Assurance Integrated Testbed）	4163.42	2001年	海军补充提交了项目目标备忘录的附录，并资助该项目向"自主分布式防火墙"项目进行技术转移	是
9	信息保障科学与工程工具（Information Assurance Science and Engineering Tools）	1368.66	2001年	尽管该项目的4个子项目被"有机保证和可生存信息系统"项目所接管，在2001年信息系统办公室工作调整后该项目被终止	否
10	联合特遣部队先进技术演示（Joint Task Force Advanced Technology Demonstration）	557.82	1999年	该项目成果被转移到不同机构，包括科学应用国际公司、先进信息技术系统联合项目办公室、太空和海军作战中心，并在"Genoa"项目和海军研究办公室相关项目上得到应用	是
11	基于Agent的系统控制（Control of Agent-based Systems）	3228.79	2001年；2001年；2002年	机载有人/无人系统已转移到航空应用技术局——航空和导弹指挥部；已转移到海军作战发展司令部——太空军和海军作战系统司令部；指示与警告技术已转移到海军侦察处，并同BAE公司进行联合后续开发；"通信电子司令部后勤指挥与控制高级技术演示"项目和"敏捷指挥官先进技术演示"项目已转移到洛克希德·马丁公司——先进科技实验室	是
12	先进网络技术（Advanced Networking Technology）	359.71	1999年	已转移到海军研究实验室"海军/海军陆战队"项目	是
13	宽带信息技术（Broadband Information Technology）	552.69	1999年	已转移到国防部、能源部、国家安全局"下一代因特网（PETAWEB）"项目	是

续表

序号	项目名称	资助金额/万美元	转移/终止时间	状　态	是否成功技术转移
14	Genoa	606.08	2000 年	已转移到国防情报局、太平洋司令部等机构	是
15	有机保证和可生存信息系统（Organically Assured and Survivable Information Systems）	1575.88	2002 年	"水印""沙化"和"柳树"3个子项目在空军研究实验室资助下已转移到"联合作战空间"项目中	是
16	基于生物的模式识别（Biologically-based Pattern Recognition）	100.00		进行中	否
17	知识扩展（Scalable Knowledge-Oriented）	180.00		进行中	否

10.3　社会机构监督

除了国会和国防部等政府机构的管理监督，美国社会与媒体所形成的舆论评述也对 DARPA 形成了不容忽视的约束。在诸多非营利性无党派独立监督机构中，政府监督项目组织（POGO）便是影响力较大的一个①。

10.3.1　政府监督项目组织

POGO 成立于 1981 年，在成立之初仅是五角大楼的一个监督机构。在随后 40 年里，POGO 的监督范围扩展到了整个联邦政府，并吸纳了国防信息中心（CDI）、有效政府中心（CEG）等组织，其监管力量不断得到壮大②。POGO 的关注涉及美国国家安全、政府权力腐败、民主权利侵犯等各个方面，并以建立承包商不正当行为数据库的方式，为监督政府各机构承包商违规选取

---

① "About," https://www.pogo.org/about.
② "History," https://www.pogo.org/history.

提供了有力手段①。

10.3.2　POGO 的关注

2011 年，在 POGO 明确表达了对 DARPA 部分合同授予存在潜在违规行为的担忧后，随即该组织前调查主任尼克·施维伦巴赫（Nick Schwellenbach）便对 DARPA 局长雷吉纳·杜甘（Regina Dugan）博士及其家族企业——DARPA 承包商之一的 RedXDefense 公司展开了详尽调查②。2011 年 8 月，POGO 收到了 DARPA 的一封反馈信，称国防部总监察长已经针对上述质疑对 2010 和 2011 财年各研发项目合同承包商的选择、合同授予和经费管理展开了调查。2013 年 4 月，监察长办公室发布声明，证实了雷吉纳·杜甘博士利用职位便利为存在利益关联关系的承包商谋利的指控③。同年 9 月，国防部总监察长发布了最新的审计报告，承认在其调查的总价值为 4.26 亿美元的 36 份合同之中有 35 份合同在签订过程中没有遵循科学评审过程和合同签署规定。

---

①　"Projects and Partnerships," https://www.pogo.org/projects-and-partnerships.
②　Scott Amey, "DoD IG Confirms POGO's DARPA Concerns," September 6, 2013, https://www.pogo.org/analysis/dod-ig-confirms-pogos-darpa-concerns.
③　"Report of Investigation: Dr. Regina E. Dugan, former senior executive service, former director of DARPA," DoD Inspector General, April 9, 2013, https://media.defense.gov/2018/Jul/24/2001946377/-1/-1/1/DUGANROI（REDACTED）.PDF.

FRONTIER TECHNOLOGY
INNOVATION MANAGEMENT OF
DARPA

第11章
DARPA模式分析

在 DARPA 成立 60 年的时间里，所取得的诸多成就令整个世界侧目。因 DARPA 对科学技术的巨大贡献和对美国军事进步的显著推动，很多学者对该机构的成功因素进行了深入探讨和总结，并将其描述为一个专属名词——"DARPA 模式"①。美国政府近年来通过建立一系列类似机构，试图将 DARPA 的成功经验推向更多领域②；同时，多年来关于"DARPA 模式"的讨论和分析也一直经久不衰。人们希望知道 DARPA 成功背后的秘密，更希望看到这些成功的经验可以在更多地方得到复制。

11.1　DARPA 模式讨论

总结起来，DARPA 模式的显著特点体现在如下方面③：

（1）小而灵活：只有 100 余名项目经理和办公室主任。

（2）扁平化：组织是扁平化的，项目经理被充分授权开展工作。

（3）企业家精神：强调选择才华横溢、富有企业家精神的项目经理，他们愿意推动项目实施，通常具有学术和行业经验。他们的任期有限（3~5年），这为 DARPA 项目设定了时间框架，并确保组织总有新的想法。

（4）无内部实验室：研究完全由外部人员进行，没有设立内部研究实验室。

（5）关注影响而不是风险：选择、评估项目的出发点是基于项目能够产生多大的影响。

---

①　William B. Bonvillian, "DARPA and its ARPA-E and IARPA clones: a unique innovation organization model," *Industrial and Corporate Change*, Volume 27, Issue 5, (September. 2018): 897-914.

②　美国于 2002 年设立国土安全高级研究计划局（HSARPA），2006 年设立生物医学高级研究与发展局（BARDA）、情报高级研究计划局（IARPA），2007 年设立能源高级研究计划局（ARPA-E），2022 年设立卫生高级研究计划局（ARPA-H）等类似机构。

③　"DARPA: Bridging the Gap, Powered by Ideas," https://apps.dtic.mil/sti/tr/pdf/ADA433949.pdf.

（6）种子和规模：为"种子项目"提供初始短期资金，对有前途的项目提供充裕资金，及时终止不良项目。

（7）自主和不受官僚障碍的影响：DARPA 在人员招聘和合同管理方面不受政府标准流程限制，这使其更有机会获得人才，且研发管理更加具有时效性和灵活性。

（8）混合模式：DARPA 通常将小型创新公司和大学研究人员放在同一项目上互补合作。

（9）团队和网络：DARPA 围绕挑战模型创建并维持高素质的研究人员团队，高度协作和联网成为"伟大的团体"。

（10）接受失败：DARPA 对于重大突破项目遵循高风险模型，如果潜在成功的回报很高，则可以容忍失败。

（11）以互联方式实现革命性突破：DARPA 关注的不是渐进式创新，而是突破性创新。它强调高风险投资，从基础技术进步转向原型设计，然后试图将生产阶段移交给军方或商业部门。

DARPA 模式总结了该机构能够创造无数奇迹背后的原因，本章下述部分将从组织文化与治理的角度着重对其中几个方面进行深入分析。

11.1.1 项目选择方式

DARPA 的项目选择方式是一种"自上而下"和"自下而上"的结合。无论来自项目经理及其背后技术社区的构想多么神奇，都需要在美国国家战略、国防战略及 DARPA 自身发展战略的约束和指导下才具备获得立项的可能；但同时，绝大多数项目的立项初衷和技术路径都离不开项目经理的灵感以及技术社区赋予他们对当前技术领域发展的理解，这些理解也构成了项目经理在评估项目目标是否可在既定时间内实现的必要基础。这有点类似于"战略"与"战术"的关系。DARPA 局长和技术办公室主任负责提出战略，他们会更加关注对于美国国家安全来讲重大和长期的技术挑战；项目经理负责制定战术，提出灵活和新颖的技术项目，并执行到底[1]。

整体上看，DARPA 评估项目能否获得资助主要依据三个判断标准：总体科学技术成就、对 DARPA 使命的潜在贡献和项目成本[2]。其中，前两个标准的比重更大。此外，项目的前瞻性和技术开发构想的革命性更是获得资助的必要前提。区别于《科学：无尽的前沿》中科学知识产生与应用的线性模型[3]，为科学而进行的基础研究绝不是 DARPA 的核心关注点，DARPA 将基础研究与实际应用紧密联系，过程中不断迭代，以基础研究的底蕴支撑应用研究创新，以应用研究的活力促进基础研究深化。可以说，DARPA 打通基础研究、应用研究、试验验证到产品化各环节，实现了从科研成果到产业化的成功跨越[4]。

虽然应用研究和先期技术开发是 DARPA 最主要的任务，但 DARPA 一直在弥合基础研究和应用研究之间的差距，致力于在基础科学和应用的交叉点展开工作[5]。DARPA 项目不仅受好奇心驱动，更受任务和问题驱动；在此基础上，来自大学、工业界的基础研究科学家和应用工程师们一同开展多学科耦合研究工作[6]。通常，DARPA 会首先定义技术需求，然后技术人员以这些需求为基础，进一步创造新的且有用的知识。技术开发人员和技术用户之间频繁接

---

[1] William B. Bonvillian, Richard Van Atta and Patrick Windham, The DARPA Model for Transformative Technologies (OpenBook Publishers, 2019), pp. 289.

[2] DARPA-BAA-16-53, "Explainable Artificial Intelligence (XAI)," DARPA, August 10, 2016, https://www.highergov.com/grant-opportunity/explainable-artificial-intelligence-xai-287284/, pp. 40.

[3] 线性创新模式是对创新过程的一种描述观点：创新过程是一个从基础科学、应用科学、设计试制、制造到销售的单向的、逐次渐进的过程。

[4] Erica Fuchs, "Rethinking the role of the state in technology development: DARPA and the case for embedded network governance," Research Policy 39, no. 9 (June 2010): 1133-1147.

[5] Regina E. Dugan and Kaigham J. Gabriel, "Special Forces Innovation: How DARPA Attacks Problems," October 2013, https://hbr.org/2013/10/special-forces-innovation-how-darpa-attacks-problems.

[6] Peter Harsha, "The change at DARPA," March 29, 2010, https://cra.org/govaffairs/blog/2010/03/the-change-at-darpa/.

触，DARPA 项目经理有时扮演"技术助产士"的角色，确保有用的发现将更快地从研究实验室进入市场①。

11.1.2 自主权

DARPA 考虑的是长远技术，解决的是美国国防部未来几十年后可能面临的技术需求，而不是解决当前军事装备技术问题。由于多数项目并非针对国防部提出的某一具体问题展开，因此，DARPA 有很高的自由度来识别和资助长远技术。DARPA 的工作始终围绕着颠覆性技术开发和创造"技术突袭"展开，虽然 DARPA 强调并且注重技术转移，但更多的时候项目经理们会将实现技术开发目标作为首要工作。这些项目的应用场景多是瞄准未来战争需要，而非开发、维护和改进现有的军事装备或产品。当然，在战争时期国防部高级官员可能会要求 DARPA 帮助解决一些急迫的技术问题。例如，在阿富汗和伊拉克战争期间，DARPA 与国防部其他机构合作解决了路边炸弹探测问题，并帮助改善了这些战区的通信②。

同时，良好的"政治设计"也为 DARPA 获得充分自主权提供了必要基础。首先，DARPA 立足于国防领域颠覆性技术开发，其机构存在的使命和意义获得了多数政府要员的认同，在这种情况下，高级政府官员、国家立法机构成员等联邦政府重要人士都对 DARPA 的先期研究工作采取了支持态度，或者至少并不反对。其次，DARPA 在不同时期所取得的标志性成果也回馈了联邦政府的耐心和信任，尽管该机构的项目成功率并不显著，但已足够让人持续期盼。第三，在国防部内部，DARPA 的独特定位决定了其常年受到国防部高层

---

① Lawrence H. Dubois, "DARPA's Approach to Innovation and Its Reflection in Industry," https://www.ncbi.nlm.nih.gov/books/NBK36337/.

② 参见 William B. Bonvillian, Richard Van Atta and Patrick Windham, The DARPA Model for Transformative Technologies (OpenBook Publishers, 2019), pp. 290 和 Cori Brosnahan, "DARPA: Weapons of the Future," January 2018, https://www.pbs.org/wgbh/americanexperience/features/secret-tuxedo-park-darpa/.

的重视，这些重视最终转化为令该机构保持独立性的助力①。第四，DARPA 的预算批准过程相对独立，几乎不会对其他机构产生影响。上述因素共同作用形成了 DARPA 周围的良好政治生态，并赋予了该机构在美国国防组织体系中的独特地位。

　　历史表明，如果部署颠覆性技术是目标，那么 DARPA 仅仅创造一个"例子"，然后依靠传统的军种采办系统来认识到它的价值并实施是不够的。在 DARPA 看来，颠覆性能力或技术的获取、部署有可能挑战现有的项目和官僚机构，另外新能力在技术上的不成熟或操作上的不稳健，国防军队系统通常不愿意承担将其转化为采办所产生的高昂的代价和风险②。因此，DARPA 的研究是结果驱动的，以实现确定的目标，而不是追求科学本身，它的策略在于与政治决策机构高层建立稳定的关系，通过说服国防部高层行使权力来推进 DARPA 研究成果的影响力。有学者认为国防部领导层在克服各方对 DARPA 新想法的抵制中发挥了重要作用，同时，DARPA 多年来不断涌现出的创新成果也有利于增加国会及各方机构对其自主权的信任。例如，作为 F-117 前身的"Have Blue"隐身战机概念验证项目的顺利进展和成果展示使得国防部领导层能够充满信心地向国会申请预算，并全力支持该项目的采办计划。

11.1.3　短期项目与长期战略有效结合

　　DARPA 的项目管理充分体现了美国国防军事领域短期技术开发和长期战略的有效结合。通常，DARPA 项目的持续时间为 3~5 年，但该机构采用了

---

①　DARPA 60 years：1958-2018（Faircount Media Group, 2018），pp. 18.
②　Richard Van Atta, "Energy research and the darpa model," April 26, 2007, https://science.house.gov/_cache/files/4/9/4917c70f-88b4-4f1e-80de-3f63873c24a8/7A03B7C40D494C0B3705CE26D0428814.042607-atta.pdf, pp. 15.

"多代项目"的模式来进行管理,即在技术开发在取得阶段性成果后,会再次挑战更为激进的目标①。这种做法既保持了技术研发的长期持续性,又贯彻了某一特定技术领域国防战略的实施要求。在看似短期的项目开发过程背后,是DARPA一直保有的一种长期心态,即不被技术或者项目短期目标冲昏头脑,技术团队成员被要求考虑项目的中长期影响②。通过审慎的立项论证,基于对当前技术发展的充分了解,DARPA为多数项目的执行目标设计了不同实施阶段(如"可解释人工智能""分布式战场管理"项目等),这样做在降低项目失败风险的同时也吸收了技术发展进步所带来的帮助。尽管同一主题不同执行阶段的项目经理和外协承包商可能发生更换,但针对先前项目过程信息的知识管理成果可以帮助后期项目获得参照。在此基础上,新任的项目经理也可以对是否继续先前项目主题做出自己的判断。

11.1.4 热衷冒险,接受失败

DARPA追求的是高风险和高回报的复杂挑战,这些挑战皆在创建全新的学科和范例,这种有远见的思维会拓展想象力,形成一种信仰和规则,它是推动创新的动力,从本质上塑造了DARPA文化。DARPA为杰出的科学家们提供了一个环境,在这个环境中,他们可以追求别人可能认为是疯狂的想法,挑战整个行业,或催化一个行业的形成。

DARPA对于风险的容忍和接受是该机构独特且关键的成功要素之一。DARPA会因为项目经理所提出的技术构想缺乏雄心而拒绝资助该项目,并将失败视为革命性技术开发必要的代价。对于风险的乐观态度已经融入DARPA

---

① William B. Bonvillian, and Van Atta R, "ARPA-E and DARPA: Applying the DARPA Model to Energy Innovation" The Journal of Technology Transfer, 2011, 36: 469-513.

② Phech Colatat, "An Organizational Perspective to Funding Science: Collaborator Novelty atDARPA," Research Policy 44, no. 4 (May, 2015): 874-887.

的文化，也是其他试图复制 DARPA 成功而建立的组织所最先借鉴的经验①。DARPA 的使命决定了其研究工作充满未知和挑战。正如该机构前局长克雷格·菲尔兹（Craig Fields）博士所说："没有比 DARPA 更好的机制来加速技术发展了。对风险和失败欣然接受的文化会导致卓越的成就"②。

11.1.5 技术生态网络

在颠覆性创新过程中，DARPA 建构了诸多科学家的合作网络，在联系合作者方面发挥了重要作用③。一方面，DARPA 从大学、政府实验室、公司和其他地方招募科学家和工程师，作为项目经理参与到技术开发项目中来；同时，这些组织受惠于 DARPA 的资助，并与其他政府研发机构和公司建立了联系。DARPA 与麻省理工学院、卡内基梅隆大学和斯坦福大学等特定技术社区，以及广泛的初创公司和大公司相互依赖的密集型网络就此形成④。另一方面，DARPA 项目通常需要结合多种技术，所需专业知识的广度超越了单个研究科学家的能力，因此 DARPA 赞助的研究必须由研究人员组队完成，DARPA 项目经理很大一部分工作便是专注于研究网络建设。项目经理会见不同的人，与其讨论交流，并将他们聚集在各式研讨会中，研讨会上研究人员更容易因为相同感兴趣的项目而开始建立联系，共同合作⑤。这种动态产生了一个极具创造力、快速、迭代的循环，并在看似不可能短的时间框架内实现了技术突破。有

---

① "Defense Advanced Research Projects Agency: Overview and Issues for Congress," updatedAugust 19, 2021, https://crsreports.congress.gov/product/details?prodcode=R45088, pp. 6.

② DARPA 60 years: 1958-2018 (Faircount Media Group, 2018), pp. 11.

③ William B. Bonvillian, "Power Play," The American Interest, November 1, 2006, https://www.the-american-interest.com/2006/11/01/power-play/, pp. 39-49.

④ David W. Cheney, Christopher T. Hill, Patrick H. Windham, "Personnel systems of DARPA and APRA-E," Technology Policy International, March 2019.

⑤ Phech Colatat, "An Organizational Perspective to Funding Science: Collaborator Novelty at DARPA," Research Policy 44, no. 4 (May, 2015): 874-887.

研究认为紧密结合的社交网络已被证明可能产生"集体思考"[①]，即面临外部环境高压或在群体内部"一致性"的作用下形成的妨碍决策正确性的一种刻板思维模式。但是，在 DARPA 模式中，DARPA 项目经理会不断地外拓新的研究人员，在扩展他们的网络时有意避免"集体思考"的误区。此外，DARPA 内部人员的更替在一定程度上也有助于防止群体思维的出现[②]。

11.2　DARPA 与 NSF 管理模式比较

在进行 DARPA 模式研究时，不可避免地会将该机构同美国国家科学基金会（NSF）、国立卫生研究院（NIH）、情报高级研究计划局（IARPA）等相关组织在创新管理和实践方面加以对比。在对这些机构异同的讨论中，重要的是了解它们所处的历史环境、政治生态和使命任务，以及在内部治理方面各个组织的独特之处。

表 11-1 显示了美国麻省理工学院对于 1997—2008 年该校研究所涉及的 DARPA、NSF、NIH 和 NASA 合同授予、拨款、专利产出等方面的统计对比。从每单位专利所需的经费支持金额角度来看，DARPA 的创新效率排名靠前。在 DARPA 模式中，颠覆性技术开发是该机构的首要任务，来自某一特定技术领域的项目经理处于核心位置，这使得整个组织的运转方式很大程度上取决于对项目经理的招聘和管理；而 NSF 的赠款是对以学科为基础的科学研究的教育奖励，该机构围绕特定科学和政策问题展开各类资助性研究，并且长期以来在资助范围和项目实施形式方面较为保守，非常强调项目技术方案的可行性。

[①]　W. Powell and Stine Grodal, "Networks of Innovators," January 2005, DOI：10.1093/oxfordhb/9780199286805.003.0003.

[②]　Erica Fuchs, "The Role of DARPA in Seeding and Encouraging New Technology Trajectories：Pre- and Post-Tony Tether in the New Innovation Ecosystem," http://isapapers.pitt.edu/73/1/2009-01_Fuchs.pdf.

这与 DARPA 鼓励冒险和接受失败的文化形成了鲜明对比。NSF 不会进行具体的研究建议征询，它的资金通过有组织的竞争程序以赠款的形式发放，并由项目经理管理。对于项目申请人提交的材料，NSF 使用同行评审的方式进行筛选。不同于 DARPA 的项目经理，虽然有时可以获得一定幅度超出既有管理流程的权利，NSF 项目经理在资金使用、承包商选择等方面的权利相对有限。总体上讲，NIH 的项目资助与管理特点同 NSF 较为接近，且该机构所选择的研究议题多集中在传统疾病防控领域，而对于新冠疫情类突发疾病则缺乏迅速响应的机制和能力[1]。

表 11-1　不同创新机构专利情况（MIT，1997—2008）[2]

机　构	专利数量	合同授予数量	资助金额 /百万美元	单位专利资助金额 /百万美元
NSF	258	2988	1671	6.48
NIH	181	2645	3955	21.85
DARPA	153	519	1090	7.12
NASA	25	1586	1071	42.84

表 11-2 所列为 DARPA 与 NSF 管理模式的比较。表 11-3 为同行评审与科学评审的对比。

---

[1]　2021 年 4 月，美国总统拜登呼吁在疾控与健康领域建立一个类似于 DARPA 的机构，该机构便是 2022 年成立的健康高级研究计划局（ARPA-H）。ARPA-H 隶属于美国国立卫生研究院，主要聚焦于传统研究和商业领域难以完成的具备巨大潜力和影响的生物医学研究。该机构的成立，可以被视为受新冠疫情突发因素促进，在美国国内进行 DARPA 模式复制的最新尝试。参见 Luke Muggy, Catherine C. Cohen, Kristie L. Gore, "Biden's Proposed New Health Agency Would Emphasize Innovation. Here's How It Might Work," May 24, 2021, https://www.rand.org/pubs/commentary/2021/05/bidens-proposed-new-health-agency-would-emphasize-innovation.html。

[2]　Michael J. Piore, Phech Colatat, and Elisabeth Beck Reynolds, "NSF and DARPA as Models for Research Funding: An Institutional Analysis," *MIT Industrial Performance Center*, July 2015, https://ipc.mit.edu/wp-content/uploads/2023/07/NSF-and-DARPA-as-Models-for-Research-Funding-An-Institutional-Analysis.pdf, pp. 6.

表 11-2　DARPA 与 NSF 管理模式的比较①

特征	机　　构	
	DARPA	NSF
有多少钱可用	开放式的，但足以完成项目	项目预算固定
谁提出项目构想	项目经理必须创造和卖出他们的项目	项目经理继承先前项目，但可以提出新的提议
谁能申请	项目经理接触潜在的申请者，组建团队	大多数项目的技术实现路径是常规性的
如何评审	项目经理裁定技术实现方法的质量	专家委员会依据拟议研究的科学价值和影响打分
谁来决定承包商	项目经理心中有着坚定的目标，并挑选胜出者	排名靠前的提案通常会得到资助，但外部因素也会起作用
如何管理授予	项目经理密切监视进展，执行里程碑计划，并根据需要进行更改	研究人员可以自由按照科学发现规律执行项目，无硬性期限要求

表 11-3　同行评审与科学评审对比

表现维度	评审方式	
	同行评审	科学评审
应用机构	美国国家科学基金会（NSF）	美国国防高级研究计划局（DARPA）
适用领域	传统学术和工程	颠覆性创新
主要参与人	项目经理、科学/工程/学术专家、其他相关人员，且通常包含至少三名外部专家①	项目经理、评审员、主题专家、科学评审官员等②
评价准则	同时考虑项目技术方面和对 NSF 使命（促进国民健康、繁荣和福利，保障国防安全等）的贡献，具体包括： （1）智力价值：包括提高认知的潜力； （2）更广泛的影响：包括造福社会和促进实现特定的、预期社会成果的潜力③	（1）总体科学与技术成就； （2）对 DARPA 的潜在贡献和任务相关性； （3）成本
考虑因素	NSF 评审元素④： （1）所提议的项目在下述方面的潜力是什么： ① 在自身领域内或跨不同领域增进知识和理解（智力价值）； ② 造福社会还是促进预期的社会成果（更广泛的影响）？ （2）所提议的项目在多大程度上建议和探索创造性、独创性或潜在变革性的概念？	海尔迈耶准则⑤： （1）你想要做什么？能否用通俗易懂、非专业化的语言阐述项目的目标？ （2）这项工作今天是怎样实现的？当前人们所采用的技术的局限是什么？ （3）你准备选择的技术路径的新颖之处是什么？在你看来它为什么能够成功？ （4）谁会关心该项技术进展？

---

① Jeffrey Mervis, "What Makes DARPA Tick?" Science, February 5, 2016, DOI：10.1126/science.351.6273.549, pp.551.

续表

表现维度	评审方式	
	同行评审	科学评审
考虑因素	（3）开展所提议项目的计划是否理由充分，组织良好？该计划是否包含评估成功的机制？ （4）个人、团队或组织是否具备足够的资质来开展所提议的项目？ （5）首席研究员（PI）是否有足够的资源（无论是在自身组织还是通过合作）来开展所提议的项目？	（5）如果你成功了，现实会发生怎样的变化？ （6）风险和收益各是什么？ （7）所需经费大约是多少？ （8）所需开发周期又是多长？ （9）为了检验项目成功与否，中期和结束的验收标准各是什么？
整体特点	同行专家的意见为承包商择优选择的基本依据	评审员、主题专家意见仅为参考，并非承包商择优推荐的基本依据，而项目经理的推荐对承包商选择起决定性作用

① "NSF Proposal and Award Policies and Procedures Guide," January 30, 2003, https://new.nsf.gov/policies/pappg, pp. Ⅲ-1.

② "Soliciting, Evaluating, and Selecting Proposals under Broad Agency Announcements and Research Announcements," November 3, 2016, https://www.darpa.mil/attachments/DI% 2020% 20January% 2010, %202024.pdf.

③ "NSF Proposal and Award Policies and Procedures Guide," January 30, 2003, https://new.nsf.gov/policies/pappg, pp. Ⅲ-2.

④ "NSF Proposal and Award Policies and Procedures Guide," January 30, 2003, https://new.nsf.gov/policies/pappg, pp. Ⅲ-2.

⑤ "The Heilmeier Catechism," https://www.darpa.mil/about/heilmeier-catechism.

11.3 类似效仿机构

随着DARPA在颠覆性创新领域取得越来越多的瞩目成就，包括美国在内的世界各国对于该机构的研究和分析都逐渐深入起来，并希望借鉴DARPA经验来补充完善各自的国家创新体系。德国、法国、英国、俄罗斯等国家都先后建立了本国的前沿创新机构，试图在自身环境生态下复现美国DARPA的成功。此外，意大利、日本政府也在打造自己的国防尖端技术研发机构。其中，美国能源高级研究计划局（ARPA-E）、英国预先研究与发明局（ARIA）、俄罗斯前瞻性研究基金会（Фонд Перспективных Исследований，FPI）便是典型代表。

11.3.1 美国能源高级研究计划局（ARPA-E）

成立于 2007 年的美国能源高级研究计划局（ARPA-E），是美国国内试图效仿 DARPA 模式、掀起颠覆性创新革命的又一次典型尝试。该机构聚焦于高潜力、高影响力的能源技术开发，通过推进有可能从根本上促进美国经济发展、提高美国国家安全水平的革命性能源项目，来实现在能源领域的各类根本性技术创新①。ARPA-E 的成立最早在 2006 年由美国国家科学院提出，尽管在 2007 年得到国会批准成立，但直到 2009 年才开始得到财政持续拨款支持。相比 DARPA 每年 30 亿美元左右的经费而言，ARPA-E 的年度拨款仅为 3 亿美元左右，且在机构规模上 ARPA-E 也仅相当于前者的一个技术办公室②。ARPA-E 的局长直接向能源部长汇报，并被授权可以聘用 120 名科学与工业界的专业人士来进行技术开发管理，这些人员在人事关系、薪资待遇等方面享受特定政策；同时，类似于 DARPA 在国防部的预算申请方式，ARPA-E 的财务预算在能源部也使用专属渠道进行申报③。受到特朗普政府期间削减替代能源开发政策的影响，ARPA-E 一度面临关闭风险，但在国会的支持下该机构受到了一定程度保护，并且在相对较短时间内取得了较大的成功④。

ARPA-E 由熟悉 DARPA 模式的管理者建立，自成立起便尝试复制

---

① "About," https://arpa-e.energy.gov/about.
② William B. Bonvillian, "DARPA and its ARPA-E and IARPA clones: a unique innovation organization model," *Industrial and Corporate Change*, Volume 27, Issue 5, (September. 2018): 897-914, pp. 906.
③ "42 U.S. Code § 16538 Advanced Research Projects Agency—Energy," https://www.law.cornell.edu/uscode/text/42/16538.
④ 参见系列报告："ARPA-E: the first seven years, a sampling of project outcomes," https://arpa-e.energy.gov/technologies/publications/arpa-e-first-seven-years-sampling-project-outcomes 和 "ARPA-E impacts: a sample of project outcomes," https://arpa-e.energy.gov/technologies/publications/arpa-e-impacts-sample-project-outcomes-volume。

DARPA 模式中的所有关键成功因素。比如，从事早期前沿技术开发、创建技术社区和积极促进技术转移等。但出于美国能源和国防领域管理模式的固有差异，ARPA-E 在 DARPA 模式基础上进行了适应性调整。ARPA-E 没有采购职能，它所完成的技术开发应用实施对象为私营部门，并且该机构的运转很大程度上受到石化燃油公司的逆向影响[1]。ARPA-E 的所有技术开发工作也是通过项目经理来完成的。项目经理的任期为三年，可以根据项目进展续聘，在项目管理过程中拥有充分的自主权和灵活性，并且在项目立项、终止等关键节点决策方面具有绝对权威[2]。与 DARPA 一样，ARPA-E 不受传统项目选择程序的约束，尽管 ARPA-E 使用专家评审来辅助指导项目经理进行决策，但它完全通过同行评审之外的、强有力的项目经理选择过程进行操作[3]。图 11-1、图 11-2 所示为 ARPA-E 项目内部管理流程及组织架构。

与 DARPA 项目立项过程相似，ARPA-E 的项目建议通过资助机会公告（FOA）面向公众征集；同时，参照海尔迈耶准则模式，项目经理需要在立项答辩时回答特定的问题，例如：①如果项目成功，技术上能获得多大的进步？②为什么该项目可以被视为潜在的游戏改变者？③在定量尺度上，新技术比现有技术改进了多少？④项目的关键技术挑战是什么？你准备如何应对？⑤谁是技术转移的用户？技术转移的障碍和风险是什么？应对策略是什么？⑥项目的里程碑、进度和成本各是什么？[4]

一般来说，能源技术从开发到推广应用会历经 20 年的时间，因此留给年轻的 ARPA-E 来证明自己的时间还很长。2009—2017 年，ARPA-E 使用了约

---

[1] William B. Bonvillian, "DARPA and its ARPA-E and IARPA clones: a unique innovation organization model," *Industrial and Corporate Change*, Volume 27, Issue 5, (September. 2018): 897-914, pp. 907.

[2] "An Assessment of ARPA-E," National Academies, 2017, https://nap.nationalacademies.org/catalog/24778/an-assessment-of-arpa-e, pp. 23.

[3] William B. Bonvillian, Richard Van Atta and Patrick Windham, The DARPA Model for Transformative Technologies (OpenBook Publishers, 2019), pp. 386-387.

[4] "ARPA-E FY 2010 annual report," https://arpa-e.energy.gov/pdfs/arpa-e-fy-2010-annual-report-0, pp. 4.

第 11 章　DARPA 模式分析

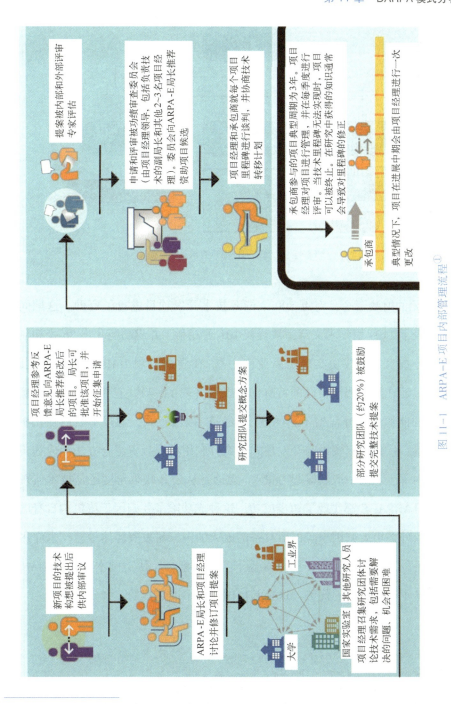

图 11-1　ARPA-E 项目内部管理流程①

---

① "An Assessment of ARPA-E," National Academies, 2017, https://nap.nationalacademies.org/catalog/24778/an-assessment-of-arpa-e, pp. 24.

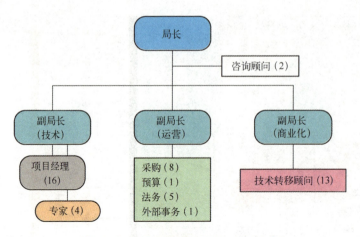

图 11-2　ARPA-E 组织架构 (2016)①

13 亿美元的财政资金，对近 500 个能源技术开发项目进行了资助。这期间该机构发表了 1104 篇学术文章，被授权 101 项专利，并成功孵化出 36 家初创公司，部分技术成果成功实现了商业应用②。在尝试复制 DARPA 成功的同时，ARPA-E 还在建立属于自己的特有创新规则（表 11-4）。它在传统的、已经接近饱和的能源领域开辟出了新的技术-经济-政治范式，通过不断地强化机构研究愿景，优化项目资助与开发模式，充分利用项目投资组合方法，成为美国能源部内部生态的一股新崛起力量③。无论是从公共政策角度还是技术实现角度来说，ARPA-E 都实现了初步成功。这种成功除了要归因于该机构自身的设计与运营外，更要归因于美国所具备的庞大的国家研发资源体量、技术应用市场和完备的法律政治生态。正是得益于上述因素，才使美国本土复制 DARPA 模式具备了得天独厚的优势，这是其他国家所不能比拟的。

---

① "An Assessment of ARPA-E," National Academies, 2017, https://nap.nationalacademies.org/catalog/24778/an-assessment-of-arpa-e, pp. 31.

② William B. Bonvillian, "DARPA and its ARPA-E and IARPA clones: a unique innovation organization model," Industrial and Corporate Change, Volume 27, Issue 5, (September. 2018): 897-914, pp. 909.

③ William B. Bonvillian, Richard Van Atta and Patrick Windham, The DARPA Model for Transformative Technologies (OpenBook Publishers, 2019), pp. 390-403.

表 11-4　DARPA 与 ARPA-E 模式对比[①]

特征＼机构	DARPA	ARPA-E
隶属关系	直接向美国国防部部长汇报	直接向美国能源部部长汇报
组织机构	扁平化	扁平化
预算	大约30亿美元/年	大约2.8亿美元/年
技术办公室	依据技术领域不同由办公室主任分别管理	未设置
项目经理数量	约100人	约15人
项目经理任期	3~5年	3年
项目管理自治	无同行评审	无同行评审
项目决策	项目经理决定，无特定要求	项目经理决定，季度回顾
技术转移	主要面向军事领域，同时考虑军民两用，由AEO协助	面向民用领域，由专人协助
竞赛组织	不定期，已成为传统	无
对超出当前研究技术构想的采纳	允许，有提交渠道	受限
同一项目资助不同技术实现路径	是	是
基于阶段性结果调整项目里程碑	允许	允许

11.3.2　英国预先研究与发明局（ARIA）

英国预先研究与发明局（Advanced Research & Invention Agency，ARIA）是英国政府于2021年成立的一个旨在资助颠覆性技术科学研究的独立机构[②]。该机构由英国领先科学家领导，商业能源与工业战略部资助，在政府首期8亿

[①] "An Assessment of ARPA-E," National Academies, 2017, https://nap.nationalacademies.org/catalog/24778/an-assessment-of-arpa-e, pp. 76-79.

[②] "UK government announces the creation of ARIA, the high risk, high reward research agency," March 21, 2021, https://www.techuk.org/resource/uk-government-announces-the-creation-of-aria-the-high-risk-high-reward-research-agency.html.

英镑资金的投入下专门从事高风险和高回报的变革性技术研究[①]。ARIA 的工作机制充分借鉴了 DARPA 模式，研究项目选题灵活自由，完全由该机构诸多领域杰出科学家所组成的领导层来决定，但均聚焦在可能导致科学领域范式发生转变的革命性技术研究。在项目实施层面，ARIA 完全复制了 DARPA 的项目经理负责制。项目经理被赋予极大的灵活性来建立自己项目的技术社区，包括与学术机构、企业建立合作关系，确定资助拨款具体方式，甚至一定程度上在不受公共采购条例约束的情况下选择项目承包商[②]。

2022 年 2 月，英国政府宣布 DARPA 前局长彼得·海纳姆（Peter Highnam）博士被任命为 ARIA 首任首席执行官（CEO），任期 5 年。彼得·海纳姆博士出生于英国，于 2018 年 2 月加入 DARPA 担任副局长，2019 年底升任局长，并曾出任过美国国家地理空间情报局（NGA）研究主任等职位[③]。同时，英国政府承诺会在 2024—2025 年继续提高研发投入至 200 亿英镑，并期待 ARIA 成为英国科技研发生态系统中不可或缺的重要组成部分[④]。

同 DARPA 一样，ARIA 力求避免官僚作风的侵袭，并采用不同的项目资助模式以灵活机动的方式运转。对此，英国政府专门制定了 ARIA 的发展策略[⑤]：

（1）聚焦高风险研究：集中于变革性技术研究，探索科学领域范式转变。

---

① "Advanced Research and Invention Agency," https://www.gov.uk/government/organisations/advanced-research-and-invention-agency.

② "UK government announces the creation of ARIA, the high risk, high reward research agency," March 21, 2021, https://www.techuk.org/resource/uk-government-announces-the-creation-of-aria-the-high-risk-high-reward-research-agency.html.

③ "Dr. Peter Highnam, Director of DARPA," May 22, 2019, https://www.startupgrind.com/events/details/startup-grind-washington-dc-presents-dr-peter-highnam-director-of-darpa/.

④ "US research director appointed first chief executive of Advanced Research and Invention Agency," February 1, 2022, https://www.gov.uk/government/news/us-research-director-appointed-first-chief-executive-of-advanced-research-and-invention-agency.

⑤ "Advanced Research and Invention Agency (ARIA): policy statement," published March 19, 2021, https://www.gov.uk/government/publications/advanced-research-and-invention-agency-aria-statement-of-policy-intent/advanced-research-and-invention-agency-aria-policy-statement.

虽然预计大多数项目可能无法实现其雄心勃勃的目标，但那些成功的方案将对社会产生深远和积极的影响。

（2）战略、科学和文化自治：ARIA 对其工作流程、文化和研究项目选择拥有绝对自主权。项目组合管理决策由 ARIA 管理者而非英国内阁部长决定，项目资金分配由具备技术专长的人决定。

（3）投资于对人才的判断：ARIA 模式将给予来自公共和私人领域的少数科研精英最高的自由和控制权，这些人员将担任项目经理一职，并会被授权动态地支配资金、改变项目目标和里程碑以及管理风险，以使他们在连贯的科研生态下实现技术愿景。

（4）财务灵活性和运营自由度：ARIA 力求将典型项目生命周期中的创新阻碍降至最低，杜绝官僚阻碍。该机构将运用创新性资助方法，目标是成为一个敏捷高效的研发资助机构。

英国政府建立 ARIA 的首要考虑是如何对研发项目进行资助，而不是选择具体资助领域和技术。ARIA 的研究不会局限在单一的领域、行业或政府部门需求，并且同 DARPA 一样，ARIA 的资助会贯穿从项目立项到成果技术转移这一完整过程。但与 DARPA 侧重于军用领域技术研究不同的是，ARIA 的研究范畴同时涉及军民领域，并且对于社会发展起到潜在重大推动作用的技术是该机构的关注首选[1]。这一点与德国联邦颠覆性创新局（SPRIND）和日本的 Moonshot 研发项目类似。在确保 ARIA 日常运行独立性的同时，该机构的技术开发可能涉及英国国家安全，英国政府从立法角度规定了相关监管要求，并且加强了为预防网络攻击所需的关键基础设施建设。此外，ARIA 的年度资金使用情况将会接受英国国家审计署（NAO）核查，以确保该机构的资金流向健康且合理。

---

[1] "Our focus areas," https：//www.aria.org.uk/focus-areas/.

11.3.3 德国联邦颠覆性创新局（SPRIND）

作为国家革命性创新研究和对标 DARPA 的最新尝试，德国联邦颠覆性创新局（SPRIND）成立于 2019 年。长久以来，德国的创新体制重心主要侧重于基于现有技术、产品和服务的增量型创新建设，在联邦颠覆性创新局出现之前，并不存在颠覆性创新所需要的生态环境和试点机构。因此，德国基础研究的许多成果无法在创造价值、创造就业机会和提升公民生活质量方面付诸实施。在马克斯·普朗克学会（Max Planck Society）主席 Martin Stratmann 教授的协调下，德国创新系统的代表提议建立一个新的机构来促进跨越式创新，由此便有了 SPRIND 的诞生①。

SPRIND 归属德国联邦政府所有，由联邦教育和研究部、联邦经济事务和能源部共同资助②，在 2019—2022 年该机构获得了至少 1.51 亿欧元的研发预算，且未来十年内预算的额度会上涨到 10 亿欧元③。在实施颠覆性创新实践的过程中，SPRIND 广泛使用了创新竞赛和项目两种方式。前者吸引了众多社会机构和个人参与到具有重大社会推动作用的技术挑战，如电储存供电④和器官更换等；后者相关的技术构想建议可以通过 SPRIND 官网提交，项目一旦获得批准，便可得到包括成立有限责任公司进行研发孵化在内等 SPRIND 不同方式的金融资助。此外，SPRIND 还会在项目团队组建、生态网络构建和财会管理等方面提供援助。与 DARPA 的项目周期类似，SPRIND 的项目通常持续 3~

---

① Dietmar Harhoff, Henning Kagermann, Martin Stratmann, "Impulse für Sprunginnovationsen in Deutschland", https://www.acatech.de/publikation/impulse-fuer-sprunginnovationen-in-deutschland/download-pdf/?lang=de.

② "Challenges for tackling the huge trials of our time," https://www.sprind.org/en/impulses/challenges/articles/overview.

③ Delia Wenzler and Julian Witt, "Breakthrough innovation-A comparative Analysis between Germany and the US," 2021, https://doi.org/10.48584/opus-5442, pp. 7.

④ "Start of the long-duration energy storage challenge," https://www.sprind.org/en/magazine/sprind-challenge-long-duration-energy-storage.

6年,并由临时聘用的创新经理全权负责。创新经理一般是来自学术界和商业领域具备卓越技术理解的专业人士,任期与项目周期相同,他们的任务是提出具体问题,选择合适的项目实现路径和团队,向承包商提供拨款,同时监控项目进展[1]。对于没有达到预期目标的项目,创新经理可以随时将其终止。在 SPRIND 的运转哲学中,项目终止并不总是意味着失败,因为失败是承担风险的一部分[2]。但为了降低项目失败的风险,创新经理有时会在同一个项目中资助多种实现路径,这一点同 DARPA 的做法完全一致。表 11-5 所列为 DARPA 与 SPRIND 的模式对比。

表 11-5 DARPA 与 SPRIND 模式对比[3]

机构 特征	DARPA	SPRIND
成立	1958 年,此时苏联宇航科技发展领先于美国	2019 年,此时德国在欧洲的技术领导者角色受到挑战
行政障碍	决策过程简短,官僚特性最小化	决策过程复杂,且法律限制较多
预算	35.56 亿美元(2020 年)	10 亿欧元/连续 10 年
资助领域	集中在国防科技	不限于国防领域
任务	军事领域颠覆性技术创新	民事领域颠覆性技术创新
专注	军事创新	开放(能源、健康等)
技术转移	国防部是最大客户	面向社会热点的商用市场与产品
资助方式	项目与创新竞赛	项目与创新竞赛
项目管理	项目经理(专家,临时聘任,全权负责)	创新经理(专家,临时聘任,全权负责)
项目周期	3~5 年	3~6 年

---

[1] Bundesministerium für Bildung und Forschung, "Agentur zur Förderung von Sprunginnovatione," https://www.bmbf.de/files/Eckpunkte%20der%20Agentur%20zur%20F%C3%B6rderung%20von%20Sprunginnovationen_final.pdf, pp. 4.

[2] Dietmar Harhoff, Henning Kagermann, Martin Stratmann, "Impulse für Sprunginnovatiosen in Deutschland", https://www.acatech.de/publikation/impulse-fuer-sprunginnovationen-in-deutschland/download-pdf/?lang=de, pp. 6.

[3] Delia Wenzler and Julian Witt, "Breakthrough innovation-A comparative Analysis between Germany and the US," 2021, https://doi.org/10.48584/opus-5442, pp. 8-9.

续表

特征 \ 机构	DARPA	SPRIND
技术构想来源	项目：主要来自项目经理 竞赛：由机构主导	项目：主要来自创新经理 竞赛：由机构主导
风险处置举措	项目组合管理 资助多条实现路径 监控项目里程碑	项目组合管理 资助多条实现路径 监控项目里程碑
容错文化	不是所有项目都能成功	失败是承担风险的一部分

对比 DARPA 和 SPRIND 会发现，这两个机构在任务使命、创新机制、项目管理和容错文化等方面极为相似，但由于德国身处欧盟中心，在政治生态和资金渠道方面与美国有着明显差别。DARPA 的资金预算经国会批准，属于国家层面的创新投入；而德国研发投入预算比例需要国家和欧盟共同达成一致。事实上，相比国家层面，支持风险大、成本高的颠覆性创新在欧洲层面更加有意义，因为此时的技术开发成果可以在欧洲范围内共享。建立在欧洲层面的颠覆性技术创新机构可以在资源获取和风险减缓方面从各国获益，但问题是欧洲各成员国之间的资助分配有所不同。SPRIND 与 DARPA 另一个明显区别是，前者是一个开放型组织，因而更容易在项目之间的协同效应中受益；但也正因为如此，SPRIND 项目研究成果在向产品和市场转化时面临着更加严峻的挑战。此外，SPRIND 目前所要应对的一个主要挑战是克服官僚主义，而 DARPA 可以采取带有最低限度官僚主义的灵活方式来运作[1]。

11.3.4 俄罗斯前瞻性研究基金会（FPI）

在俄罗斯总统普京的提议下，被誉为"俄罗斯版 DARPA"的前瞻性研究基金会（Fond Perspektivnykh Issledovanii，FPI）于 2012 年成立[2]。该机构的成

---

[1] Delia Wenzler and Julian Witt, "Breakthrough innovation–A comparative Analysis between Germany and the US," 2021, https://doi.org/10.48584/opus-5442, pp. 9-10.

[2] "Fond Perspektivnykh Issledovanii," http://fpi.gov.ru/.

立受到了时任主管国防和航天工业的副总理德米特里·罗戈津的大力推动，他本人也被任命为 FPI 的首任主席，同时兼任俄罗斯军事工业委员会（VPK）主席。这家获得数十亿美元资助的预研机构专门从事包括自动化系统、高超声速技术在内的不同国防解决方案的研发，并在 2019 年向世人展示过军用无人地面机器人项目的研究成果①。该款机器人可在 100km 长规定路线上通过自主导航执行巡逻任务，必要时可同无人机群协同发动攻击（图 11-3）。虽然 VPK 和 FPI 有着共同的领导者，但两个机构却有着不同的运作风格：前者是传统的科技管理机构，侧重于技术应用和解决当前的问题；而后者则聚焦在高风险与长周期的技术研发，并且行事灵活。

图 11-3　FPI Marker 无人地面机器人②

长久以来，没有一个俄罗斯政府、军队、国防公司或私营科技机构被定义为国防创新的领导者并承担起该职责，相比之下，俄罗斯私营机构在军事国防领域的创新作用更加薄弱。随着近年来俄罗斯军事工业委员会（VPK）的影响力不断提升，在其大力推动下成立的 FPI 自诞生之日起便承载了该国颠覆性

---

① "Russia's DARPA Revives the 100-Year Old Cyclocopter," https://edgy.app/russian-darpa-cyclo-copter.

② Kelsey D. Atherton, "Russian system uses infantry to spot for robots," March 4, 2019, https://www.c4isrnet.com/unmanned/2019/03/04/russias-new-robot-is-a-combat-platform-with-drone-scouts/.

技术创新引领者的重任①。

2010年9月,在一次专门讨论俄罗斯军事工业创新和现代化建设的会议上,时任总统梅德韦杰夫强调需要建立一个类似于DARPA的前瞻性机构来探索国防领域高风险、突破性技术的研发。同时,该机构的研究成果也可以在民用领域推广。经过两年多的筹备,2012年12月前瞻性研究基金会正式成立。俄罗斯政府希望该机构可以在国防工业基础研究与应用研究之间架起一座桥梁,并确保国家实现"真正的革命性飞跃发展"②。

最初,俄罗斯政府规划FPI可以在15~20年内成长为该国颠覆性技术开发的中坚力量,主要成果为各类前沿技术的原型样机。虽然FPI的使命、资助、成果形式等设计都高度参照了DARPA模式,比如二者同样追求针对未来国家军事威胁推出预防性举措,并以此为基础确认技术突破方向,但由于美俄国防战略的不同,FPI在研究议题选取方面与DARPA存在一定差异。在成立时,FPI被设计成一个资助约150个不同技术项目的平台,并计划招募100~150名专职人员来进行管理。在成立之初,FPI承接的项目也得到了俄罗斯其他研发机构的帮助。这些项目包括由俄罗斯国家空间活动公司参与的Fedor机器人、苏联自20世纪80年代便开始试验并延续至今的液体呼吸技术、鲁宾海洋工程中央设计局参与开发的大陆架能源资源勘探机器人等。此后,FPI的研究扩大到人工智能、无人自主系统、自动化决策和量子计算等领域③。近些年,FPI的研究逐渐向化学、生物、医学、物理和信息技术领域发生倾斜。目

---

① Dmitry Adamsky, "Defense Innovation in Russia: The Current State and Prospects for Revival," January 2014, https://escholarship.org/content/qt0s99052x/qt0s99052x_noSplash_c6bb01c7155b377e87104c036b7af828.pdf?t=nkzueo, pp. 4.

② Dmitry Adamsky, "Defense Innovation in Russia: The Current State and Prospects for Revival," January 2014, https://escholarship.org/content/qt0s99052x/qt0s99052x_noSplash_c6bb01c7155b377e87104c036b7af828.pdf?t=nkzueo, pp. 5.

③ Katarzyna Zysk, "Defence innovation and the 4th industrial revolution in Russia," December 8, 2020, https://doi.org/10.1080/01402390.2020.1856090 pp. 543-571.

前 FPI 在编人员大约 250~350 人，年度预算约为 120 亿卢布①，据估计该金额占到了俄罗斯年度国防预算的 3% 左右②。尽管在年度资金预算方面 FPI 与 DARPA 存在明显差距，但正如 FPI 局长安德烈·格里戈里耶夫所说："并非一切都由资金决定，关键点是所探索的想法。我可以说，就想法和项目的质量而言，我们绝对不落后于 DARPA"③。

前瞻性研究基金会的项目构想通常来自竞争。2017 年，FPI 组织了一项名为"自由起飞"的公开竞赛，用于开发空中城市交通（UAM）领域的短距离垂直起降飞行器。最终，Flash-M 公司成为获胜者，并获得了深入研究该项技术的资助④。到目前为止，从现有的公开文献来看，前瞻性研究基金会的成就并不十分明显；但从俄罗斯声称在一些高超声速武器和自主系统等高技术领域取得的突破来看，它可能被证明是有效的⑤。但同时，也有报道批评了 FPI 的官僚化表现，认为其管理层级和指挥链条过长，这会降低该机构的灵活性和科学严谨性，并削弱其创新精神⑥。相比 DARPA 紧凑高效的机构设置和赋予项目经理极高的信任和自主权而言，这显然不是一个优点⑦。

---

① Ivanov, "Rossiia Zaplaniroval Tehnologicheskii Proryv"; editorial, "Naznachen Gendir FPI," *Lenta.ru*, February 1, 2013.

② Konstantin Bogdanov, "Proryv v neopredelennom napravlenii," *VPK*, July 20, 2011.

③ "From wine to tornadoes: Russians Continue to Invoke 'No Worse' Argument in Competition with West," September 30, 2021, https://www.russiamatters.org/blog/wine-tornadoes-russians-continue-invoke-no-worse-argument-competition-west.

④ "Advanced Research Foundation Cyclocar (concept design)," https://evtol.news/advanced-research-foundation-cyclocar.

⑤ R. S. Panwar, "Defence Innovation Approaches of Russia, Israel and France Part I. Disruptive Technologies," August 11, 2020, https://fwstagingsite.rspanwar.net/ideation-for-defence-rd-in-india-defence-innovation-approaches-of-russia-israel-and-france-part-i/.

⑥ Neelov, "Fond Perspektivnykh Issledovanii"; Viktor Miasnikov, "DARPA po Russki, vovse ne DARPA," NVO, August 3, 2012.

⑦ Dmitry Adamsky, "Defense Innovation in Russia: The Current State and Prospects for Revival," January 2014, https://escholarship.org/content/qt0s99052x/qt0s99052x_noSplash_c6bb01c7155b377e87104c036b7af828.pdf?t=nkzueo, pp. 6.

11.3.5 难以复制

除上述机构外,其他国家借鉴 DARPA 经验建立或发展的颠覆性创新机构包括以色列国防研究与发展部（DDR&D）、澳大利亚战略研究局（ASRA）、新加坡国防科技局（DSTA）等。这些机构在制度建设、组织管理、经费资助等方面都一定程度上借鉴了 DARPA 经验,并结合本国国情和政治生态,在颠覆性创新管理道路上进行了积极探索。

纵观人类社会发展历史,国家繁荣与社会进步很大程度上都源于技术创新,机构的兴衰同样如此。DAPRA 的成功与项目经理的卓越远见、专业知识、对未知探索的激情和强大的执行力密不可分,大多数国家在学习 DARPA 创新经验的过程中都注意到了这一点,并试图最大限度地发挥优秀项目管理者的作用来实现颠覆性技术开发。但 DARPA 的成功有着其特殊的历史原因,该机构成功最重要的基石是其所处的美国社会创新生态,其中包含经济、政治、科技、文化和意识形态等多元信息,这也是其他国家最难以效仿的地方。世界各国参照 DARPA 成立的前沿创新机构在建立之初就被各国政治家抱有长远的政治愿景,但巨额的投资能否带来等价的回报依然需要时间来给出答案。

11.4　DARPA 的局限

作为冷战时期历史的产物,DARPA 的建立可以被视为对技术危机的最直接反应。DARPA 之所以能够成功,是和该机构所处的社会环境紧密相关的。首先,美国创新体系在 20 世纪下半叶的崛起与美国在第二次世界大战和冷战时期的国防科技投资有着深刻的联系。战时美国所取得的各项重要军事成果和科技发展基础为后来包括 DARPA 在内的不同研究机构的继承性发展提供了坚实的保障。对于美国来说，战争极大地影响了其技术进化速度，并且该速度呈加快趋势[1]。通过采纳范内瓦·布什的建议，战后美国在科技法律完善、机构建立、人才培养等方面发展迅速，联邦政府对基础科学的重视和投入也在不断加大，这些都间接促进了 DARPA 以需求为导向的颠覆性应用技术成果的出现。作为国防部研发工作的直属力量，DARPA 许多方面都直接继承了麻省理工学院辐射实验室、洛斯·阿拉莫斯国家实验室在科学、挑战和团体组织模式等方面的特点，但同时在机构运作层面又有着其特有的风格。这使得 DARPA 与政府中任何其他研发机构都不相同。其次，DARPA 独特的组织环境因素也为该机构的成功奠定了基础。美国国防科技研究所科技政策研究员理查德·范·阿塔将 DARPA 的组织环境概括为三个关键特征：①独立型研发组织；②精益、敏捷，具有冒险文化；③思想驱动，以结果为导向[2]。此外，优秀的项目经理（世界级的技术人员）及其与合作伙伴的紧密联系也是 DARPA 能够成功的重要助力因素。特别是高素质人才因素，几乎是所有试图移植或复制 DARPA 模式的组织所遭遇的共性问题。在各个颠覆性技术开发项目的实施过程中，项目经理们会使用非正式过程来影响项目进展和技术方向，而这些过程难以被制度化，这也为 DARPA 模式在不同领域的复制与传播增加了挑战[3]。第三，DARPA 的成功是建立在美国社会健全的科技治理政策法规和热衷冒险、向往挑战的社会文化基础上的。无论是技术成果归属、人员招募与调动还是小企业创新参与、特殊合同采办管理政策，都为 DARPA 前沿创新实践提供了完备的法律支撑；同时，在二百余年美国社会形成过程中所提倡的"不畏风险、

---

[1] William B. Bonvillian, Richard Van Atta and Patrick Windham, The DARPA Model for Transformative Technologies (OpenBook Publishers, 2019), pp. 78.

[2] Richard Van Atta, "Energy Research and the DARPA Model," April 26, 2007, https://science.house.gov/_cache/files/4/9/4917c70f-88b4-4f1e-80de-3f63873c24a8/7A03B7C40D494C0B3705CE26D0428814.042607-atta.pdf, pp. 9.

[3] William B. Bonvillian, Richard Van Atta and Patrick Windham, The DARPA Model for Transformative Technologies (OpenBook Publishers, 2019), pp. 198.

"宽容失败"的文化特征也在 DARPA 这一国防创新机构身上得到了淋漓尽致的体现。因此，在移植 DARPA 的管理特点，试图复制该机构成功经验的同时，不能忽视 DARPA 背后法制与文化维度的支持。第四，DARPA 在创新模式中有意识地创造了两种能力：①它代表着"相互联系的科学"，促进了公共和私营创新机构之间的紧密联系；②它鼓励创建"伟大的团队"，这些团队能够通过深度合作专注于重大技术挑战，在创新生态系统的支持上实现突破性创新。从这一角度来说，DARPA 在机构和个人层面上的创新能力都是独一无二的。通常，项目经理依据实际需求确定所需的技术，然后再寻找技术的突破性方法，将需求的目标实现。同时，DARPA 也是"岛-桥"创新模型的一个鲜明例证①，它说明了一个相对全面、灵活、创新的组织可以被隔离开来，免受官僚主义的影响和控制（置于一个"岛"上）；但同时与有权实施其创新的最高决策者保持着直接联系（一座"桥"）。正如 DARPA 局长斯蒂芬妮·汤普金斯（Stefanie Tompkins）博士在 2023 年太平洋地区运行科技会议上所述，"DARPA 之所以成功，是因为我们敏捷，能够容忍很大的风险，并且行动非常迅速；我们在可能对国家安全至关重要的技术突破上下了很多赌注"②。

尽管 DARPA 拥有众多其他机构难以企及之处，但作为美国前沿创新历史的一部分，它依然有着历史局限性。第一，DARPA 的项目经理提出项目构想，并负责项目管理，但技术开发过程是通过承包商来实现的。这意味着，项目经理所具备的管理者身份同项目实施者身份出现了错位。第二，受到资金、产品实现工程化经验等因素制约，DARPA 难以从事需要大量资源投入、深度依赖

---

① Warren G. Bennis and Patricia Ward Biederman, Organizing Genius: the secrets of creative collaboration (Basic Books, 1997), pp. 206.

② Stew Magnuson, "Just in: after 65 years, DARPA model catching on with allies," March 7, 2023, https://www.nationaldefensemagazine.org/articles/2023/3/7/after-65-years-darpa-model-catching-on-with-allies.

外部应用反馈的原型产品开发①。第三，近年来，DARPA 对于优秀人才的吸引力有所下降，与美国商业公司相比，项目经理的薪资待遇会相对逊色不少。特别是在人工智能、信息通信等技术领域，历史上出现过优秀人才因待遇问题而放弃入职 DARPA 的情况。DARPA 管理层目前也已经认识到，这将是关系到该机构未来能否继续取得成功的关键所在。第四，随着科技发展已达到一定阶段，鉴于前沿技术开发挑战性和复杂性日益提高，DARPA 在技术转移方面所面临的挑战更为艰巨。DARPA 技术开发的实质是加速各项前沿技术在"S"形曲线上的前进，但创新效果同样依赖于新技术的传播②。这一点可能会使该机构难以摆脱技术转移过程中所面临的普遍障碍——"死亡之谷"。第五，在世界科技发展突飞猛进的当下，外部创新环境也在不断变化，此时 DARPA 的传统优势和对创新的引领作用不再像从前那般凸显。美国国防部在 2016 年启动了国防创新试验小组（DIUx），这从一个侧面反映了 DARPA 当前的工作不能完全满足国防部要求③。此外，DARPA 历来侧重于宣传该机构获得重大成功的项目成果，而对于未达到研究目标或中途取消的项目则鲜有报道。事实上，DARPA 颠覆性技术开发项目的成功率并不高；DARPA 局长透露，大约 85%～90% 的项目无法实现既定目标④。

---

① 比如，2022 年 11 月底美国 Open AI 公司所发布的 ChapGPT 大规模预训练人工智能语言模型，需要持续投入大量研发费用、训练数据和硬件成本。截止到 2023 年 5 月，ChapGPT 研发历时 8 年，Open AI 公司先后融资 113 亿美元用于该模型的开发；业界人士估计，该模型每天的运行成本便高达 70 万美元。参见 Bernard Marr, "A Short History of ChatGPT: How We Got to Where We Are Today," May 19, 2023, https://www.forbes.com/sites/bernardmarr/2023/05/19/a-short-history-of-chatgpt-how-we-got-to-where-we-are-today/ 和 Hasan Chowdhury, "ChatGPT cost a fortune to make with OpenAI's losses growing to $540 million last year, report says," May 5, 2023, https://www.businessinsider.com/openai-2022-losses-hit-540-million-as-chatgpt-costs-soared-2023-5。

② Pierre Azoulay, Erica Fuchs, Anna Goldstein, Michael Kearney, "Funding breakthrough research: promises and challenges of the ARPA model," June 2018, DOI 10.3386/w24674, pp. 91.

③ Bharat Rao, Adam Jay Harrison, Bala Mulloth, Defense technological innovation: issues and challenges in an era of converging technologies (Edward Elgar Publishing, 2020), pp. 110.

④ Nick Turse, "The wild and strange world of DARPA," https://www.historynewsnetwork.org/article/the-wild-and-strange-world-of-darpa。

FRONTIER TECHNOLOGY
INNOVATION MANAGEMENT OF
DARPA

附录1
国防部指令5134.10

主题：国防高级研究计划局（DARPA）[①]

1. 目的

根据《美国法典》（U.S.C.）第 10 编赋予国防部长的权力，（参考（a）），本指令重新发布国防部指令（DODD）5134.10，以更新 DARPA 的任务、组织和管理、责任和职能、关系、权力和行政。

2. 适用性

本指令适用于国防部、各军事部门、参谋长联席会议主席办公室和联合参谋部、作战司令部、国防部监察长办公室、各国防机构、国防部现场活动机构和国防部范围内所有其他组织实体（在本指令中统称为"国防部组成部分"）。

3. 任务

DARPA 是国防部的研发组织，主要负责维持美国在对抗竞争对手方面的技术优势。

4. 组织和管理

DARPA 是一个国防机构，由国防部采办、技术和后勤副部长（USD（AT&L））通过国防部研究和工程助理部长（ASD（R&E））进行授权、指导和控制。DARPA 由一名局长和由局长在国防部长分配的资源范围内建立的下属组织机构组成。

5. 责任和职能

DARPA 局长具有下述职责：

a. 根据本指令授权，组织、指导和管理 DARPA 和所有分配的资源。

[①] 该 DODD 5134.10 指令于 2013 年 5 月 7 日重新发布，并取代 1995 年 2 月 17 日版本。

b. 追求对未来国家安全具有潜在重大影响、超越当今已知需求和要求的富有想象力和创新性的研发项目。

c. 资助革命性、高风险、高回报的研究,以弥合基础发现与军事用途之间的差距。

d. 追求创新的商业战略,以减少时间和成本,提高 DARPA 研发项目的影响力。这些战略还涉及如何加快成功的研发项目向军事部门和国防机构的转移,并包括创新性人员招聘和轮岗,以确保人才和想法的持续涌入。

e. 向国防部其他部门提供有关 DARPA 发起或分配的项目的指导和协助(视情况而定)。

f. 通过 ASD(R&E)和 USD(AT&L)向国防部长建议将研究项目分配给 DARPA。

g. 安排执行并监督分配给军事部门、其他美国政府机构、个人、私营企业实体、教育机构或研究机构的 DARPA 项目,同时考虑军事部门的主要职能。

h. 考虑军事需求和国家安全优先事项,并考虑满足需求所需的工业或商业基础,参与预先研究项目,确定技术投资优先事项。

i. 设想和预测军事指挥官未来可能需要的能力,并通过技术演示加快这些能力的发展。实施体现适用于联合项目、支持部署部队的项目或军事部门选定项目的技术示范项目。应要求,协助其他军事部门进行原型项目开发。

j. 使 ASD(R&E)和其他国防部部门(视情况而定)了解所分配的项目中的重大新发展、突破和技术进步,以及此类项目的状态,以促进早期作战应用。

k. 根据既定程序,编制并向国防部副部长(主计长)/首席财务官(USD(C)/CFO)提交 DARPA 的年度计划预算估计,包括拨款计划优先级的分配。

l. 根据国防部长对国防机构和国防部外勤活动的两年期审查的要求，设计和管理 DARPA 项目和活动，以：

（1）提高性能、经济性和效率标准；

（2）展示 DARPA 对其组织客户需求的关注。

m. 履行国防部长、国防部副部长、国防部副部长（AT&T）或国防部助理部长 ASD（R&E）指派的其他职责。

6. 关系

a. 在履行分配的责任和职能时，DARPA 局长：

（1）直接向 ASD（R&E）报告；

（2）在可能的情况下，使用国防部和其他联邦机构的现有系统、设施和服务，以避免重复建设，实现最大效率和经济性；

（3）与国防部其他部门负责人和 OSD 主要参谋助理（PSA）协调并交换信息，他们具有附带或相关的职责和职能。

b. 国防部其他部门负责人和 OSD PSA 与 DARPA 局长就其职权范围内的所有事项进行协调。

c. 军事部门秘书和国防部其他部门负责人：

（1）根据安排和商定，在各自的责任领域和可用资源范围内，向 DARPA 局长提供协助和支持，以履行 DARPA 的职责和职能；

（2）指示下属单位遵守与 DARPA 相关的工作程序（适用时）。

7. 权力

兹授权 DARPA 局长下述权力：

a. 向军事部门、国防部其他部门或联邦政府其他组织下达资助工作订单。

b. 酌情授权为指定的预先研究项目分配 DARPA 可用的资金。

c. 根据国防部的政策和指示，为 DARPA、军事部门和其他国防部研发活动制定与 DARPA 工作相关的程序。

d. 在《联邦采购条例》（FAR）第 2.1 分部和 FAR 补充规定第 202.101 条款规定下，担任机构和合同活动负责人。

e. 根据适用法规和国防部指令，直接或通过军事部或其他美国政府机构获取或建造执行国防部长已批准任务所需的研究、开发和测试设施和设备。

f. 必要时，根据 DoD 指令（DoDI）8910.01（参考（f））要求获取报告和信息，以履行分配的职责和职能。

g. 必要时，与国防部其他部门负责人直接沟通，以履行分配的职责和职能，包括咨询和协助请求。与各军事部门的通信必须通过各军事部门长官进行传达，或按照法律规定或国防部长在其他国防部文件中的指示进行传达。与作战指挥官的通信必须符合 DoDD 5100.01 条款的相关规定。

h. 酌情与其他政府官员、公众、外国政府代表、外国研究机构和非国防部研发机构进行沟通，以履行分配的职责和职能。与立法部门代表的沟通必须通过主管立法事务的助理国防部长或 USD（C）/CFO 进行（视情况而定），并与国防部立法计划保持一致。

i. 根据《美国法典》第 15 部分第 3710a 章节规定行使国防实验室主任的权力，并根据《美国法典》第 10 部分第 137 章节规定行使机构负责人的权力。

j. 与任何机构、大学、非营利性公司或其他组织签订并管理赠款、合作协议和其他授权交易，以执行或支持 DARPA 任务相关工作。参考《美国法典》第 10 部分第 2358、2371 和 2373 章节规定，建立 DARPA 管理程序。

k. 行使 5134.10 号国防部指令附件 2 中规定的行政权限。

8. 行政

a. 国防部长根据美国国防部（AT&T）和 ASD（R&E）的建议，选择一名文职官员担任 DARPA 局长。

b. 军事部门长官建议根据批准的授权和既定的联合任务分配程序向 DARPA 分配军事人员，并在 DARPA 接受后进行分配。

c. 从 DARPA 获得资金的其他国防部部门负责人通过确保在适当的财务和会计系统中记录财务交易的准确性、完整性和及时性，支持 DARPA 的会计和财务运作。国防部各部门负责人还需要建立适当的内部控制，以确保 DARPA 财务信息的完整性，并符合国防部 7000.14-R 文件《国防部财务管理条例》的规定。

d. 国防部其他部门可根据 DoDI 4000.19 文件《支持协议》规定通过支持和军种间协议为 DARPA 提供行政支持。

9. 发布

本文件可以公开发布。本指令可以在 DirectivesDivision 网站（http://www.esd.whs.mil/dd/）上查阅。

10. 第 1 次变更摘要

为准确起见，本次指令更改是行政性的，并更新了组织标题和参考资料。

11. 生效日期

本指令生效日期为 2013 年 5 月 7 日。

附件 1　参考资料

(a)《美国法典》第 10 编。

(b) 国防部第 5134.10 号指令，"国防高级研究计划局（DARPA）"，1995 年 2 月 17 日（特此取消）。

(c) 国防部第 5134.01 号指令，"采购、技术和后勤副部长（USD (AT&L)）"，2005 年 12 月 9 日。

(d) 国防部第 5134.3 号指令，"国防研究和工程主任（DDR&E）"，2003

年11月3日。

（e）联邦采购条例，第2.1分部"定义"，当前版本；国防联邦采购补充条例，第202.101分部"定义"，当前版本。

（f）国防部指示（DODI）8910.01，"信息收集和报告"，2014年5月19日。

（g）国防部第5100.01号指令"国防部职能和主要组成部分"，2010年12月21日。

（h）《美国法典》第15部第3710a部分。

（i）DOD 7000.14-R，"国防部财务管理条例"，当前版本。

（j）国防部指示（DODI）4000.19，"支助协定"，2013年4月25日。

（k）国防部指示（DODI）5025.01，"国防部指令项目"，2016年8月1日。

（l）《美国法典》第5编。

（m）国防部指示（DODI）5105.04，"国防部联邦咨询委员会管理项目"，2007年8月6日。

（n）国防部指示（DODI）5105.18，"国防部政府间和政府内委员会管理项目"，2009年7月10日。

（o）第10450号行政命令，"政府雇佣的安全要求"，1953年4月27日。

（p）第12968号行政命令，"机密信息的获取"，1995年8月2日。

（q）国防部指示（DODI）5200.02，"国防部人员安全项目（PSP）"，2014年3月21日。

（r）国防部手册5200.02，"国防部人员安全项目（PSP）程序"，2017年4月3日。

（s）联合旅行条例，军警人员和国防部文职雇员，当前版本。

（t）《联邦规章法典》第5编第550部。

(u)《美国法典》第 37 编。

(v)《美国法典》第 44 编。

(w) 国防部指示(DODI) 5015.02,"国防部记录管理项目",2015 年 2 月 24 日。

(x)《美国法典》第 31 编。

(y) 联邦管理条例 102-75.1055。

(z) 国防部指示(DODI) 5200.08,"国防部设施和资源以及国防部实物安全审查委员会的安全",2005 年 12 月 10 日。

(aa) 国防部指示(DODI) 2000.12,"国防部反恐怖主义(AT)项目",2012 年 3 月 1 日。

(ab) 国防部指示(DODI) 5200.01,"国防部信息安全项目和敏感分区信息(SCI)的保护",2016 年 4 月 21 日。

附件 2　授权

根据授予国防部长的权力、国防部(AT&L)和 ASD(R&E)的权力、指示和控制,并依据国防部政策,国防高级研究计划局(DARPA)局长及在局长缺席情况下其代理者,被授予 DARPA 管理和运营所需的权力:

a. 必要时,根据美国法典第 10 部分第 173 节和第 174 节、美国法典第 5 部分第 3109(b) 章节、《联邦咨询委员会法案》、DoDI 5105.04 文件和 DoDI 5105.18 文件的规定,使用咨询委员会,聘请国防部长或行政管理总监批准的临时专家或顾问,履行 DARPA 职能。

b. 根据行政命令 10450、行政命令 12968 和 DoDD 5200.2 文件(视情况而定):

(1) 指定 DARPA 中的任何职位为敏感职位;

(2) 在特殊情况下,在调查和裁决程序完成之前必须履行公务时,授权正在进行适当调查的个人在有限期限内临时进入 DARPA 的敏感职位;

(3) 如有必要，为了国家安全，启动人员安全调查，暂停对分配给 DARPA 或受雇于 DARPA 人员的安全审查。

c. 授权和批准：

(1) 根据《联合联邦旅行条例》第1卷规定，指派 DARPA 的军事人员临时公务差旅；

(2) DARPA 文职人员的差旅符合《联合联邦旅行条例》第2卷规定；

(3) 根据《联合联邦旅行条例》第2卷规定，邀请与 DARPA 活动直接相关的、发挥咨询或其他高度专业化技术服务作用的非国防部人员公务差旅；

(4) 依据《美国法典》第5部分第5542章节和联邦规章第5篇第550部分规定，安排 DARPA 文职人员加班工作。

d. 根据《美国法典》第37章第412节和《美国法典》第5部分第4110节和第4111节要求，当得到国防部长或指定人员批准时，批准分配给 DARPA 的军事人员用于与参加技术、科学、专业或其他类似组织会议相关的差旅支出。

e. 根据《美国法典》第44部第3102节和 DoDD 5015.2 文件规定，制定、建立并维护一个有效且持续的记录管理计划。

f. 当确定为更有利和符合政府的最佳利益时，使用政府采购卡而不是个人服务来进行 DARPA 的物资和服务采购。

g. 根据《美国法典》第44篇规定，授权在报纸、杂志或其他公共期刊上发布广告、通知或建议，以有效管理和运营 DARPA。

h. 类似于 DODI 5025.01《国防部指令计划》文件中规定的政策和程序，为所分配的职能建立并维护一个适当的内部出版物系统，用于分发机构法规、说明和参考文件及其变更。

i. 根据《美国法典》第31篇第1535节和 DODI 4000.19《支持协议》文件的规定，作为接收方或供应方，与其他国防部部门、非国防部联邦政府部门和机构以及州和地方政府签订部门间和政府间支持协议，以有效履行 DARPA 的职能和责任。

j. 直接或通过军事部门、国防部合同管理服务部门或其他联邦机构（视情况而定）签订和管理合同，以获得完成 DARPA 任务所需的物资、设备和服务。如果任何法律或行政命令明确限制军事部门秘书处一级人员行使此类权力，则此类权力必须由适当的国防部副部长或助理部长行使。

k. 根据联邦管理条例 102-75.1055 规定，行使总务管理局局长授予国防部长的处置剩余个人财产的权力。

l. 根据 DoDI 5200.08、DoDI 2000.12 和 DoDI 5200.01 文件规定，提供安全计划并发布必要的安全条例，以保护 DARPA 局长管辖范围内的人员、信息、财产和场所。

m. 根据适用法律和法规，为 DARPA 建立并维护适当的财产账户，任命调查委员会，批准调查报告，免除个人责任，并放弃对 DARPA 授权财产账户中已丢失、损坏、被盗、毁坏或无法使用的财产的问责。

n. 酌情以书面形式重新授予这些权力，除非本指令中另有明确规定或法律或法规另有规定。

附录2
DARPA主要创新成果（1958—2020）

1. 典型案例

除了被世人所熟知的互联网之外，DARPA 在其 60 余年的发展历程中用一次次变革性的技术成果改变了世界。从某种意义上讲，正是 DARPA 的出现加速了当今社会的科技发展进程。

1) 全球卫星定位系统

很难想象如果缺少了全球定位系统（GPS）将给世界出行秩序带来怎样的变化，而这个精彩故事的开端便起源于 DARPA。1959 年，DARPA 与约翰斯·霍普金斯应用物理实验室合作，启动了一项名为 TRANSIT 的项目。该项目由实验室理查德·科什纳（Richard Kirschner）博士主导开发，并获得了美国海军的支持。TRANSIT 项目计划使用 6 颗人造卫星（其中 3 颗备份使用），基于多普勒频移原理来确定卫星与地面接收站的位置关系，并希望借此来探索卫星授时与定位技术的可行性。1959 年 9 月 17 日，DARPA 进行了第一次卫星发射尝试，但因卫星未进入轨道而以失败告终；直到 1963 年 6 月 16 日，TRANSIT 项目才首次成功将预用卫星送入太空。与此同时，TRANSIT 项目还得到了来自海军实验室 TIMATION 项目成果的援助，后者提供了 GPS 系统精准计时所需要的原子钟技术。在接下来的 30 年里，美国海军与空军在各自规制的导航系统上工作，彼此缺乏相容和协同；直到 1973 年美国国防部成立了联合项目办公室负责开发统一的导航系统，这一尴尬局面才被打破。最终，统一导航系统被命名为 NAVSTAR 全球定位系统，并实现了由 24 颗卫星组网运行后的稳定部署。

全球定位系统工作需要三个组成部分：地面控制站、安装有原子钟的卫星网络以及用户接收终端。在 GPS 系统投入运行之后，DARPA 的下一个任务便是对 GPS 接收终端进行改进，以满足作战便携性的需要。在 1988—1993 年间，美国军方共生产了超过 1400 台 PSN-8 GPS 接收机，这些终端单台重量接近 50 磅（22.68kg），极为笨重。为了首先满足海军陆战队作战能力的要求，

DARPA 开始着手开发由电池驱动、利用 P 码实现信号传输的手持 GPS 接收机。

在 20 世纪 80 年代初,DARPA 战略技术办公室(STO)的一名项目经理谢尔曼·卡普(Sherman Karp)博士曾向当时的 STO 主任安东尼·J. 泰瑟(Anthony J. Tether)博士建议开发一种数字化 GPS 信号导航系统,该系统基于大规模集成半导体芯片制造,可以进一步实现接收终端的微缩化;因此,该技术构想在当时被视为革命性的设计理念①。当 Tether 问起这个新接收器有多微型时,Karp 从附近的桌子上抓起一包弗吉尼亚细香烟予以形象地回答,而该香烟型号也戏剧性地成为了微型 GPS 接收机(MGR)项目的代号。

在 MGR 项目开始阶段,共有 5 个国防承包商参与接收机硬件设计与制造的投标;通过激烈的角逐,Magnavox 研究实验室和罗克韦尔·柯林斯公司获得了 DARPA 合同。但随着项目的推进,由于所提出的技术方案成本过于高昂,Magnavox 实验室选择退出了 MGR 项目,此时柯林斯公司便成为了唯一的合同承包商。此后,当柯林斯公司冒着巨大风险成功生产出可以兼容数字信号和模拟信号的砷化镓混合芯片时,人们便意识到,这一技术突破将彻底改变 GPS 系统的应用历史。在 Karp 博士任期结束离开 DARPA 之后,尼尔·多尔蒂(Neil Dougherty)和拉里·斯托茨(Larry Stotts)博士相继被任命为 MGR 项目的负责人,直至该项目在 1991 年成功交付其革命性成果——重量仅为几磅的新一代微型 GPS 接收机②。

最初,MGR 项目预测每台 GPS 接收机的成本约为 5000 美元。然而,随着硅基模拟芯片设计与制造技术的不断进步,芯片效能显著提高的同时成本却不

---

① Anthony J. Tether 博士后来升职为 DARPA 局长,继续推动了便携式 GPS 接收终端的开发工作。
② Catherine Alexandrow,"The Story of GPS," June 29, 2011, https://issuu.com/faircountmedia/docs/darpa50, pp. 54-55.

断降低，这使得具有完全军事能力的新型小型化 GPS 接收机单台成本降到了 1000 美元以下。此外，一个集成有惯性测量单元（IMU）的军用 GPS 接收卡的成本也已不到 500 美元。由于小型轻量化、高精度 GPS 接收机（PLGR）的出现，军队作战不再需要笨重的 P 码接收机，从而为士兵携带更多弹药、食物或生命支持设备提供了空间。不仅如此，GPS 在民用领域的普及更改变了人们的出行方式。当我们坐在车里跟随清晰的语音导航进行驾驶操作时，便可以深刻感受到 DARPA 的技术创新给世界带来的改变。

2）"捕食者"无人机

今天，我们可以在位于华盛顿社区的国家航空航天博物馆看到已经退役的"捕食者"无人机——一支曾在"9·11"事件后对"基地"组织执行反恐打击的重要武装力量。作为航空领域一项里程碑式的杰作，"捕食者"无人机重新定义了 21 世纪战争的对抗范式，为人们展示了远程操控无人系统的卓越打击效果。

相比美国现代军用飞机的研发流程而言，"捕食者"无人机的研制体现出了另一种非常规的研发理念，该项目的起源可以追溯到以色列移民亚伯拉罕·卡列姆德（Abraham Karemde）的一个车库项目①。1983 年，Abraham Karem 为 DARPA 研发了一款名为"信天翁"的长航时小型战术侦察无人机；5 年之后，基于"信天翁"无人机的设计改进，DARPA 开发了第一架中型长航时无人机——"琥珀"，该无人机又直接导致了 GNAT 750 和美国空军在波斯尼亚部署的"捕食者"2 号无人机的诞生。不久后，Karem 的公司连同 GNAT 750 系列无人机一起，被通用原子公司收购。

1993 和 1994 年，美国中央情报局（CIA）将 GNAT 750 无人机在波斯尼亚和黑塞哥维那上空投入使用。虽然该无人机在实战中暴露出部分缺陷，但美

---

① Roger Connor, "The predator, a drone that transformed military combat," March 9, 2018, https://airandspace.si.edu/stories/editorial/predator-drone-transformed-military-combat.

国国防部依然对此表现出极大兴趣,并希望可以采购基于 GNAT 750 设计的用于中高度战术侦察的增强型版本。很快,改进后的新一代 GNAT 750 无人机被命名为 RQ-1"捕食者",并在 1995 年同样部署在了波斯尼亚和黑塞哥维那地区。"捕食者"无人机最初由美国海军和陆军联合部署使用,后于 1995 年转移到了美国空军进行操作和维护。

早在 1984 年,DARPA 便启动了"琥珀"项目,当时的项目目标是在满足最低外场需求前提下快速实现原型样机的研制[①]。1988 年 6 月,"琥珀"无人机成功展示了连续 38h 的持续飞行能力,创造了长航时无人驾驶飞行的新纪录。随后,"琥珀"的设计特征被有效移植到了 GNAT 750 无人机上,后者成为了美军第一架部署到波斯尼亚战区的无人机。作为下一代改进型号,"捕食者" 2 号无人机的续航性能得到了进一步增强,并于 1995 年批量交付美国海军和国防侦察办公室(DARO)。自从首次飞越波斯尼亚以来,"捕食者"系列无人机便一直被视为美国国防部最为重要的打击利器之一。

与传统有人驾驶飞机相比,"捕食者"无人机发动袭击次数之多,对战争效果影响之巨大,这在世界军事历史上也是罕见的。特别是在针对敌军首脑人物的定点清除方面,灵活快速的部署能力和精确的打击效果使其成为了军事指挥官的新宠。2001 年 4 月,美军只有 90 架无人机在役,其中 75 架为 RQ-2"先锋"无人机和 RQ-7"影子"无人机的混合编队,另外 15 架便是"捕食者"。4 年之后,该数字增加了两倍;而此后 10 年,美国军方库存了近 11000 架无人机。"捕食者"本身可能并非这一增长的唯一决定因素,但它无疑重新定义了无人机在战场态势和地缘政治塑造方面的巨大影响力。

---

① "Predator," https://www.darpa.mil/about-us/timeline/predator.

"捕食者"无人机的故事一直延续到了 2011 年,美国空军在完成第 268 架"捕食者"交付后终止了该机型的生产。整个过程中,包括英国和意大利等美国盟友在内的国家,都成为"捕食者"研制生产历史的一部分。2012 年,由美国陆军研制的 MQ-1C"灰鹰"无人机成为了"捕食者"的替代品。事实上,早在 1999 年"盟军行动"开展期间,美国空军便委托通用原子公司研制下一代"捕食者"无人机,即 MQ-9"死神"无人机。2007 年,"死神"正式服役,自此开始了逐步取代"死神"的历史。

3) 个性化学习助理

随着苹果公司 iPhone 系列手机风靡全球,该手机装载的数字虚拟助理程序——Siri 逐渐被人们所熟知,并成为了我们生活的一部分。事实上,Siri 的诞生源于 DARPA 一项名为"学习和组织认知助手(CALO)"的项目,该项目设立的初衷为研制一款可以帮助军方指挥官完成信息处理和办公任务的虚拟助手软件[1]。从字面上不难理解,在拉丁语中 CALO 正是"士兵仆人"的意思。

2002 年,DARPA 启用了个人学习助手(PAL)项目,这也标志着近年来该机构第三次人工智能研发资助浪潮的开始[2]。在接下来的 7 年时间里,PAL 项目由 DARPA 信息处理技术办公室(IPTO)主导,在具体执行上被分成了两个部分:CALO 和具有"具有分布式自适应推理的反射代理(RADAR)"项目。前者由总部位于美国加利福尼亚州门洛公园的 SRI 国际研究所提供研发支持,后者则主要由卡内基梅隆大学负责技术实现[3]。

1946 年,SRI 国际研究所在斯坦福大学成立,其建立初衷为"用研发造福

---

[1] William B. Bonvillian, Richard Van Atta and Patrick Windham, *The DARPA Model for Transformative Technologies* (OpenBook Publishers, 2019), pp. 272-274.

[2] Joshua Alspector, Thomas G. Dietterich, "DARPA's Role in Machine Learning," *AI Magazine 41*, 2020, 42-44, DOI: https://doi.org/10.1609/aimag.v41i2.5298.

[3] "DARPA Awards contracts for pioneering R&D in cognitive systems," DARPA News Release, July 16, 2003, http://www.adam.cheyer.com/pal.pdf.

社会";1970 年，SRI 脱离斯坦福大学，正式成为一家独立的非营利性研发机构，并在项目研发上获得了大量政府资助。DARPA 选择了 SRI 国际研究所的人工智能中心直接负责 CALO 项目的技术实施。这个为期 5 年、耗资 1.5 亿美元的项目汇集了来自 22 个主要研究机构的 300 多名研究人员参与①。正如 CALO 项目首席科学家 David Israel 博士所描述的那样，"从任何角度来看，这个人工智能项目都是史无前例的"。事实上，在 CALO 项目出现之前，DARPA 在人工智能领域的探索已经有过多次尝试；然而，直到 CALO 用自然语言处理（NLP）技术证明自身的价值后，人们才真正相信机器也可以像人类一样在不断学习中成长。在多年之后，这一点同样被 Open AI 公司推出的 Chat GPT 程序所证实②。

在经历了近 5 年的紧张研发后，CALO 项目已初具雏形，但此时该技术依然离投入商用还很遥远。然而，机缘巧合的是，时任该项目负责人 Adam Cheyer 接受了 Morgenthaler 和 Menlo 两家风险投资机构的帮助，于 2007 年正式成立了 Siri 公司，并重新为 Siri 确立了研发方向，即打破传统网络搜索引擎的局限，构造出一款能够安装在手机上的云端语音虚拟助手软件。2010 年 2 月，Siri 公司推出了首款基于苹果手机的语音助手应用程序，该程序一经推出，便受到了用户的大幅追捧。在意识到 Siri 公司的巨大价值后，仅仅两个月之后，该公司便被苹果公司收购。此后，经过一年多的完善，Siri 在 2011 年 10 月随苹果公司新一代旗舰机型 iPhone 4s 重新面世，并一举缔造了此后该程序在手机虚拟助手领域的传奇③。

---

① "Artificial Intelligence：CALO," https：//www.sri.com/hoi/artificial-intelligence-calo/.
② "ChatGPT：get instant answers, find creative inspiration, and learn something new," https://openai.com/chatgpt.
③ "Siri," https：//www.sri.com/hoi/siri/.

2. 成果列表（附表 2-1）

附表 2-1　DARPA 主要创新成果一览[①]

时　间	项　目	成果简介
1958 年	"土星"五号与"半人马座"运载火箭	"土星"五号运载火箭在载人登月中起了非常重要的作用；"半人马座"火箭采用液氧/氢助推器，提高了美国运载火箭将大量载荷送入地球同步轨道的能力，并为未来的探月和深空任务铺平了道路
1959 年	相控阵雷达	该系统的探测距离可达数千英里，可以探测、跟踪、识别和编录地球轨道上的物体和弹道导弹
1959 年	"TIROS"气象卫星	现今全球的天气监测、预报和研究系统的原型
1960 年	"Corona"间谍卫星	世界上最早、最著名的间谍卫星计划之一，在冷战期间获取了大量情报
1960 年	材料科学	DARPA 开创了新兴的材料科学与工程学科
1960 年	"Transit"导航卫星	第一个全球卫星导航系统
1961 年	中段光学站（AMOS）计划	该项目开发了先进的地面观测技术，以获得卫星、载荷和其他从太空返回大气层的物体的精确测量和图像
1961 年	"Agile"计划	该计划是越战中发展起来的大型且多样化的反叛乱研究项目组合，研究内容包括武器、口粮、偏远地区的运输和后勤、通信、监视和目标获取、落叶剂和心理战等
1962 年	"ON-Line"系统	第一个具有超文本链接、鼠标、光栅扫描视频监视器、按相关性组织的信息、屏幕窗口、演示程序和其他现代计算概念的计算机框架
1963 年	"VELA"核爆炸监测	该计划开发了能探测太空、高层大气和水下的核爆炸的传感器
1963 年	"Arecibo"天文望远镜	大型射电望远镜，直到 2016 年前，一直拥有世界上最大的碟形天线，在监测电离层活动上不可或缺
1964 年	鼠标	该项目开发了第一个计算机鼠标的原型
1964 年	MAC 计划	世界上第一个大规模个人计算机开发项目
1966 年	M16 步枪	M16 突击步枪后来成为美国军队的制式武器
1966 年	"Shakey"机器人	第一个具有足够人工智能的移动机器人
1967 年	"QT-2"低噪声飞行器	低发动机噪声使飞行器大大提高了越战中夜间空中侦察行动的效率
1968 年	计算机产品展示	开创性的视频演示技术，后被广泛用于各种新产品展示
1968 年	爆炸成型	该项目开发了用爆炸成型的金属处理工艺，开辟了生产各种航空航天部件的新方法

[①] https://www.darpa.mil/Timeline/index.

附录2　DARPA主要创新成果（1958—2020）

续表

时间	项目	成果简介
1969年	鱼雷推进系统	用于鱼雷的锂基热能系统，为海军鱼雷提供动力装置
1969年	紧凑型涡扇发动机	该项目开发了紧凑、高效的涡扇发动机，广泛用于20世纪90年代美军的巡航导弹
1969年	"ARPA"网	一个地理上分散的计算机之间共享数据的开创性网络，催生了日后广泛使用的互联网，在"信息革命"中发挥了核心作用
1970年	铍镜	该项目开发了铍加工技术，并利用其制造大型、稳定、轻质镜子，可用于航天领域
1970年	"Camp Sentinel"雷达	该项目开发了杂波抑制处理技术，使得该雷达在越战中能穿透树叶探测部队驻地附近的渗透者，并提供足够的精度以便直接投射火力
1971年	玻璃状碳	独特的由纯碳组成的泡沫材料，具有低重量、高强度、高表面积、低流体阻力和化学惰性。后被用于心脏瓣膜等外科植入物
1971年	反潜作战	该项目改造了原用于石油工业的地震拖曳阵列用于探测潜艇，通过加入先进的计算工具、数据链接和网络，在1985年之前一直是跟踪苏联潜艇的首选方法
1972年	砷化镓	该新型半导体材料可以容纳比硅更快、运行功率更高的晶体管，是日后的GPS接收器小型化，精确制导等技术的关键材料
1972年	先进飞机材料	该项目提供了一系列的高性能或具有新特性的新材料，如稀土永磁材料，日后为F-15和F-16等先进战斗机的性能提升提供了基础
1973年	TCP/IP协议	开发了用于ARPANET的数据传输协议，至今仍然是互联网底层基础的支柱
1975年	涡轮用陶瓷材料	该项目发展了包括陶瓷设计、材料开发、制造工艺开发以及测试和评估等技术，推动了脆性高温材料的应用，掀起了全球研究陶瓷材料的热潮
1977年	"Have Blue"隐身飞机	该项目开发了包括改善形状设计和使用吸波材料等多项技术以降低飞行器的可探测性，最终促进了F-117A隐身战斗机和B-2隐身轰炸机的研发。目前，隐身技术广泛应用于导弹、直升机、地面车辆和舰船等各种武器系统和军事平台
1978年	"突击破坏者"计划	该计划集成了许多对于精确制导弹药非常重要的技术，包括激光、光电传感器、微电子、数据处理器和雷达，为多个智能武器系统奠定了技术基础。这些系统包括联合监视目标攻击雷达系统、全球鹰无人机、带有末端制导子弹药的空对地导弹、远程快速反应的地对地陆军战术导弹系统以及"Brilliant"反装甲坦克子弹药
1978年	准分子激光器	该项目发明了高功率气相准分子激光器，用于地面激光—太空平台的数据通信，该技术后来还被用于医疗领域，特别是眼科矫正手术

317

续表

时间	项目	成果简介
1978年	"哈勃"望远镜天线系统	该项目完成了"哈勃"太空望远镜的两个天线吊杆的设计、制造、交付和安装,以展示石墨纤维—铝基体复合材料在重量、刚度和尺寸稳定性上的优势
1980年	铝锂合金	该项目开发了焊接铝锂合金技术,将高刚度与低密度相结合,有效降低了航天材料的重量
1980年	"MIRACL"及其他先进激光器	该项目开发了特殊激光技术,其中包括在防空战,特别是反弹道导弹方面展现出了巨大的前景的中红外先进化学激光器(MIRACL)。该项目催生了许多先进的组件和概念,成为了日后多种激光系统开发的基础
1980年	"JSTARS"联合监视和目标攻击雷达系统	该系统基于先前开展的检测缓慢移动的目标的机载目标捕获和武器投送雷达计划,加入合成孔径雷达获得了更强大的能力,为作战指挥官提供实时支持,以评估战区局势并确定目标
1981年	"MOSIS"半导体服务	该服务向大学、政府机构和企业等提供了快速周转、低成本制造有限批次的定制和半定制微电子设备的机会,大大降低了他们的研发门槛。该服务历经40余年依然在运行当中
1981年	"Tacit Blue"隐身飞机	在"Have Blue"项目取得成功后,其后续项目在隐身技术、雷达、空气动力学上的创新能使飞机在操作雷达传感器的同时保持自身的低散射截面,为之后B-2隐身轰炸机的研发奠定了基础
1981年	无尾旋翼直升机	该项目发展了无尾旋翼技术,使直升机的噪声大大降低,被认为是单旋翼直升机自使用涡轮发动机以来最重要的变革
1983年	小型化GPS接收器	该项目催生了砷化镓混合芯片以及首款"全数字化"的GPS接收器,成功缩小了GPS接收器的尺寸,大大提高了美军远距离攻击和消灭困难目标的能力,该技术之后还被广泛应用于智能设备的导航模块
1984年	"海影"隐身船	该项目将隐身概念和材料应用于水面舰艇,并测试了海水对雷达波吸收材料的影响,生产了"海影"号原型船,但未获得更大成功
1985年	X-29前掠翼超声速战斗机	该项目首次展示了基于前掠翼技术的超声速战斗机,其数字电传飞行控制系统和碳纤维机翼技术使其机动性远高于传统飞机,其先进复合材料现已广泛应用于军用和商用飞机,其先进的空气动力学设计影响了日后先进的"全球鹰"无人机的机翼设计
1985年	"GLOMR"低成本卫星	该项目验证了可短时间建造的、低成本的、双向数字通信卫星的可行性。该卫星成为了日后许多国防部和非国防部卫星的模板
1986年	"SEMATECH"半导体制造技术联盟	DARPA向半导体制造技术联盟提供资助以帮助振兴美国芯片制造行业。该联盟被认为是日后美国半导体产业全面反超日本的根本原因之一
1987年	"标枪"反坦克导弹	世界上第一种中程、单人便携、发射后不管的反坦克武器系统,至今仍为美军重要的反坦克武器

附录 2　DARPA 主要创新成果（1958—2020）

续表

时 间	项 目	成 果 简 介
1987 年	微波和毫米波集成电路	该项目开发了可负担的、适用性强的用于军事武器系统的微波/毫米波子系统，并建立了一套适用于该技术的基础设施，促进了砷化镓半导体器件技术的发展，并为固态电子学的后续发展建立了的典范
1988 年	无人水下航行器	该项目开启了无人水下航行器的研究，以满足海军的特定需求，该工作催生了许多后续项目以及一系列技术开发，成为了海军研发项目的重要部分
1988 年	"Amber" 无人机	该项目建造了第一架高续航的无人机"Amber"，展示了数字飞行控制、复合材料、微处理器和卫星导航等技术的创新，日后催生了"Gnat 750""捕食者""全球鹰"等无人机，这些无人机在作战、情报、监视和侦察能力方面具有变革性的意义
1989 年	"金牛座"运载火箭	该项目开发了能快速响应、以低成本从地面设施发射战术卫星的运载火箭技术
1989 年	高清系统	该项目支持了高清显示相关的材料与制造技术的研发，其资助的数字镜面投影技术，在电子投影仪领域取得了商业上的成功，并获得了艾美奖和奥斯卡技术成就奖
1989 年	射频晶圆级集成技术	该项目开发了将芯片紧密集成到整块晶圆的规模的技术，以获得更小体积、更高可靠性、更高的计算或存储能力、更低功耗的系统
1989 年	垂直腔面发射激光器	该项目发展了垂直腔表面发射激光器的技术，促进了光电技术联盟的成立，从而导致了基于该技术的多千兆位光电互连组件技术的突破，并最终成为了一系列芯片间通信和原子钟等先进技术的重要组成部分
1991 年	金属陶瓷防弹衣	该项目针对美国海军陆战队轻型装甲车的车顶防护，通过改进金属陶瓷工艺，成功研制了坚固的复合材料装甲。其后该技术还大量应用到装甲车、飞机的驾驶舱、雷达散热器、涡轮尖端护罩、商用卫星散热器、光刻机的坚硬部件以及车辆制动部件等领域
1991 年	先进雷达测绘	该项目开发了干涉式合成孔径雷达高程系统，其为一种机载的、基于雷达的全天候测绘技术，可以生成精度为 6 英尺（约 1.83m）的地形图，大大降低了此类工作的难度和费用，并缩短了任务时间
1991 年	非制冷红外检测	DARPA 在 80 年代开发了低成本的非制冷传感器此时进入了实用阶段，一举改变了先前因价格因素无法大规模使用的红外探测技术，广泛用于各种军事系统
1991 年	短距起飞—垂直着陆技术	该计划开发了短距起飞—垂直着陆技术，后演变成 DARPA 管理的通用经济型轻型战斗机"CALF"项目
1992 年	非穿透式潜望镜	该项目作为先进潜艇技术计划的一部分，使用商用的可见光和红外光谱相机的制成了原型系统，并在"孟菲斯"号潜艇上进行了演示，彻底改变了潜艇桅杆的设计

续表

时间	项目	成果简介
1992年	"Brilliant"反坦克集束弹药	该项目开发了一种末端制导的反装甲弹药,其采用新颖的声学传感器,可以探测坦克发动机运转的声音,能最大限度地减少干扰
1993年	自旋电子学	该项目作为一系列基于磁学和量子微电子学的器件的基础研究项目中的第一个,促进了非易失性磁存储器器件的开发,并催生了基于自旋的集成电路等十几个相关项目。这些项目推出了一系列复杂的技术,其中包括超高密集数据存储技术
1994年	"DARPASAT"微型航天器	该项目展示了在轨道上放置轻型、低成本载荷以增强防御和作战能力的可能性,项目研发的航天器在严格的能源管理下大大超过了其预期寿命
1994年	传感器引信武器	该项目通过结合红外传感器和目标识别软件以及发射平台的作用,研发了一种传感器引信弹药,以满足空军对该类武器的需求
1994年	微机电系统	DARPA为当时新兴的微机电系统领域提供了大量资金,促使研究人员采用标准半导体制造方法来制造柔性薄膜、悬臂、齿轮等微型机械结构,并将它们与电子设备集成在一起。这些技术日后为国防部交付了包括用于武器智能化的惯性导航设备、用于现场检测生物武器的小型化"芯片实验室",以及光学开关等创新成果
1995年	微波和模拟前端技术计划	作为毫米波单片集成电路计划的后续,该计划旨在通过计算机辅助设计、成本分析等方法显著减少微波和毫米波传感器系统的经常性成本,大大推动了微波集成电路在产业上和军事应用上的发展
1995年	"捕食者"中型无人机	作为"Amber"无人机的后续项目,"捕食者"无人机在大小以及续航力上都更胜一筹,其自身以及后续机型一直是美国国防部的重要资产
1995年	X-31试验飞机	X-31试验飞机作为增强战斗机机动性计划的一部分,旨在提高飞行员控制飞机俯仰的能力。在矢量推进等技术的帮助下,该试验机显示出了远超出了传统飞机的机动能力
1996年	地理合成孔径雷达"GeoSAR"	该计划开发了能同时绘制树叶冠层及其下方地形的设备,能够使飞机单次通过时高效绘制广域地图
1996年	"SOLDIER 911"紧急通信工具	该项目开发了一款个人紧急无线电设备,可以监控佩戴者的位置,并根据位置信息向士兵及其指挥系统发出警报。该设备还包含一个紧急呼叫按钮,以便佩戴者寻求紧急帮助
1996年	"肖特基"红外成像仪	该项目利用"肖特基"势垒研制了新一代的红外成像仪,比以往的设备可靠性更高而且价格更低廉
1997年	头戴式设备	该项目着眼于可穿戴计算设备等多任务辅助系统的前景,启动了头戴式显示器的开发,旨在使士兵能够以前所未有的便捷以及高效的方式查看信息
1999年	小型空射诱饵	该计划旨在开发一种小型、廉价的诱饵导弹来对抗防空措施,并最终推进了空军的"MALD-J"项目研发和生产

附录 2　DARPA 主要创新成果（1958—2020）

续表

时　间	项　目	成　果　简　介
2000 年	微型卫星	该计划以极小型的微机电系统及射频开关为特色，展示了小型卫星如何在未来协同工作，同时大幅降低其尺寸和功率要求
2002 年	高性能计算	该计划资助了五家大型计算机公司以支持下一代的超级计算机的概念性开发，其目标是振兴超级计算机的研究和市场，并孵化新一代快速、高效、易用且价格实惠的机器
2002 年	智能化个人助理设备	该计划创建了认知计算系统，以提高多个指挥级别的军事决策的效率和有效性，从而减少对指挥人员的需求，并实现更小规模、机动更强的指挥中心。该技术后被苹果公司用于智能手机上的语音助理，成为了广泛使用的民用技术
2004 年	量子秘钥分发网络	该项目建立了第一个量子密钥分发网络，开启了可用量子加密系统的发展序幕
2004 年	无人车辆挑战赛	该项目旨在加速可应用于军事需求的自动驾驶汽车技术的开发，其引领了此后自动驾驶技术的迅速发展
2005 年	A-160 增程无人垂直起降直升机	该项目研发了一种高航程的、高速无人驾驶直升机，为远程无人垂直起降行动铺平了道路。该项目是一系列自主平台项目的一部分，有助于创建一支更有能力、更敏捷、更具成本效益的部队
2005 年	"BigDog" 机械狗	该项目着眼于开发机器人驮具来帮助作战人员，在控制、交互、传感、运动、立体视觉、系统管理等方面进行了一系列的创新和综合后，最终开发了 "BigDog" 机器狗
2005 年	芯片级原子钟	该计划开发了超小型化、超低功耗的芯片级原子钟，可用于高安全性的超高频通信系统和抗干扰强的 GPS 接收器，大大改进了各种有超高频通信和导航需求的军事系统的可移动性及可靠性
2006 年	"MiTex" 微型卫星技术实验	该项目研究并展示了各种潜在的先进技术，包括轻型动力和推进系统、航空电子设备、结构、商用现成组件、先进通信和在轨软件环境等，从而验证了政府与工业界合作下快速开发，低价格、快速发射的卫星部署方式
2006 年	革命性假肢技术	该计划开发了一种先进的机电假肢，具有近乎自然的控制能力，可显著提高截肢者的独立性和生活质量
2007 年	自主高空加油	该项目展示了高性能飞机可以轻松地从传统加油机进行自动加油，在此基础上，DARPA 还首次验证了高空无人机自主加油
2007 年	市区无人车辆自主驾驶挑战赛	该项目要求参赛团队建造一辆能够在现实交通环境中行驶的自动驾驶汽车，执行并道、超车、停车和通过十字路口等复杂操作，最终向世界证明城市自动驾驶可以成为现实
2007 年	轨道快车	轨道快车太空运营架构计划的目标是验证机器人、自主在轨补充燃料和卫星重新配置等先进技术的可行性，以支持未来广泛的国防和商业太空计划。这些技术能够增加卫星的机动性，提高其生存能力及寿命，通过在轨定期升级提升性能并大大减少部署新技术的时间
2008 年	海量数据分析技术	该项目开发了针对海量数据集的分析技术

续表

时　间	项　目	成果简介
2009 年	"红气球"挑战赛	为纪念互联网诞生 40 周年,该项目旨在探讨互联网和社交网络在解决范围广泛、时间紧迫的问题时,利用即时通信、广域团队建设和紧急动员方面所发挥的作用
2010 年	"HALOE"高空激光雷达	利用过去在激光雷达的研发成果,该项目测试了高空激光雷达,提供了前所未有的高分辨率三维地理空间数据,其同时间内收集的数据比当时最先进的系统还要多十倍,对战场数据收集、战略规划和决策起到了重要作用
2011 年	"猎鹰"高超声速无人机	DARPA 的"猎鹰"高超声速飞行器计划旨在增加相关技术知识并推进关键技术发展,使长时间高超声速飞行成为现实
2011 年	无人机用雷达	该计划为无人机或小型载人机设计和部署雷达系统,提供合成孔径雷达和地面移动目标指示器数据,用于检测、定位和跟踪车辆和徒步部队
2012 年	氮化镓半导体	DARPA 一直致力于开发高功率密度、宽带隙半导体元件,并在氮化镓阵列上取得了一系列的重要进展,目前广泛应用于下一代干扰器、飞机与导弹监测雷达、太空围栏等先进技术
2012 年	芯片内/芯片间增强冷却技术	该项目旨在探索内嵌式的热能管理系统,其核心是在基底、芯片等区域注入微流体冷却以及相应的热能管理系统的设计。该项目建立了一个专注于此类技术的研究社区以协同创新
2013 年	穿戴式爆炸伤害检测仪	该项目为作战人员开发了一种可穿戴设备,用于监测爆炸并提示医务人员进行初步响应
2013 年	"Atlas"救灾机器人	该项目开发了能够进行一系列自然运动的人形机器人,机器人通过一条绳索连接到外电源和计算机,并接受由人类操作员发出的命令
2013 年	"LS3"运载机器人	该项目开发了一种高度机动的半自主有腿机器人,能够跟随士兵穿过崎岖的地形,并以自然的方式与部队互动
2013 年	半导体技术高等研究网络"STARnet"	DARPA 与半导体和国防工业的主要公司建立了半导体技术高级研究网络,以支持大学研究超越当前微电子技术水平的发展方向
2013 年	毫米波功率放大器世界纪录	该项目使用硅基的半导体技术打破了毫米波功率放大器输出功率的世界纪录,该技术在低成本通信和毫米波传感器领域有着重要的应用
2014 年	极高精度任务军械	该项目专门设计了特殊的弹药和实时光学制导系统,通过补偿各种阻碍命中的因素,帮助在飞行过程中跟踪子弹并将其引导至目标。该项目首次成功的实弹测试,展示了 12.7mm 口径子弹的飞行制导能力
2014 年	远程反舰导弹	该项目旨在开发半自主的空射反舰导弹,通过增强远程反舰导弹目标识别和远距离实施打击能力,确保减少对外部平台和网络链接的依赖,以渗透复杂的敌方防空系统
2014 年	"Memex"内容索引和网络搜索技术	该计划以推动互联网内容索引和网络搜索领域的最新技术发展,这些技术应用到打击贩卖人口上很快起到了成效

附录2　DARPA主要创新成果（1958—2020）

续表

时　间	项　　目	成　果　简　介
2014年	电磁频谱通信挑战赛	该项目旨在鼓励开发可在拥挤或受干扰的情况下提供高优先级传输的可编程无线电设备，其验证了军事环境下无线电设备通过自主感应和调节进行协作的方法，为国防和商业上开发新的频谱共享方式奠定了基础
2015年	机械人挑战赛	该项目旨在开发能够帮助人类应对自然和人为灾难的机器人系统
2015年	"CHIKV"病毒挑战赛	该项目旨在加速传染病预测方法的发展，为阻止其蔓延提供信息支援
2016年	网络安全挑战赛	该项目是世界上首个全机器人黑客锦标赛，旨在开发能够实时发现、证明并修正漏洞的自动防御系统，希望能扭转当今攻击者主导的现状
2016年	"SIGMA"辐射监测计划	该项目的目标是开发和测试低成本、高效率的辐射传感器，用于检测伽马和中子辐射，并通过智能手机将它们实时联网，可为政府官员提供放射性威胁的实时信息
2016年	SST空间监视望远镜移交	DARPA将其太空监视望远镜的所有权移交给美国空军太空司令部，后者与澳大利亚政府共同运营该望远镜。该项目由DARPA资助并于2011年建成，是世界领先的小天体观测系统
2017年	软件无线电社区	为了更好地理解物理现实和虚拟网络在日益拥挤的电磁频谱中产生的复杂关系，DARPA建立了一个由相关技术领域工作的工程师和科学家组成的社区
2017年	"JUMP"联合大学微电子项目	DARPA与非营利性的半导体研究公司合作，组成了一个联盟来资助和监督联合大学微电子项目。作为"STARnet"的后继项目，其由六个大学研究中心组成，支持着数百名科研人员进行微电子领域的基础研究，以促进创新，提高商业和军事应用的各类电子系统的性能、效率和整体能力
2017年	蜂群挑战赛	DARPA规划并组织了三军的军事学院参与蜂群挑战赛，该项目旨在鼓励其学生为小型无人机群开发创新的进攻和防御策略
2018年	下一代人工智能计划	该计划聚焦美国国防部在人工智能技术的愿景，由约50个现有或新设立的项目组成，统称为下一代人工智能计划
2018年	"海上猎人"无人水面航行器	该项目开发了无人睡眠航行器"海上猎人"号原型船并验证了其能力，该船只已移交海军进行下一步开发
2019年	频谱协作挑战赛	该项目鼓励研究人员开发智能系统，使其能够协作而非竞争地实时适应快速变化、拥挤的电磁频谱环境，重新定义人类和机器的传统频谱管理角色，以最大限度地提高射频信号流量
2020年	发射挑战赛	该项目寻求以最少的基础设施和对发射条件最低依赖的情况实现发射能力
2020年	硬件篡改漏洞悬赏	该项目以悬赏的方式鼓励安全技术人员通过模拟入侵的方式验证硬件系统的安全性，以帮助开发更安全的芯片

FRONTIER TECHNOLOGY
INNOVATION MANAGEMENT OF
DARPA

附录3
DARPA近年来关注重点

2019年，DARPA公布了其最新版战略文件，在文件中明确将保卫家园、威慑和战胜高端对手、维护稳定和推进科学技术基础研究作为近年来四项发展要务。围绕上述重点工作方向，DARPA针对性制定了不同战略举措，见附表3-1。

附表3-1 DARPA近年项目关注重点

目标	涉及项目	简介
保卫家园	安全基因	了解基因编辑技术将如何影响国家安全，引导该技术向有益的方向的发展，同时指出其在健康和安全方面的隐患
	先进植物技术	利用植物开发下一代的传感器，监测来自化学、生物、放射性、核和爆炸等多方面的威胁
	复杂环境中的生物系统稳定性	探索经生物工程改造的微生物系统是否能在复杂环境中安全并有效地发挥作用
	增强对恶意网络行为的归因能力	创建基础性的网络作战框架，能把网络威胁如同物理上的威胁一般清晰呈现出来，增强对恶意网络行为的归因能力，以便决策者能更高效地应对
	自动监测与阻止网络攻击	通过自动化监测手段发现并识别新型的攻击行为，并试图通过自动调整网络、自动分发保护措施来应对这些攻击
威慑和战胜高端对手	高超声速技术	结合先前开发的一系列的概念性技术，开发超过5倍声速的高速飞行器，实现战略优势
	实验性的太空试验飞机	计划建造并测试可重复使用的无人驾驶高超声速飞机，通过提供短时间内、低成本的太空飞行来彻底改变国家在军事或商业卫星灾难性损失中恢复的能力
	分布式的坚韧的太空网络	利用商业领域低地球轨道卫星的设计和制造能力，发展快速且经济的卫星建造和部署手段，打造弹性和持久的卫星网络以满足从指挥和控制到情报、监视和侦察的各种需求
	水下平台联网	计划开发由无人载荷和平台组成的分布式海底网络，以链接海面之上、之下的设备和资产，使其能够在任何需要的地方、更快、按所需规模、更经济高效地部署
	频谱协作挑战赛	承接之前的频谱挑战赛，进一步借助人工智能技术探索复杂环境下的频谱协作能力
	"进攻破坏者" II	仿照最初的"进攻破坏者"计划，DARPA和所有四个军种计划建立一个联合军种团队，基于新兴技术和能力设计相应的作战框架，开发先进的建模和仿真环境，支持对跨域跨军种作战结构的分析，以应对未来作战的诸多挑战

续表

目 标	涉及项目	简 介
维护稳定	灰色地带活动甄别	计划利用人工智能技术、博弈论、建模和估计来甄别对手的活动，最大可能地产生有关对手意图的信息，并为决策者提供关于潜在行动的积极和消极影的情报，最终为战区级作战和规划人员提供强大的分析和决策支持工具，以减少对手及其目标的模糊性
	通过世界建模预防危机	计划将定性的因果分析与定量的模型计算方法相结合，提供对复杂、动态的国家安全问题的全面理解，以及时推荐可以避免危机的具体行动
	扩展作战小队的感知和行动能力	开发新技术，将大量态势信息集成到用户友好的系统中，使士兵能够更直观地理解和控制他们复杂的任务要求，在不造成身体和认知负担的情况下扩展小队的感知和行动能力
	地下环境态势感知	计划探索快速绘制、导航和搜索地下环境的新方法，以在时间紧迫的情形下能应对未知路线、绘制地下网络和识别危险状况
	利用触摸的神经科学来改进假肢	寻求关键技术，开发具备精确控制和感觉反馈的上肢假肢系统，最终希望通过神经植入为用户提供对假肢近乎自然的控制
	延长救治的黄金时间	计划利用分子生物学来控制生命系统运行的速度，延缓生命系统在灾难发生后的崩溃速度，从在紧急情形时延长救治的黄金时间
推进科学技术基础研究	下一代人工智能	DARPA继续积极推进"第三波"人工智能理论和应用，使机器能够适应不断变化的环境来解决目前技术的局限性，让人工智能成为可信赖的协作伙伴
	可解释人工智能	计划创建一套机器学习技术，生成可解释的模型，同时保持高水平的预测准确性，以便人类用户理解、适当信任和有效管理
	终身机器学习	计划从生物系统中汲取灵感，通过开发全新的方法使系统能够不断适应新的环境，而不会忘记以前的学习，也无须预先编程或提供训练集，最终使系统更智能、更安全、更可靠
	电子复兴计划	DARPA于2017年发起了电子复兴计划，旨在超越传统的集成电路技术，创造新的经济机会。该计划包含一系列的项目，重点关注架构、设计、材料以及集成方式等领域上的关键问题
	在化学中探索新型计算技术	计划开发一种不依赖于传统计算机的二进制数字逻辑，而是利用分子的结构特征来进行编码和操作数据的计算机技术
	下一代社会科学	计划通过利用现代社会广泛的数字链接来推进过去难以获得足够样本进行研究的社会科学，以解决有关国家安全、公共卫生、经济等领域的复杂的问题

FRONTIER TECHNOLOGY
INNOVATION MANAGEMENT OF
DARPA

附录4

DARPA年度预算解读

1. 预算提交形式

由于隶属于美国国防部组织架构体系，DARPA 的预算上报需要连同其他国防部直属机构一起，通过国防部年度预算计划文件提交，并将作为总统预算的一部分接受国会审议。国防部预算共分 5 卷，第一卷单独成册，专门介绍 DARPA 所有项目经费需求①。

DARPA 年度预算的制定是基于其项目管理结构进行的。目前，该机构实行项目单元（Program Element，PE）—领域（Project）—项目（Program）三级项目管理机制。其中，项目被定义为某一特定技术领域的多项任务集合，在 DARPA 数据库中由 5 个字符（如 CR60E）来标识；各个不同项目直接与领域相关联，最终构成项目单元。项目单元（PE）是未来年度国防项目（FYDP）文件中的主要数据元素，它标识了 RDT&E 工作中的项目目标和责任方，必要时还会包含项目人员、设备、成本需求等信息。在 DARPA 的预算中，PE 代表了某一特定的研究领域，并遵循国防部统一编码规则；当该领域所涉及的技术范围较大时，PE 会通过增加子领域代码的方式来表示。例如，编号 PE0602303E 中，06 代表第六大类"研究与开发"经费，02 指预算活动属于"应用研究"；中间 3 位为项目单元流水编号，303 代指信息与通信技术；最后字母代表预算机构，E 表示除军兵种外的国防部内设部门，DARPA 也在此类。此外，DARPA 的项目单元数据库结构由主计长办公室负责维护②。

2. 预算表现形式

根据国防部财务管理条例（DoD FMR）规定，DARPA 预算需要以六类不

---

① 国防部各机构预算共分 5 卷，第一卷为 DARPA 预算，第二卷为导弹防御局预算，第三卷为国防部长办公室（OSD）预算，第四卷为化学和生物防御项目预算，第五卷为国防合同管理局、国防后勤局、国防技术信息中心等各机构预算汇总。

② "Defense Primer: Future Years Defense Program (FYDP)," updated December 23, 2022, https://www.everycrsreport.com/files/2022-12-23_IF10831_b16aaae51fc16af3845154b5b31a3587d4ace495.pdf.

同表格为主体进行展现①。附表 4-1 展示了各表格代号与主要内容。其中，R-3、R-4、R-4a 表格需紧随 R-2a 表格之后，以对其进行进一步解释支撑，且这三类表格仅适用于 BA4、BA5 和 BA7 预算资助的项目②。

附表 4-1　DARPA 预算表格类型

表格代号	展示内容
R-1	RDT&E 项目
R-2	RDT&E 预算项目说明
R-2a	RDT&E 领域说明
R-3	成本分析
R-4	RDT&E 项目时间表
R-4a	RDT&E 项目时间表明细

以 DARPA 2023 年度预算为例，预算全册 270 页，其中 R-2 和 R-2a 表格共占 243 页。该财年预算主要分为四个部分，分别为主计长声明（R-1 表格，见附表 4-2）、按照预算活动和项目编号分类的项目单元介绍、按照字母顺序排序的项目单元介绍以及主计长预算辩护材料（R-2 表格）。

附表 4-2　R-1 表格

Department of Defense FY 2023 President's Budget Exhibit R-1 FY 2023 President's Budget Total Obligational Authority (Dollars in Thousands)						
Appropriation	FY 2021 (Base + OCO)	FY 2022 Less Supplementals Enactment	FY2022 Division N P.L. 117-103 Enactment****	FY2022 Total Supplemental Enactment	FY2022 Total Enactment	FY2023 Request

---

① 参见 DoD 7000.14-R, Volume 2B, Chapter 5, 2.0 RDT&E Exhibit Requirements 部分，"Financial Management Regulation," Under Secretary of Defense (Comptroller), https://comptroller.defense.gov/FMR/。
② 近几年，DARPA 2017 财年预算中曾使用 R-3、R-4 和 R-4a 表格。

续表

	Department of Defense FY 2023 President's Budget Exhibit R-1 FY 2023 President's Budget Total Obligational Authority (Dollars in Thousands)					
Research, Development, Test & Eval, DW	3,504,048	3,855,290	12,500	12,500	3,867,790	4,119,194
Total Research, Development, Test & Evaluation	3,504,048	3,855,290	12,500	12,500	3,8677,90	4,119,194

注：OCO：Overseas Contingency Operations（海外应变行动）

在主计长声明（R-1 表格）中，首先回顾了包括申请年度在内的连续三年内 DARPA 预算的申请情况，包括国会通过不同法案后对该机构经费带来的变化，最终以总 RDT&E 经费的形式明确了 DARPA 申请年度的经费需求。

随后，R-1 表格从基础研究、应用研究、先期技术开发和管理保障等不同角度对上述经费进行分解，补充了不同项目单元的预算活动信息，并考虑了不同年度国会立法和海外应变行动对经费需求带来的影响。R-1 表格主要具有下述特点：

（1）包含项目单元名称和编号，适当的安全分类编码作为项目单元名称的一部分也包括在内，且机密信息放在括号内。

（2）在每个预算活动中行项按项目单元升序排列。

（3）同时包含前一财年、当前财年和预算财年资金需求。

附表 4-3　R-1 表格（续）

Line No	Program Element Number	Item	Act	FY 2021 (Base + OCO)	FY 2022 Less Supplementals Enactment	FY2022 Total Enactment	FY2023 Request
2	0601101E	Defense Research Sciences	01	449,322	443,842	443,842	401,870

续表

Line No	Program Element Number	Item	Act	FY 2021 (Base+OCO)	FY 2022 Less Supplementals Enactment	FY2022 Total Enactment	FY2023 Request
5	0601117E	Basic Operational Medical Research Science	01	57,542	77,518	77,518	80,874
	Basic Research			506,864	521,360		
11	0602115E	Biomedical Technology	02	98,319	108,698	108,698	106,958
17	0602303E	Information & Communications Technology	02	405,789	480,363	480,363	388,270
	Applied Research			1,306,407	1,529,405		
40	0603286E	Advanced Aerospace Systems	03	216,283	194,043	194,043	253,135

预算的第二部分是按照预算活动和项目编号分类的项目单元介绍，从左至右依次为项目活动、项目单元（PE）编号、项目单元名称和页码（附表4-4）。

附表4-4 项目单元表格（按项目活动分类）

\multicolumn{5}{c}{Program Element Table of Contents (by Budget Activity then Line Item Number)}

Appropriation 0400: Research, Development, Test & Evaluation, Defense-Wide				
Line #	Budget Activity	Program Element Number	Program Element Title	Page
2	01	0601101E	Defense Reearch Sciences	Volume 1-1
5	01	0601117E	Basic Operational Medical Science	Volume 1-39
Appropriation 0400: Research, Development, Test & Evaluation, Defense-Wide				
Line #	Budget Activity	Program Element Number	Program Element Title	Page
11	02	0602115E	Biomedical Technology	Volume 1-47
17	02	0602303E	Information & Communications Technology	Volume 1-57
18	02	0602383E	Biological Warfare Defense	Volume 1-91
22	02	0602702E	Tactical Technology	Volume 1-95
23	02	0602715E	Materials and Biological Technology	Volume 1-119
24	02	0602716E	Electronics Technology	Volume 1-139

预算的第三部分是按照字母顺序排序的项目单元介绍，从左至右依次为项目单元名称、项目单元编号、项目行为和页码（附表 4-5）。

附表 4-5　项目单元表格（按字母顺序排序）

Program Element Table of Contents (Alphabetically by Program Element Title)				
Program Element Title	Program Element Number	Line #	BA	Page
Advanced Aerospace Systems	0603286E	40	03	Volume 1-167
Advanced Electronics Technologies	0603739E	60	03	Volume 1-83
Basic Operational Medical Science	0601117E	5	01	Volume 1-39
Biological Warfare Defense	0602383E	18	02	Volume 1-91
Biomedical Technology	0602115E	11	02	Volume 1-47
Command, Conmtrol and Communications Systems	0603760E	61	03	Volume 1-195
Defense Reearch Sciences	0601101E	2	01	Volume 1-1
Electronics Technology	0602716E	24	02	Volume 1-139
Information & Communications Technology	0602303E	17	02	Volume 1-57
Management HQ-R&D	0605898E	171	06	Volume 1-243

作为预算主体的第四部分，DARPA 使用主计长预算辩护材料（R-2 和 R-2a 表格）从项目单元—领域—项目三个层级对每个 PE 下辖的项目经费需求进行了详细测算，并列出了各项目经费使用的更改历史及原因。在进行单独项目经费测算时，R-2a 表格详细展示了项目名称、项目介绍、本年度工作计划、下一年度工作计划、连续两个年度之间的经费增加/减少说明、计划完成情况等信息。略有不同的是，R-2 表格对于每个领域的预算计算周期为 5 年，这一点同 PPBE 的要求一致。根据 FMR 要求，R-2 和 R-2a 表格分别针对项目单元和领域使用。表格中经费单位为百万美元表示，除非另有说明，数字均精确到小数点后三位。同时，缩写在第一次出现时需要被明确标识（附表 4-6、附表 4-7）。

附录4　DARPA 年度预算解读

附表 4-6　R-2 表格

Exhibit R-2, RDT&E Budget Item Justification: PB 2023 Defense Advanced Research Projects Agency											Date: April 2022	
Appropriation/Budget Activity 0400: Research, Development, Test & Evaluation, Defense-Wide / BA 1: Basic Research					R-1 Program Element (Number/Name) PE 0601101E / Defense Research Sciences							
Cost ($in Millions)	Prior Years	FY 2021	FY 2022	FY 2023 Base	FY 2023 OCO	FY 2023 Total	FY 2024	FY 2025	FY 2026	FY 2027	Cost To Complete	Total Cost
Total Program Element	—	449.322	443.842	401.870		401.870	396.555	439.811	447.586	447.640	—	—
CCS-02: Math and Computer Sciences	—	273.633	293.845	224.416		224.416	208.185	248.752	264.013	256.785	—	—
ES-01: Electronic Sciences	—	28.681	16.361	17.645		17.645	29.153	34.178	52.200	52.410	—	—

A. Mission Description and Budget Item Justification

The Defense Research Sciences Program Element is budgeted in the Basic Research Budget Activity because it provides the technical foundation for long-term National Security enhancement through the discovery of new phenomena and the exploration of the potential of such phenomena for Defense applications……

B. Program Change Summary ($in Millions)	FY 2021	FY 2022	FY 2023 Base	FY 2023 OCO	FY 2023 Total
Previous President's Budget	474.158	395.781	0.000	—	0.000
Current President's Budget	449.322	443.842	401.870	—	401.870
Total Adjustments	-24.836	48.061	401.870	—	401.870
• Congressional General Reductions	0.000	-1.939			
• Congressional Adds	0.000	50.000			
• Reprogrammings	-9.569	0.000			
• SBIR/STTR Transfer	-15.267	0.000			
• Adjustments to Budget Year	—	—	401.870	—	401.870

Congressional Add Details ($in Millions, and Includes General Reductions)	FY 2021	FY 2022
Project: CCS-02: Math and Computer Sciences		
Congressional Add: Foundational Artificial Intelligence-Congressional Add	5.000	—
Congressional Add: Alternative Computing-Congressional Add	3.000	—
Congressional Add: AI Cyber Data Analytics (AI)-Congressional Add	—	10.000
Congressional Add: AI Cyber Data Analytics (Cyber)-Congressional Add	—	10.000
Congressional Add: AI Cyber Data Analytics (Data)-Congressional Add	—	10.000
Congressional Add Subtotals for Project: CCS-02	8.000	30.000

Change Summary Explanation

FY 2021: Decrease reflects reprogrammings and SBIR/STTR transfer.
FY 2022: Increase reflects Congressional adds for ERI 2.0 and AI Cyber & Data Analytics offset by a decrease for Sec. 8027 FFRDC.
FY 2023: FY 2023 funding increase reflects the fact that the FY 2022 President's Budget request did not include out-year funding.

附表 4-7　R-2a 表格

Exhibit R-2a, RDT&E Project Justification: PB 2023 Defense Advanced Research Projects Agency											Date: April 2022	
Appropriation/Budget Activity 0400 / 1					R-1 Program Element (Number/Name) PE 0601101E / Defense Research Sciences					Project (Number/Name) CCS-02 / Math and Computer Sciences		
Cost ($ in Millions)	Prior Years	FY 2021	FY 2022	FY 2023 Base	FY 2023 OCO	FY 2023 Total	FY 2024	FY 2025	FY 2026	FY 2027	Cost To Complete	Total Cost
A. Mission Description and Budget Item Justification The Math and Computer Sciences project supports scientific study and experimentation on new mathematical and computational algorithms, models, and mechanisms in support of long-term national security objectives. …												
B. Accomplishments/Planned Programs ($ in Millions)										FY 2021	FY 2022	FY 2023
Title: Foundational Artificial Intelligence (AI) Science **Description**: The Foundational Artificial Intelligence (AI) Science thrust is developing a fundamental scientific basis for understanding and quantifying performance expectations and limits of AI technologies… **FY 2022 Plans**: - Continue development of novelty generators and novelty-robust AI techniques to create and identify rapidly and respond appropriately to new agents, actions, relations, and interactions. - Demonstrate and evaluate novelty generators and novelty-robust AI techniques compared to non-robust methods performing on known tasks incorporating new agents, actions, relations, and interactions. …										60.420	58.050	43.692

在 DARPA 先前年度（如 2017 年）预算文件中，会使用 R-3、R-4 表格来对项目成本分析、进度安排等细节进行补充。在 R-3 项目成本分析表格中，DARPA 从产品开发、支持、测试与评估、管理服务角度对每个项目的合同类型、承包商、执行地点、各年度成本数据等信息进行了回顾；R-4 表格则显示了每个项目在系统需求评审、关键设计评审、全尺寸样机制造、硬件测试等重要节点的预期时间。此外，在 R-4a 项目进度细节表格中，会对上述项目重要节点的开始时间和结束时间进行进一步补充。

FMR 要求，R-3 表格需要展示每个领域典型成本信息，并与研究任务的工作分解结构（WBS）相匹配。同时，R-3 表格需要清晰标识合同类型，如成本加固定费用（CFPP）、竞争性（C）、待定（TBD）等。R-4 表格提供了完整项目周期内工程设计、采购批准、测试评估等里程碑节点信息，R-4a 表格则展示了用于支持 R-4 表格中各里程碑节点工作的其他必要事件（附表 4-8~附表 4-10）。

附表 4-8　R-3 表格（2017 财年）

Exhibit R-3, RDT&E Project Cost Analysis: PB 2017 Defense Advanced Research Projects Agency									Date: February 2016		
Appropriation/Budget Activity 0400 / 3				R-1 Program Element (Number/Name) PE 0603286E /Advanced Aerospace Systems				Project (Number/Name) AIR-01 /Advanced Aerospace Systems			
Product Development ($in Millions)			FY 2015		FY 2016		FY 2017 Base		FY 2017 OCO	FY 2017 Total		
Cost Category Item	Contract Method & Type	Performing Activity & Location	Prior Tears	Cost	Award Date	Cost	Award Date	Cost	Award Date	Cost	Award Date	Cost	Cost To Complete	Total Cost	Target Value of Contract
---	---	---	---	---	---	---	---	---	---	---	---	---	---	---	---
Tactically Exploited Reconnaissance Node (TERN)	C/CPFF	Northrop Grumman: CA	17.209		Oct 2014	27.370		9.540				9.540	continuing	continuing	continuing
Collaborative Operations in Denied Environment (CODE)	C/TBD	TBD: TBD		0.000		19.960		22.915				22.915	continuing	continuing	continuing
Hypersonic Air-breathing Weapon Concept (HAWC)	C/TBD	TBD: TBD		0.000		10.585		43.045				43.045	continuing	continuing	continuing
Tactical Boost Glide	C/CPFF	Lockheed Martin: CA	6.159		May 2015	0.000		0.000				0.000	continuing	continuing	continuing

附表 4-9　R-4 表格（2017 财年）

Exhibit R-4, RDT&E Schedule Profile: PB 2017 Defense Advanced Research Projects Agency			Date: February 2016	
Appropriation/Budget Activity 0400 / 3	R-1 Program Element (Number/Name) PE 0603286E /Advanced Aerospace Systems		Project (Number/Name) AIR-01 /Advanced Aerospace Systems	
	FY 2015　1 2 3 4	FY 2016　1 2 3 4	FY 2017　1 2 3 4	FY 2018　1 2 3 4	FY 2019　1 2 3 4	FY 2020　1 2 3 4	FY 2021　1 2 3 4
Collaborative Operations in Denied Environment (CODE)							
System Requirements Review	■ FY2016 Q1						
Release 1: Single Vehicle Autonomy & Virtual Multi-Vehicle Demonstration	■ FY2016 Q3						
Preliminary Design Review	■ FY2016 Q4						
Critical Design Review		■ FY2017 Q2					
Flight Readiness Review		■ FY2017 Q3					
Release 2: Collaborative Autonomy with Few Vehicles		■ FY2017 Q3					
Release 3: Advanced Supervisory Interface and Additional Vehicles		■ FY2017 Q4					

附表 4-10　R-4a 表格（2017 财年）

Exhibit R-4A, RDT&E Schedule Details: PB 2017 Defense Advanced Research Projects Agency			Date: February 2016	
Appropriation/Budget Activity 0400 / 3	R-1 Program Element (Number/Name) PE 0603286E /Advanced Aerospace Systems		Project (Number/Name) AIR-01 /Advanced Aerospace Systems	
Schedule Details				
	Start		End	
Events by Sub Project	Quarter	Year	Quarter	Year
Hypersonic Air-breathing Weapon Concept (HAWC)				
System Requirements Review	2	2015	2	2015
Full-Scale Freejet Propulsion Fabrication	3	2015	3	2015
Preliminary Design Review	1	2016	1	2016
Begin design of the hypersonic air-breathing missile flight demonstration system	3	2016	3	2016
Critical Design Review	2	2017	2	2017
Hardware Qualification Testing	4	2017	4	2017

后记
启示与思考

高质量发展是全面建设社会主义现代化国家的首要任务。坚持高质量发展，以科技创新引领现代化产业体系建设，推进高水平科技自立自强也是我国经济建设工作的总体要求[①]。"如期实现建军一百年奋斗目标，加快把人民军队建成世界一流军队"，需要"提高军事系统运行效能和国防资源使用效益"[②]。作为国防科技领域高质量发展和现代化体系建设的核心要素，以颠覆性技术开发为代表的前沿科技创新管理是实现上述目标的关键支撑。我们的国防科技要达到世界一流，若不能与DARPA比肩，总被其技术突袭而不能对其实施技术突袭，也就无从谈起。

通过对DARPA成功模式的研究，我们可以在下述诸多方面得到有益启示：

1. 颠覆性技术开发需要专门的前沿创新管理机构

科技领域围绕颠覆和反颠覆、突袭和反突袭、抵消和反抵消的较量十分激烈。在中美竞争日趋激烈的背景下，我们正处在一个不颠覆就要被颠覆的新科技和军事革命时代。因此，发展颠覆性技术创新，加强前沿科技管理，刻不容缓。

颠覆性技术开发所具有的高风险和高不确定性注定其需要特殊环境与政策鼓励，并需要强大的国家资源背景提供支持；但更为重要的是，DARPA成功的管理实践已经表明，利用专门机构来管理颠覆性技术开发是唯一可行的手段。在组织形式上，这一机构应该小而灵活，避免官僚主义，管理层级扁平化，其主要职责为紧扣我国国防科技发展战略，聚焦潜在可能改变我国同其他竞争对手军事实力对比格局的技术构想，开展颠覆性技术开发项目需求论证、

---

① 新华社：《引领中国经济大船乘风破浪持续前行——2023年中央经济工作会议侧记》，https://www.gov.cn/yaowen/liebiao/202312/content_6920222.htm，访问日期：2023年12月14日。

② 习近平：《高举中国特色社会主义伟大旗帜 为全面建设社会主义现代化国家而团结奋斗——在中国共产党第二十次全国代表大会上的报告》，https://www.gov.cn/xinwen/2022-10/25/content_5721685.htm，访问日期：2022年10月25日。

项目管理和技术转移工作。同时，该机构需要具备科研探索领域跨学科、跨组织和跨行业的统筹能力与协调权限，并在人员、预算、管理制度等方面具备一定程度的自主权。

前沿创新专管机构的建立，是充分发挥科技创新举国体制优势的一种体现，代表了新时代我国国防科技创新发展的强烈诉求。

2. 完善专家科研管理参与机制是改进国防创新管理的有益举措

第一，专家参与科研管理是科技发展的客观要求。范内瓦·布什在二战期间所采取的科学家主导的科研管理方式在战时美国科技复兴中起到了重要推动作用。在沿袭这一方式后，DARPA 所采取的项目经理专家负责制更是成为了该机构能够引领颠覆性创新浪潮的关键管理措施。对于具备高风险、高不确定性属性的前沿创新活动而言，由科技专家进行技术开发管理是符合科学发展规律的有效手段。

第二，DARPA 在前沿创新领域的成功经验表明，短期轮换、动态调整的专家科研管理机制是适应颠覆性技术开发管理特点的科学举措①。当今，国防领域颠覆性创新发展日益迅速，技术迭代周期不断缩短，仅基于已有经验已经难以满足创新活动的需要。更替性引入了解最前沿技术进展的专家可以为颠覆性创新带来新的活力，摆脱以往经验性思维的桎梏，更有利于创新探索活动的实施。因此，基于项目研制目标和周期需要，专家队伍同步轮换与调整，可以始终保持国防前沿创新活力。

第三，专家科研管理机制可以同履行公权力职责有机结合，成为我国国防科技创新管理最直接的推动措施。事实上，作为近代科技创新史上一次极具影响力的改革，20 世纪我国实施的"863"计划已经为我们展现了科研活动中专

---

① 专家负责科研管理的机制并非所有科研管理活动的首选，但在颠覆性创新领域，DARPA 的成功实践表明专家负责制是最佳的管理方式。

家负责机制有效运转的可行性①。"863"计划不仅在信息基础设施建设、新材料研究、先进制造等领域关键技术攻克上取得了重大进展，更打破了当时我国科学研究行政管理的僵化局面，是一种具有同时代显著先进性表现的科研管理机制设计形式。然而，随着我国社会主义市场经济体制的逐步建立，"863"计划实施机制中"专家管理"与"履行公权力的法治治理"之间未得到有效统一的弊端逐渐暴露出来，且并未形成一套完整、规范、可操作和沿用的专家管理制度。最终，"863"计划的实施效果没有达到预期②。如今反思起来，如果可以借助"863"计划实施过程，在科研管理模式上形成类似于DARPA所采用的有机结合"专家负责"与"公权力履行"的专家管理制度，将极大促进我国科技创新管理水平的提高，进而诞生更多的突破性成果。

为了落实国防科技创新领域高质量发展要求，在新时期优化完善专家科研管理负责机制，可以实质性改进前沿创新管理工作的成效。我们可以借鉴DARPA行之有效的做法，在有效任期、动态调整的专家负责机制中赋予各专家充足资源和充分信任，做到权责统一；同时，利用人事交流法案解决专家在项目管理中的临时身份问题，利用文职人员政策对专家在项目任期结束后回归原工作岗位提供制度保障，从而实现"专家负责"与"公权力履行"的有效统一。相比DARPA所处的创新环境，在资源调动和政策保障上，我国的社会主义制度具有更明显的优越性。

---

① 为了在国际竞争中占领制高点，西方主要发达国家不约而同地选择了将高技术发展作为国家战略的重要组成部分。1983年，美国提出了战略防御倡议（SDI），即"星球大战"计划；1985年，在法国前总统密特朗提议下，欧洲发起了"尤里卡"计划。为了能在世界高技术领域竞争中占据一席之地，捍卫国家威严，提高技术实力，在经过广泛调研和严格论证后我国启动了高技术研究发展计划，即"863"计划。在该计划中，我们先于DARPA提出了实行"专家科研管理机制"的设想。有关"863"计划的详细介绍，可参阅莫晓：《"863"计划：改变中国的科技战略》，《文史博览》2016年第9期；詹启敏：《国家"863计划"实施管理工作回顾》，《中国基础科学》2017年第4期；中华人民共和国科学技术部：《国家高技术研究发展计划（863计划）》，https://www.most.gov.cn/ztzl/swkjjh/kjjhjj/200610/t20061021_36375.html，访问日期：2006年10月21日。

② 李国杰：《"863"早期的专家管理经验值得总结发扬》，https://news.sciencenet.cn/htmlnews/2017/2/367417.shtm，访问日期：2017年2月8日；中国计算机学会：《863计划给历史留下了什么？》，https://www.ccf.org.cn/wqxwcx/ccflwz/2016-07-01/646721.shtml，访问日期：2016年7月1日。

3. 国防领域前沿创新需要专业化的项目管理机制

同美国的科研机制相似，目前我国前沿技术创新活动也采用项目制管理。但由于在项目定义环节不够严谨、项目过程管理相对宽松、项目成果缺乏使用场景验证等问题，项目延期、成本追加、成果难以实现技术转移等现象屡见不鲜。这说明，在颠覆性创新管理中，我们的项目管理专业水平存在较大提升空间。DARPA 在成立之初也曾一度处于管理混乱（如 AGILE 项目时期）的局面，经历探索和曲折后才逐渐形成特色鲜明的项目管理制度。因此，建立专业化的项目管理机制，力争短期内提高国防科技创新管理水平，已成为我们急需解决的问题。

第一，建立对前沿创新项目管理的科学认知是从事相关管理工作的必要前提。科研项目有着严格且科学的定义，存在约束边界，不能泛化处理。项目管理则是一项为满足项目需求，将知识、技能、工具与技术应用于项目活动的管理工作，具备系统性、特殊性和临时性等特点，其最终目标是在规定时间内按照质量要求交付预期成果[①]。管理活动中需要综合权衡项目范围、质量、收益、风险等要素，将有限资源内（如时间、人力、资金等）的成果输出作为管理核心。

第二，坚持采用"自上而下为主，自下而上为辅"的项目生成机制，紧扣我国国防战略和军队建设发展需要，在具备深刻专业理解、广泛技术现状调研和理性技术发展预判的基础上审慎完成项目构思工作，从而避免出现研发项目与国家发展战略规划脱节、项目"海选"行为管理效率低下以及项目成果难以实现技术转移等现象的出现。

相比自由探索，以应用为导向开展前沿技术开发将更有效率。需求牵引，技术推动，两者结合的方式是发展前沿技术创新的有效范式。在早期人们对于

---

① Project Management Institute, *The standard for project management and a guide to the project management body of knowledge*（Pennsylvania: Project Management Institute, 2021）, pp. 4.

基础研究和应用研究的认识中,二者目标的不同导致了概念上的不同,进而在多数情况下人们选择了从基础研究到应用研究的顺序式技术应用模式。但二战期间,美国科技水平突飞猛进和各类新式武器在短期内得到全面部署的事实却表明,在明确的需求促进下,技术的产生与应用周期会明显缩短,其技术转移速度甚至远超研发人员的预期。此时,人们已经意识到,在基础研究和应用研究之外,还存在应用研究所引起的基础研究这一概念[1]。用于解释基础和应用研究二者关系范式的线性模型逐渐被"巴斯德象限"所替代[2]。

  国防领域前沿技术创新活动的需求往往较为明确,任何研发项目的立项和成果均服务于国防战略和军事部署的需要。从需求出发,并将其转化为明确的装备研发技术性能指标,也是世界各国在国防装备研制领域所采取的普遍做法。颠覆性技术创新已经存在高风险特点,缺乏实际需求的指引将更加不利于对此类研发行为不确定性的掌控。纵观DARPA各类项目的开发历史,我们发现以应用为背景的研究工作会具备较高效率,且更加容易实现技术转移。作为一个后发国家,在国防科技领域追赶世界先进水平是当务之急,因此以满足各军种作战部署和装备研发需要而进行的技术开发活动应作为优先事项进行;当这一目标实现之后,再考虑自由探索。况且,我国已有不少相关机构从事纯基础研究探索工作,在国防领域重复进行类似机构设置所起到的促进作用也会较为有限。综上所述,贯彻以使用需求为牵引、以部署应用为目标的颠覆性技术开发模式,是我国国防前沿创新的最有利选择。

  第三,贯彻项目全流程管理,注重技术成果转移。项目管理不仅是合同签署和监督执行,更是以项目为对象的全流程一体化管理,涵盖从技术构想提出到完成技术转移。在项目定义时,要准确识别研究对象的现有状态并合

---

[1] D. E. 斯托克斯:《基础科学与技术创新:巴斯德象限》,周春彦、谷春立译,科学出版社,1999年,第63页。

[2] 有关巴斯德象限具体内容,可参见 Donald E. Stokes, *Pasteur's Quadrent: Basiac Science and Technology Innovation* (Washington: Brookings Institute Press, 1997), pp. 71–75。

理制定技术开发目标，在立项阶段审慎严谨，磨刀不误砍柴工；在项目执行中，严格遵守契约精神并执行合同要求，合理选择承研单位，以里程碑节点控制资源投入的必要性；在项目完成后，以技术成果应用效果为关键评价要素，同时检验项目定义环节对于技术成果应用场景设计的合理性。总之，出现顺利通过结项验收但成果难以实际应用的项目，是对我国国防科技创新资源的巨大浪费。

4. 科学高效的资源分配机制是国防创新管理的基础保障

建立高效、顺畅、规范的资源分配系统，是新时代国防科技高效发展的必然要求，也是落实党的二十大报告"改进战略管理，提高军事系统运行效能和国防资源使用效益"基本要求的重要举措。PPBE系统在美国国防资源配置领域的有效实施，值得我们学习和借鉴。该系统长期规划，将日历驱动与项目事件驱动管理机制有效结合；同时又以需求导向为中心，兼具成本效益观念，为国防资源在不同时机的量化配置做出了合理规定。基于PPBE系统精髓设计理念，结合我国特有管理体制，我们可以因地制宜地改善现有规划与预算机制，加强计划与预算统筹，实现一体编制，联合审核，建立起符合我国国情军情、简捷高效的资源战略管理链路。

5. 灵活规范的资助方式能够提高前沿创新管理工作效率

DARPA灵活多样的资助方式为其合同管理工作效率的提升提供了必要手段，是该机构管理创新的具体体现之一。受此启发，我们同样可以结合不同项目和承研单位特点，采用固定类型合同、定制合作协议等一系列灵活、严谨、规范的资助形式快速推进合同谈判与签订工作。资助形式的不同主要体现在不同类型项目在风险控制、快速启动、技术转移等诉求的侧重上，但无论哪种资助方式，在项目定义、经费评估、技术成果应用验证上都需要科学、严谨和缜密。

6. 前沿创新需要营造鼓励冒险、接受失败的研究氛围

营造鼓励冒险、接受失败的科研氛围，有利于激励科研人员创造并接受挑战，促进专业化项目管理机制的实施。科学研究无法避免失败的风险，颠覆性技术开发更是如此。当潜在的成功回报足够大时，承担风险并接受失败便会成为追求突破性机会的必要代价。对此，我们可以通过审慎论证、里程碑节点控制、资源分阶段投入等措施来管理项目风险，并从失败中接受教训。对于产品和系统级开发，在先期完成关键技术攻关的基础上进行系统集成，是降低项目风险的有效手段。

本书以 DARPA 为研究对象，对其组织特点、创新生态、项目管理形式、技术转移机制等进行了针对性研究，并结合我国国防科技管理现状进行了深刻思考。我们清醒地认识到，作为美国国防领域知名的颠覆性技术开发管理机构，DARPA 有着足以让人侧目和学习的闪光点，但同时该机构也具有难以避免的局限。近年来，美国各界也在一直思考如何保持和继续 DARPA 的辉煌。我们学习 DARPA，并非照搬全抄，而是通过结合我国国情借鉴其在前沿创新领域的先进管理理念和实践经验，切实提高国防科技创新管理水平，向着实现国防科技实力的全面超越迈出坚实一步。